智能系统与技术丛书

U0185912

机器学习开发实战

Introducing Machine Learning

[意] 迪诺·埃斯波西托
（Dino Esposito）
弗朗西斯科·埃斯波西托
（Francesco Esposito） ◎著

杨延华　邓 成◎译

机械工业出版社
CHINA MACHINE PRESS

图书在版编目（CIP）数据

机器学习开发实战 /（意）迪诺·埃斯波西托（Dino Esposito），（意）弗朗西斯科·埃斯波西托（Francesco Esposito）著；杨延华，邓成译 .—北京：机械工业出版社，2023.4
（智能系统与技术丛书）
书名原文：Introducing Machine Learning
ISBN 978-7-111-72824-5

I.①机… II.①迪… ②弗… ③杨… ④邓… III.①机器学习 IV.① TP181

中国国家版本馆 CIP 数据核字（2023）第 052209 号

机械工业出版社（北京市百万庄大街 22 号　邮政编码：100037）
策划编辑：王　颖　　　　　　责任编辑：王　颖　　冯秀泳
责任校对：韩佳欣　　卢志坚　　责任印制：刘　媛
涿州市京南印刷厂印刷
2023 年 6 月第 1 版第 1 次印刷
186mm × 240mm · 19 印张 · 400 千字
标准书号：ISBN 978-7-111-72824-5
定价：119.00 元

电话服务　　　　　　　　　网络服务
客服电话：010-88361066　机　工　官　网：www.cmpbook.com
　　　　　010-88379833　机　工　官　博：weibo.com/cmp1952
　　　　　010-68326294　金　书　网：www.golden-book.com
封底无防伪标均为盗版　机工教育服务网：www.cmpedu.com

译者序

1956 年约翰·麦卡锡（John McCarthy）、马文·闵斯基（Marvin Minsky，人工智能与认知学专家）、克劳德·香农（Claude Shannon，信息论的创始人）、艾伦·纽厄尔（Allen Newell，计算机科学家）、赫伯特·西蒙（Herbert Simon，诺贝尔经济学奖得主）等科学家相聚在达特茅斯会议上，首次提出了"人工智能"这一术语，一个崭新的学科自此诞生。在随后的几十年里，人工智能的发展几经沉浮。随着大数据以及深度学习技术带来的一系列突破，人工智能的发展在近几年又到达了新的高度。人工智能取得革命性进步的背后推手，其实就是"机器学习"。

机器学习关注的核心问题是如何用计算的方法模拟人的学习行为，因此它是最能体现人工智能"智能化"的一个分支。机器学习涉及计算机科学、概率统计、最优化理论、控制论、决策论、算法复杂度理论、实验科学等多个学科，是一门多领域交叉学科。与之相关的书籍有很多，侧重点各不相同。本书是从数据科学与软件开发的视角对机器学习进行全面、清晰、准确的概述，内容丰富、层次分明、视角独特，可以帮助软件开发人员或数据科学家掌握数据科学及机器学习技能。

人工智能的浪潮正在席卷全球，我们期望人工智能能够通过新一代的软件应用来帮助人类，并希望本书能助力更多 .NET、ASP.NET 开发人员和软件架构师走进机器学习的世界！

由于译者水平有限，不当之处在所难免，敬请广大读者批评指正，译者在此先致感谢之意！

译者
于西安电子科技大学

前　言

我们需要那些能够梦想从未发生的事情，并追问自己为什么不能这样的人。

——约翰·F.肯尼迪在爱尔兰议会的演讲，1963 年 6 月

人们对如今的人工智能持有两种观点，这两种观点都不是排他性的。一种观点是绝大多数媒体宣扬和追求的观点，而另一种观点则是 IT 社区宣扬和追求的观点。在这两大阵营中，都有一些真正的专家和权威人士。

媒体宣扬的观点关注的是，人工智能作为一个整体，无论是以已知还是未知的形式，可能对我们的未来生活产生的影响。IT 社区（软件和数据科学家所属领域）提出的观点认为，机器学习是新一代软件服务的基础，而新一代软件服务只是比现有服务更智能。

在媒体触及的大众与小得多的 IT 社区之间的中间地带是云服务团队。他们每天进行研究，使技术水平向前迈进，发布新的服务，为新的和现有的应用程序添加智能。

位于人工智能金字塔底部的是经理和高管。一方面，他们渴望把从科技新闻中听到的那些令人惊叹的服务应用到商业中，以超越竞争对手。另一方面，他们面临着以最大的希望开始的项目的惊人账单。

❑ 人工智能不是一根魔杖。

❑ 人工智能不是按使用次数付费的服务。不过，它既不是资本，也不是经营支出。

❑ 人工智能只是一种软件。

如果能从软件开发的角度来考虑，包括设置需求，找到可靠的合作伙伴，制定预算然后开始工作，在充分考虑敏捷性的前提下重新开始等，那么任何关于人工智能的商业决策都会更好。

就那么简单吗？

虽然人工智能与软件开发有关，但它与建立电子商务网站或订购平台并不完全一样。

❑ 如果你不清楚要解决的问题、问题的背景和要表达的观点，就不要从事人工智能项目。

❑ 不要以最有力的竞争者为唯一榜样来开始一个雄心勃勃的冒险项目。

❑ 如果你还没准备好损失一大笔钱，那就不要开始这样的项目。

每次只解决一个痛点，构建一个跨职能团队，并提供对数据的完全访问。

谁应该读本书

在准备本书的过程中，我们收到了很多关于章节内容安排的反馈，也多次对此进行了详细说明。我们至少对目录进行了三次彻底修改。困难之处在于，我们设计本书是为了使其独特且创新，追求的是一种与我们所看到的现实相去甚远的机器学习和软件开发的理念。希望我们的愿景也是将来机器学习的愿景！

受数据科学的限制，我们把机器学习看作交付给开发人员的组件，将其嵌入某些 Web 服务或桌面应用程序中。这是一个恰到好处的瀑布式结构。公司和企业经常谈论的敏捷在哪里？敏捷机器学习意味着数据科学家和开发人员是在一起工作的，业务分析师和领域专家也会加入团队。同时为了方便数据的访问和操作，数据利益相关者（无论是 IT 人员还是 DevOps 人员，或其他人员）也会加入团队。这就是敏捷团队——恰到好处。

我们看到了从数据科学到软件开发、从软件开发到数据科学的技术融合的（商业）需求。而这本入门书对这两方面都有好处。在深入分析机器学习算法的机理之前，它与开发人员进行"对话"并展示 ML.NET 的实际运行情况（通过 Python）。它还与需要了解更多软件需求的数据科学家进行了"对话"。

如果你是一名软件开发人员，想学习数据科学和机器学习技能，那么本书就是你的理想选择。如果你是一名数据科学家，想学习更多关于软件的知识，那么本书也是非常理想的选择。不过，这两类人员都需要更多地了解对方。

这是本书的理念。我们将其归类为"介绍性的"，因为它拓展的是宽度而不是深度。它提供了 .NET 的例子，因为我们认为，尽管 Python 生态系统非常丰富和繁荣，但是没有理由不去寻找允许你在更接近软件应用程序、软件服务和微服务的基本硬件的情况下进行机器学习的平台，以便最终可以使用任意的学习管道（包括 TensorFlow、PyTorch 及 Python 代码）。

谁不应该读本书

这是一本入门级的书，清晰、准确地概述了使用 ML.NET 平台进行实验的机器学习技术。如果你正在寻找大量的 Python 示例，那么本书并不是理想选择。如果你正在寻找如何在解决方案（无论是 Python 还是 ML.NET）中复制和粘贴的示例，我们不确定本书是否理想选择。如果你正在寻找算法背后的数学细节，或者一些算法实现的注释，同样，本书也不是理想选择（我们确实包括了一些数学知识，但只是皮毛）。

本书的章节安排

本书分为五个部分。第一部分简要介绍人工智能、智能软件的基础，以及任意机器学习项目在端到端解决方案中的基本步骤。第二部分重点介绍 ML.NET 库，并概述其核心部分，比如回归和分类等常见问题中的数据处理、训练及评估等任务。第三部分涉及一系列算法的数学细节，这些算法包括线性回归、决策树、集成方法、贝叶斯分类器、支持向量机、K-Means、在线梯度，它们通常被训练用来解决现实生活中的问题。第四部分致力于研究神经网络，当浅层算法都不适用时，神经网络可能会发挥作用。第五部分是关于人工智能（特别是机器学习）的商业愿景，简单回顾了云平台（特别是 Azure 平台）提供的数据处理和计算的运行时服务。

代码示例

本书中演示的所有代码，包括可能的勘误表和扩展，都可以在 MicrosoftPressStore.com/IntroMachineLearning/downloads 中找到。

勘误表和图书支持

我们已尽力确保本书及其配套内容的准确性。你可以在 MicrosoftPressStore.com/IntroMachineLearning/errata 上提交勘误表及其相关更正。如果你发现一个尚未列出的错误，请在同一页面提交给我们。如需更多图书支持，请访问 http://www.MicrosoftPressStore.com/Support。

请注意，对微软软件和硬件产品的支持不是通过前面的网址提供的。有关微软软件或硬件的帮助，请访问 http://support.microsoft.com。

ACKNOWLEDGEMENTS

致　　谢

尽管已经写过无数本书，但与自己的儿子一起写书是一种特别的经历。对于本书，我只是用（希望是清晰的）文字将 Francesco 的想法、愿景，以及他对机器学习的深刻而难以解释的理解记录下来。我确实从整个写作过程中学到了很多，所以我希望你也可以从本书中学到很多。

这里需要感谢两个人，正是因为他们我才能学到那么多。

这已经不是我第一次在 Cesar De la Torre Llorente 的技术指导下写作了，他的指导让写作很流畅。我非常欣赏他在设计软件产品时的实用主义和准确性。目前他是微软 .NET 产品组的首席项目经理，负责 ML.NET 的开发。尽管这并不是一本专门针对 ML.NET 的书，但如果书中描述机器学习的 .NET 方式的内容都是正确的，那就要归功于 Cesar 的大力帮助。

可再生能源有一个鲜为人知的特性：它需要用智能软件来实现。至少在功能层面上，进行准确的生产、停机、故障及价格预测是至关重要的。目前，拥有十几年人工智能领域经验的专家并不多，而 Tiago Santos 就是我们在机器学习和现实世界人工智能随机森林中的那个向导。"人工智能只是软件"是我们共同的座右铭。

如果我的职业生涯就此转折（从 Windows 到网络开发，从软件架构到机器学习），那主要归功于另外两个人，他们不断地激发着我的创造力。来自 Crionet 的 Giorgio Garcia-Agreda 实现了我想成为一个网球狂热者的梦想，让我在网球界的大咖面前演唱了一首 *Easy like Sunday morning*。而 BaxEnergy 的 Simone Massaro 发现了一个令人着迷的新空间，在这个空间，我可以自由地（有时甚至可以在高层管理人员面前）表达我的思想和观点。

任何一本书都是团队合作的成果，在这里由衷感谢那些最终使本书顺利出版的人——组稿编辑 Loretta Yates、执行编辑 Charvi Arora 和制作编辑 Tonya Simpson。

——Dino

我提前一年读完高中，然后就想让父母给我一些钱去做职业投资人，不过我的父母并不支持我。所以，我问爸爸怎么能赚钱。爸爸说："这是你的问题，我只能把我所知道的全部教给你。"所以，他教我如何做正确的事情，却忘了教我如何避免做错误的事情。结果是，今天我们在软件开发上犯了同样的错误。后来我赚了一些钱，当我为自己没有去大学上课而高兴的时候，在一个炎热的夏日午后，我爸爸告诉我："老实说，如果你不想进一步训练你的大脑，那就从大学退学吧。"结果，一个月后，我带着一种截然不同的心态回到了课堂。我热爱数学，除了数学我什么都不想做。

后来我遇到了 Gianfranco，他是我的朋友、生意伙伴，也是一位父亲、祖父。他是一个真正的专业投资者，但他也只是教我如何做正确的事情，却忘了教我如何避免做错误的事情。结果是，今天我们在金融领域犯了同样的错误。

无论是在学校的时候，还是在工作中，亦或是在股票市场中，我都在不断地学习和尝试。有时有用，有时没用，即使没什么用，我也能从中学到一些东西。这就是大棒加胡萝卜原则：人类和机器学习的本质。我痴迷于数学的严谨性，而我父亲痴迷于数学的清晰性。在写作的时候，我们将大棒加在自己身上，以确保读者在阅读的时候可以得到胡萝卜。

谢谢妈妈，因为无论成功、失败或其他任何时候，你都爱我。谢谢 Maicol，你也爱我，如果我星期天早上不吵到你的话，你可能会更爱我。

谢谢 Alessandro，你会提醒我什么时候该休息。还要谢谢 Antonino，当我由于太聪明而自以为是不友善的时候你会提醒我。谢谢 Sara，你总在圣诞节的前一天陪我。谢谢 Giorgio，在你面前，我永远是大三学生。谢谢 Concetta 奶奶和 Salvatore 爷爷的香肠，谢谢 Leda 奶奶像我们年轻人一样充满活力。

谢谢 Tiago，到目前为止我们只见过一次面，但足以让我知道我要向你学习什么。

感谢所有我未能提及的现在和未来爱我的人，真的值得写一本书来感谢你们！最后谢谢我自己，我确切地知道自己想成为什么样的人。

——Francesco

作者简介

迪诺·埃斯波西托（Dino Esposito）

回顾过去，在我 25 年的职业生涯中，我写了 20 多本书和 1000 多篇文章。连续 22 年，我每月为 *MSDN Magazine* 撰写"前沿"专栏。这些书籍和文章帮助了全球成千上万的 .NET 和 ASP.NET 开发人员和软件架构师。

1992 年，我在完成了一个糟糕的 COBOL 项目之后，开始从事 C 语言开发，从那时起，我见证了 MFC 和 ATL 的发展、COM 和 DCOM 的发展、.NET 的问世、Silverlight 的兴衰以及各种架构模式的起起落落。1995 年，我领导了一个由五名成员（梦想家）组成的团队，完成了今天被称为谷歌 Photos 和 Shutterstock 桌面应用程序的部署——可以用它们来处理存储在一个虚拟空间（当时并没有人称之为云）中的照片。从 2003 年起，我一直为微软出版社撰写有关 ASP.NET 的书籍，并撰写了畅销书 *Microsoft .NET: Architecting Applications for the Enterprise*。在 Pluralsight 平台上，我有一些关于 .NET 架构、ASP.NET MVC UI 以及 ML.NET 的课程。作为职业网球世界巡回赛大部分后台应用程序的架构师，在过去两年中我一直担任 BaxEnergy 公司的数字战略师，专注于可再生能源、物联网和人工智能。

你可以通过 https://youbiquitous.net 或者 twitter.com/despos 与我联系，也可以连接到我的 LinkedIn 上。

弗朗西斯科·埃斯波西托（Francesco Esposito）

我 12 岁左右的时候，Windows Phone 刚刚发布，当时我非常想拥有一台那样的设备。我可以让父母买给我，但我不知道他们会有什么反应。作为一个普通的青少年，我几乎没有机会能让别人给我买这个设备。后来，我发现自己很擅长理解编程语言，而且我的这个能力给微软的一些人留下了深刻的印象，于是我有了一台测试设备。

Windows Phone 仅仅是一个开始，之后我又对 iOS、C# 产生了浓厚的兴趣。

我现在的生活开始于我高中毕业的时候，比预期的要早一年，在意大利，只有 0.006% 的学生可以做到这一点。我觉得自己精力充沛，于是我开始学习数学。不过第一次考试我没有通过，这一打击促使我夜以继日地学习 ASP.NET 作为自我惩罚。之后我成立了自己的小软件公司 Youbiquitous，并开始靠自己赚钱生活。2017 年，我重新对数学产生了浓厚的兴趣，于是我重新回到学习的轨道上，并投身于金融投资和机器学习。

这本书是我对父亲的回馈，帮助他理解神经网络和算法背后的深奥数学知识。顺便说一下，我有一个梦想：建立一个智能的超理论，从数学角度探究当今人工智能的工作原理及发展方向。

你可以通过 https://youbiquitous.net 与我联系。

CONTENTS

目　　录

第一部分

机器学习基础

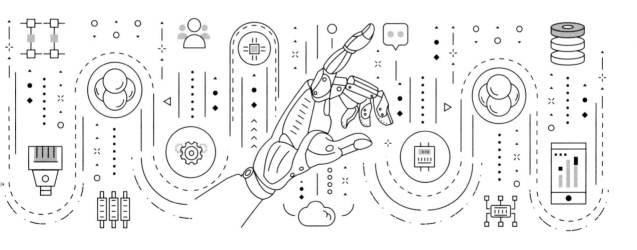

第 1 章

人类是如何学习的

从理论上讲，计算机可以模拟并超越人类的智能。

——斯蒂芬·霍金，2014 年

现代小说中充满了各种各样的超级计算机，它们能够处理各种类型的数据，生成人类能够理解的结果。一个非常典型的例子是 HAL 9000，它是电影《2001 太空漫游》（1968）中管理发现号宇宙飞船的计算机。另一个著名的例子是 JARVIS（一个非常智能的系统），就像今天的 Alexa 或 Cortana 一样，它是漫威漫画以及相关电影中托尼·斯塔克的家庭助手。还有一个例子是 Max，尽管没有 HAL 9000 和 JARVIS 那么受欢迎，但它是克莱夫·卡斯勒的科幻小说《NUMA 故事集》（1984）中由希拉姆·耶格尔操作的超级计算机。

所有这些机器都是极其先进的计算机系统，它们能够处理各种存储、格式和结构的信息。通常，这些书和电影中的人物所做的一切都是"将数据加载到机器中"，无论是纸质文档、数字文件还是媒体内容。接下来，机器自动搜索出内容，从中学习，并使用自然语言与人类交流。

上述超级计算机是由它们各自的作者设计的，因而它们只是科学幻想，但是现在已经有相当多的软件系统在人工帮助下实现了类似的功能。例如，计算机系统能够驾驶飞机或进行复杂的手术。再过几年，我们可能会让计算机在完全自主的情况下驾驶汽车，而不需要任何人工干预。那将会非常有趣！

本书是关于算法、存储、处理以及（.NET）软件框架的，这些算法、存储、处理以及框架不仅可以使开发人员将数据加载到计算机中，而且可以使计算机返回可用的信息及解决方案。本书不关注人工智能未来形态的理论，也不关注某些预先构建的认知服务的技术。

本书是关于如何使用当前特定的软件工具进行更智能的软件咨询的。

1.1 迈向思考型机器

我们一直梦想着设计出比我们更善于推理和思考的人造物。人类文学中充满了类似的幻想人物，比如最早出现在古希腊悲剧中的埃斯库罗斯和欧里庇得斯。实际上，在这些作品的情节中有时会使用一种模拟上帝干预的装置（拉丁人称其为 deus ex machina），它是一个能够解决戏剧中人们无法解决的冲突的实体。

因此，人们天生就希望有一台解决麻烦和问题的机器。在这种与生俱来的渴望下，历史上的许多哲学家都试图为人类的思维机制提供一种理论构想。

1.1.1 机器推理的曙光

第一个伟大的贡献来自欧几里得（公元前 3 世纪），他从五个基本公理中逻辑推导出所有的几何定理。欧几里得几何是形式推理的一个非常好的例子。后来，在 17 世纪，戈特弗里德·莱布尼茨和其他著名思想家推测，人类的思维可以用一组代数规则系统化，并假设存在一种通用语言，可以把人类的任何论证都简化为机器计算。

莱布尼茨的工作深受早期博学家雷蒙德·拉尔的启发，雷蒙德·拉尔在 13 世纪就播下了现代人工智能研究的种子，之后又激发了乔治·布尔以及 20 世纪初期大卫·希尔伯特和伯特兰·罗素所发展的数理逻辑理论的研究。

特别是早在 1900 年，希尔伯特就为数学家设定了一系列目标来证明"是否可以通过一组定义明确的规则来表达和操作所有数学命题"。希尔伯特的最终目标是找到一种方法来形式化所有已知的数学推理，就像欧几里得在他那个时代所做的那样。希尔伯特的目的是找到一组公理来推导所有的数学命题。

1.1.2 哥德尔不完备定理

1931 年，库尔特·哥德尔证明了两个数理逻辑定理，学术界将该定理理解成对希尔伯特基本问题的否定回答。特别是这两个定理为以下命题奠定了基础：

> 在任何足以表达自然数算术的正式系统中，至少有一个无法判定的命题可以被证据证明是正确的，但在公理系统内不能证明其真假。

此外，哥德尔证明，即使一个公理为不可判定命题赋了一个真或假的值，任何进一步的推理也必将导致另一个不可判定命题。

为什么哥德尔定理对于形式推理和人工智能至关重要呢？

一方面哥德尔的不完全性理论划定了一条数理逻辑无法逾越的界限：有些事情无法用形式推理来证明。此外，哥德尔定理表明，在一致形式系统的范围内，任何推理都可以表示为一组正式转换规则，然后以某种方式进行机器化。

另一方面与人工智能非常相关，因为它为基于计算机的机器推理奠定了理论基础。

1.1.3 计算机的形式化

希尔伯特和哥德尔所做的工作纯粹是理论上的，但它引发了三个平行且独立的研究方向，并在 20 世纪 30 年代中期时取得了相同的结果。

- 1933 年，哥德尔提出了一般递归函数的概念。这个可计算的逻辑函数接收由自然数组成的有限数组并返回一个自然数。
- 之后在 1936 年，阿朗佐·丘奇定义了一种称为 lambda 演算的形式体系来表示对自然数的类似计算。
- 几乎在同一时间，艾伦·图灵以完全独立的方式建立了计算机器的理论模型（图灵机），用写在无限长的磁带上的符号来进行计算。

接下来，丘奇–图灵论点统一了这三类可计算函数，证明了当且仅当函数在图灵机上是可计算的且为一个一般递归函数时，该函数在 lambda 演算中才是可计算的。丘奇–图灵论点的净效应就是使人们可以想象制造出一种机械装置，该装置可以通过对符号进行操作来再现任何看似合理的数学推导过程。

自 20 世纪 30 年代末以来，该论点已经成为进一步思考拥有真正会思考的机器的可能性的起点。

但是我们如何形式化人类思想呢？

1.1.4　迈向人类思想的形式化

纵观历史，有许多由学者和科学家具体建造或设计计算机的伟大例子。如前所述，17 世纪莱布尼茨设计了一个，19 世纪查尔斯·巴贝奇提出了一个更加详细的。

现代计算机的雏形是第二次世界大战期间使用的密码机和密码破解机。例如：谜机（Enigma），它的密码破解机被称为 Bombe（艾伦·图灵对其做出了巨大贡献）；德国陆军的 Lorenz 机器，它最终被英国的巨人机器 Colossus 破解。ENIAC 是美国在第二次世界大战即将结束时制造的另一种机器的名字。

所有这些机器都基于丘奇–图灵论点所奠定的理论基础。尤其是 ENIAC 的开发，是由计算机科学领域的另一位知名人物约翰·冯·诺依曼领导的。事实上，艾伦·图灵和约翰·冯·诺依曼被认为是我们今天所说的人工智能之父，这并非巧合。

现在想象一下，如果你成为这两位伟人中的任何一位，你会如何做。现在你是在 20 世纪 50 年代，你知道你可以构建机器来计算任何可以通过一致的符号语法来表达的东西，而不仅仅是通过数字来计算数字。你可能会觉得自己能预见到在未来某个地方，机器的行为可以与人类一样。那么你可能会问一个关键的问题：机器会思考吗？

艾伦·图灵设计了一项测试，以确定机器是否会思考。他设想了一个人、一台机器和一个判断者之间的电传对话。如果机器能够回答问题并且使判断者相信它是一个人，那么就可以说这台机器会思考。

多年来，许多人质疑图灵测试的有效性。特别值得一提的是，约翰·塞尔（加利福尼亚大学伯克利分校心理与语言哲学教授）指出，任何人只要有一本用自己的语言编写的字典和说明，就可能给出一个完全有意义的答案，比如用汉语给出的答案对于中国判断者而言就是有意义的。这是否意味着应答者（人或机器）懂中文？

塞尔对思考型机器的观点是，机器仅能按照规则处理符号，但这还不足以达到人类意识、认知、感知的巅峰，甚至不足以达到人类语言技能的巅峰。塞尔认为，语言不仅仅是简单的符号操作，更重要的是它"丰富"了人类的思想。计算机只能计算，不过它可以非常准确且快速地完成计算，甚至在某些特定任务中比人类做得还要好。

根据塞尔的观点，当前，机器学习系统只需要在业务规则和数据模式领域的高度受控场景中运行，并且具备预测问题和事件的能力。例如，考虑预测硬件故障或检测金融欺诈的系统。所有这些现代系统在其各自的特定场景中都表现得很好，但是要使其具有人类的"思维"需要更多的计算能力。

1.1.5　人工智能学科的诞生

人工智能（Artificial Intelligence，AI）是 1956 年正式开始发展的，当时约翰·麦卡锡在新罕布什尔州的达特茅斯学院组织了一个为期六周的夏季研讨会。他邀请了十几位来自不同研究领域的学者，这些领域包括数学、工程学、神经学和心理学。

这个研讨会围绕思考型机器的概念进行了头脑风暴。麦卡锡创造了人工智能这个新名称，据说麦卡锡选择人工智能这个名字是因为它的中立性、远离性以及统一性。他认为这两个正在进行的学术研究的实质是同一个实体。

事实上，当时在两个研究背景下对思考型机器的抽象主题进行了辩论：自动机理论，直接来自丘奇和图灵的工作；控制论，直接源于巴贝奇的理论，并由冯·诺依曼转化为具体的硬件。

研讨会的最终目的是为设计人工大脑奠定基础。正如我们今天所知，这也是人工智能的最终目的。

> **重点**：1943 年，麦卡洛克和皮茨受大脑神经元结构启发，提出了一个计算模型。这个开创性工作是现代神经网络的基础。有两个事实值得注意。首先，在麦卡洛克和皮茨提出他们的模型时，既没有其他具体的计算模型，也没有物理计算机。作为所有现代计算机基础的冯·诺依曼体系结构当时仍处于起步阶段。也就是说，自信息学诞生之初，我们就已经拥有了神经计算机，这是个令人惊讶的事实。其次，在 20 世纪 60 年代第一台物理计算机取得成功后，科技人员对神经网络的研究却几乎停滞，直到 20 世纪 80 年代后期才逐渐恢复了活力。在互联网出现后的十年内，它的研究速度再次放缓。直到几年前，由于云计算和其他因素（如持续连接的社会需求），其研发力度才再次恢复。

1.2 学习机理

尽管各词典中对智能的释义在措辞上略有不同，但一个广泛可接受的定义为：

　　获得知识并将其转化为专业技能的能力。

不过，在定义方面还有另一层含义值得被展现出来。智能还具有以下能力：

- ❑ 根据已获得的知识形成判断和意见。
- ❑ 基于此采取行动。
- ❑ 对未知事件做出反应。

简而言之，智能结合了感知、记忆、语言和推理在内的认知能力，并使用一种特定的学习方法来提取、转换和存储信息。

1.2.1 到底什么是智能软件

在本节中，我们将讨论学习的机理，正如我们所知，它在人类身上起着作用。不过我们的最终目标仍然是探索一套技术来教会机器学习，使任何运行的软件在执行给定任务时变得越来越智能。

智能软件是能够感知周围环境并对检测到的变化做出反应的软件。然而，智能软件在有限的硬编码（甚至是极高比例的硬编码）的情况下并不能做到这一点。真正智能的软件是能够学习的，所以在它的生命过程中，它的行为无须重新编程就会自动改变。

让我们看几个基本软件智能的例子。

2012 年，我们为一场大型网球比赛开发了一个移动应用程序，该比赛有许多顶级选手参赛。为了让人们更容易在不同的比赛场地间迁移，看到他们最喜欢的球员，我们在现场实时记分页面上添加了一条消息，上面估计了一场比赛的最短时间。如果球员 X 在当前比赛结束后被安排在场馆 N 比赛，而你正在另一个场馆观看别的比赛，那么这条信息将有助于你加速前往新的目的地。应用程序显示的分钟数不是无端猜测，也不是魔法。无论比分有什么变化，软件都会计算出领先球员赢得比赛所需的最少分数，然后乘以到目前为止的得分的平均时间长度。这是一个简单明了的数学运算，但被视为智能的象征。不过，这种行为是硬编码的。

最近，一些汽车制造商安装了自适应巡航控制（Adaptive Cruise Control，ACC）系统。这种系统通常使用雷达来监测在同一车道上行驶的汽车，并确保两辆车之间保持最小距离。根据配置的不同，ACC 可以自动减速或发出蜂鸣声。这种行为通常也被认为是智能的一种表现，但同样，它也是硬编码的。有趣的是，即使我们把球员的平均连续得分或交通状况的计算信息加到比赛长度控制器或 ACC 中，让它们变得更聪明，它们仍然是硬编码形式的软件智能。面对同样的问题，如果在不同的时间情况（内部或外部）发生改变，真正的智能软件应该能够给出不同的答案。

目前，计算机软件还不如人类或动物的大脑复杂。通过软件，计算机只能根据提供或检测到的输入数据执行确定性操作。没有写进代码的事情就不会发生，任何发生的事情都是写进代码中的。这是现在计算机的工作方式，而不是人脑的工作方式。从功能上讲，我们拥有的最先进的软件与脑力最低的动物的大脑相比可能也会相形见绌，主要是由于现代软件缺乏学习能力。

1.2.2　神经元是如何工作的

学习能力在动物界很普遍，而且人类的学习能力比动物的学习能力要高得多。已知人脑中大约有 900 亿个紧密互连的神经元，而且每个神经元又与成千上万的其他神经元相连，因此形成了令人难以置信的复杂的神经元链接结构。

1. 有多少个神经元

为了能对人脑的复杂性有个模糊的概念，让我们看看人类大脑神经元的数量，并将其与其他动物大脑的神经元数量进行比较（见表 1-1）。

狗被认为是相当聪明的动物，其神经元数量约 25 亿，是狮子的一半、熊的四分之一。大象的神经元数量几乎是人类的三倍，约 2500 亿，实际认知能力只用到了其中很小的一部分！这完全说不通啊？

2. 大脑皮层结构

科学家们一致认为，比神经元总数量更重要的是大脑中神经元的分布。不管大脑或身体大小如何，最好的认知能力取决于大脑皮层神经元的数量。事实上，大脑皮层被认为是思考的中心。人类拥有所有动物中脑容比最大的额叶，额叶与典型的人类功能（如计划、逻辑分析和抽象思维）相关。

表 1-1 中的数字仅仅是大脑皮层表面这个因素的示意。大脑皮层的起伏越多（专业术语为脑回和脑沟），其思考能力可能就越强。人脑表面有很多褶皱，而老鼠的大脑表面则相当光滑，如图 1-1 所示。

奇怪的是，大象和海豚大脑表面的褶皱程度都比人类高。这可能意味着大象和海豚甚至比人类更聪明，但其他因素（身体的物理构造、声带等特殊器官）可能大大限制了它们的智力表达能力。

表 1-1　一些动物大脑的神经元数量

动物名称	大致的神经元数量
海绵	0
水母	6000
蚂蚁	250 000
青蛙	15 000 000
老鼠	65 000 000
鸽子	300 000 000
章鱼	500 000 000
鹦鹉	1 500 000 000
狗	2 500 000 000
狮子	5 000 000 000
熊	10 000 000 000
海豚	20 000 000 000
猩猩	33 000 000 000
大象	250 000 000 000

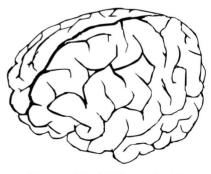

图 1-1　大脑皮层的脑回和脑沟

最重要的是，大脑的能力由几个参数共同决定，而神经元只是基本的处理单元。

3. 神经元生理学

神经元是一种用来接收、处理信息并将信息传递给其他神经细胞以及肌肉和腺体的细胞。神经元由末端有多个被称为树突的细丝的胞体构成。树突是传递信息的受体。在胞体的另一端，有一种叫作轴突的神经纤维负责将信息电传递给受体。图 1-2 所示为神经元内部结构示意图和多个神经元用于通信的整体网络协议（突触）。

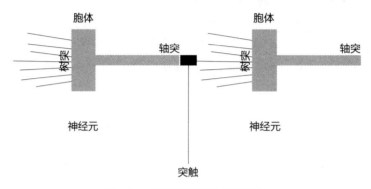

图 1-2　神经元及其通信示意图

相互连接的神经元之间的通信协议（突触）是基于沿着轴突到达最终目的地的电脉冲的。突触使电脉冲从发送神经元传递到所有相连的神经元。准确地说，图 1-2 只描述了哺乳动物神经系统中最常见的突触类型——轴突 – 树突突触，实际上在自然界中还有其他类型的突触：轴突到血液，轴突到轴突，轴突到胞外液，轴突到胞体。人们认为，两个神经元之间的联系产生了某种形式的信息存储和记忆。

4. 神经元的计算能力

尽管图 1-2 总体上展示了神经元进行交流的整个流程，但它仍然缺少一个重要的特征，该特征对于理解人类大脑为何如此复杂和如此难以用软件模拟是至关重要的，如图 1-3 所示。

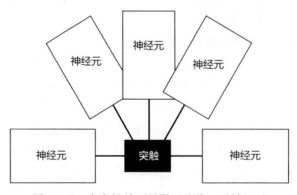

图 1-3　一个突触并不局限于连接一对神经元

神经元的连接不是简单的点对点。据估计，人脑有多达 10^{16} 个突触。这意味着一个突触很少是由两个相连的神经元组成的，也意味着每个神经元不断地接收和处理多个信号，并传递多个结果。

冯·诺依曼在 *Computer and Brain*（耶鲁大学出版社，1958）一书中，试图对人脑和计算机进行比较。他指出，与计算机相比，大脑的运算速度非常慢，甚至比 20 世纪 50 年代最快的计算机还要慢。人脑的时钟频率估计在 100 Hz，该数字来源于神经元发光并传输电脉冲所需的时间。现代 CPU 的时钟频率约为 3 GHz，约为神经元频率的 10^7 倍。

那么，神经元处理数据的精度呢？

根据已知神经元在大脑中传输数据的方式（沿轴突的周期性脉冲序列），粗略估计其数学精度可以达到 2 位数，而一台普通计算机的运算精度可以达到 12 位数。总之，如果大脑是一台计算机（一台我们今天所知道的计算机），它将是一台非常缓慢且不可靠的计算机。

然而，人脑可以在瞬间完成令人惊奇的工作，比如图像识别，一般计算机需要几秒的时间以及专门的计算服务才能完成。据观察，整个图像识别的过程是在眼睛的视网膜（捕捉图像）和视神经连接处三个连续的突触上完成的。因此，突触类似于逻辑操作（计算机指令）。观察图 1-4 中人眼识别图像的示意图，可以看出人眼识别图像和训练软件识别图像的简单程度完全不同。

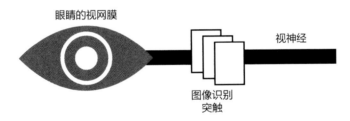

图 1-4　人眼如何识别图像

5. 大脑的结构

如果人脑是一台计算机，它可以通过串行操作来工作，或者用冯·诺依曼的话说，以一种显著的逻辑深度来工作。但是在这种慢速率和低精度的情况下，一个由软件驱动的大脑不可能完成人脑所能完成的惊人任务。

不过，等一下！我们说"软件驱动的大脑"，这才是关键！

当提到现代软件时，我们不可避免地会想到为特定计算机体系结构设计的指令，即冯·诺依曼串行体系结构。如果要认真规划一个真正像人脑一样工作的人工大脑，我们可能需要考虑另一种计算机体系结构！冯·诺依曼还推测，人脑遵循一种不同的、非串行的计算模型，该模型的特点是高度并行（他称之为逻辑振幅），并由不同的逻辑结构支持。

无论系统是什么，它都与我们有意识地、明确地认为是数学的东西有很大的区别。

约翰·冯·诺依曼，*The Computer and the Brain*

为了更准确地衡量大脑的内在能力，让我们用现代的计算机术语来再次看一下与大脑有关的数字。我们已经看到，不能把神经元作为大脑的基本处理单元。如果用突触来代替呢？

- 整个人脑多达 10^{16} 个突触。
- 每个神经元每秒亮 100 次（100 Hz）。

这意味着大脑每秒能执行 100×10^{16} 次运算，比目前经典的计算机的处理速度高出几个数量级。

如果我们能够真正理解和再现大脑的工作方式，那么就能够设计并制造出基于突触结构工作的新型计算机。理论上，这类计算机可以将硬件组件的速度和体系结构中的大规模并行计算结合在一起。在这种情况下，我们甚至可以设计出比人脑运行速度快几个数量级的计算机。

人类的记忆与计算机的存储

神经科学家反复尝试估计人脑中可存储的数据量大小。不过估计值之间的差异较大，估计的区间为 1TB 到 2500 TB。而通过一些实际的假设，这个区间大概在 10 TB ～ 100 TB 之间，但没有人知道如何确定其中有多少空闲空间。因此，正如科学家所承认的那样，尽管这些数字很吸引人，但是过于简单。

一个更为有趣的事实是，人类的记忆与计算机的存储是不同的。计算机能准确地记住所存储的内容（相当于过去的快照），而人脑每次回忆时都会重建一段记忆。换句话说，大脑在较低的抽象层次上记忆事物，而不是对事物进行完整的记忆。随后，每一段记忆都来自对一系列已记录事件的重放，每一个事件都以感官输入的形式出现——无论是触觉、声音、嗅觉、味觉，还是视觉。

计算机存储和人类记忆的区别就像软件架构中的传统存储和事件源一样。神经科学家的发现也强化了这一观点，他们发现大脑会有选择地决定哪些信息需要保存，而整个感官输入列表的完整存储时间永远不会超过几秒，否则，脑细胞很快就会超负荷。同样，这与在事件源中读取模型和快照是相同的。

 注意! 除了存储，另一个值得关注的有趣的事情是大脑运行所需的能量。据测量，大脑运行时功率只有 12 W，相当于一个大功率的灯泡，或者是端到端下载 2 MB 互联网数据所消耗的电功率。有趣的是，一台普通笔记本电脑的耗电量至少是它的 20 倍。

1.2.3　胡萝卜加大棒法（软硬兼施）

除了基因遗传，新生儿就像一张白纸，他需要指导才能学习他需要了解的世事。指导是一种众所周知的学习方法，任何成年人都要多年时间才能建立起来，然后常常无意识地传递给孩子。该学习方法是人类从新石器时代特别是农业发展初期就建立起来的核心基础能力。

其非正式名称为胡萝卜加大棒法。

1. 建立行为

人类通过感官接收的信息来学习，而感官会本能地让我们感觉到某件事是好还是坏。之后，这种感觉作为输入进入大脑，并进一步细化成若干信息片段（例如，我们喜欢它，我们不喜欢它），这些信息一旦被存储起来，就构成了大脑的记忆数据库。然后，这个记忆数据库的内容将被进一步利用，以一种不那么本能的、更深思熟虑的方式来详细描述下一个感觉输入。

想象一下，这样一遍又一遍，一个接一个的突触，一秒又一秒地做，直到建立了一个庞大的信息档案库。以这种方式，大脑给数据库编上了索引，这样它就能快速地找到一组神经指令并转发给神经元和肌肉以做出反应。任何生命迹象都是对某些刺激的反应。

因此，你接收的给定输入越多，就对你有意识想要了解的行为有更深的了解。你接收的给定输入越多，你以特定的方式做出的反应就越频繁，因此，你就越能将本能的行为转化为更深思熟虑的行为。

从最终的结果来看，把本能的行为转变成更逻辑的行为是训练的最终目的——对动物、人类以及算法来说都是如此。

2. 奖励和惩罚

训练的目的是改变某些行为的发生频率，使不希望发生的行为少一些，而希望发生的行为多一些。无论建立何种形式的训练，都必须要运用结果来微调自己的行为，以尽可能多地触发预期的反应。

训练的核心原则之一是为受训者提供积极的体验——奖励（回应一个希望发生的行为）。训练的另一个核心原则却完全相反，它包括给受训者提供一种厌恶的体验——惩罚（回应一个不想要的行为）。因此，所有的受训者都使用结果来进行训练，因为所有的受训者都本能地将他们的行为倾向为导向奖励（胡萝卜）和避免惩罚（大棒）。

软硬兼施是动物和人类学习的模式。那么算法呢？如果胡萝卜是为了取悦受训者，而大棒是为了惩罚受训者，那么如何取悦或惩罚一个算法呢？当然，你不知道怎么做。或者说，至少你没有按照常识去做。

对于一个经过训练的算法来说，奖励或惩罚的结果取决于计算结果是否超过或低于一个可接受的阈值。

3. 当这种行为被学会的时候

一旦学会了一种行为，是否应该从公式中去掉其中的奖励部分，是否应该期望人类或动物仅仅为了表演的乐趣而做出令人满意的行为？例如，职业驯狗师在驯狗时采取减少食物奖励的方式作为惩罚，但绝不会采取断绝食物的方式进行惩罚。因为狗（其他动物，甚至人类也是如此）是有生命的，它们是用自己的行为触发事件并产生后果的。

即使行为已经被习得，胡萝卜（或大棒）刺激依旧应该保留，但应该随着时间的推移调整刺激的强度，以使期望发生的行为维持较高的可能性。那么算法呢？也是一样的。

一个训练有素的算法（不仅仅是动物和人），可以被有效地看作一个理想行为的源泉，问题在于这个源泉周围的景观和环境可能会不断变化。因此，就像动物和人类一样，算法也必须学会适应变化。要使算法适应变化了的环境，则需要对它进行新的训练，可能还需要对阈值进行微调。

> 注意！总体来说，胡萝卜加大棒法是一种技术手段，目的是首先训练算法执行一种期望的行为，然后将其内化，最终无论最初教它时的实际情况如何，都能使之成为自然的行为。考虑机器学习中的胡萝卜和大棒，温斯顿·丘吉尔在第二次世界大战开始前说过的话令人回味："因此，用大棒加胡萝卜的手段让奥地利这头瘦弱的驴把纳粹的战车拉上了越来越陡峭的山坡。"

1.2.4　应变能力

总体来说，智能是由认知、感知、推理、意识和分析等内在能力所产生的结果的总和。在这些方面，很难想象智能如何适用于没有生命的东西，如计算机和算法。

而与人类智能的定义相反，在软件中，智能一词通常与代码从上下文中推断信息并做出最恰当决策的能力相关联。在 20 世纪 90 年代，特别是在海湾战争期间，智能这个形容词被用来非正式地描述精确制导炸弹投掷到装甲车辆上，其非功能性要求是最小化附带损害以及为达到既定目标所需的攻击任务数量。

所以我们能说炸弹是智能的吗？从纯软件的角度来说，是的，炸弹是智能的。

智能炸弹是一种装备了机载巡航控制系统、一些电子传感器和一组飞行鳍的炸弹。这些额外的设备可以引导炸弹命中目标。智能炸弹的类型仅取决于其控制系统识别目标的技术：摄像、激光或 GPS。为什么我们可以把这种炸弹定义为智能炸弹呢？因为它不仅仅是由于重力的影响而落地，而是在技术允许的情况下调整其飞行路线，以便精确地击中目标。

不过炸弹的智能是有限的。首先，一个炸弹只能使用一次，因此，它无法再学习和重用它所获得的知识。炸弹可以适应动态变化（移动的目标、突然改变的命令、恶劣的天气），但不能为未来建立持续的知识库。

我们所说的人工智能的定义是指以多种方式推断信息、处理信息并以知识的形式保留结果的能力。获得的知识将指导软件在不同的情况下做出决策。这就像我们学习如何识别狗一样，学习之后我们就能识别狗是在花园里跳，还是在黑暗中吠叫，抑或印在杂志上。

1.3　人工智能的形式

如今，人工智能是一个概括性的术语，在这个术语下我们可以发现两个宏观领域：专家系统和自治系统。尽管听起来很简单，但是即使是一个条件语句（是的，一个简单的 IF 语句）也无疑是软件智能的一种（相当原始的）形式。

1.3.1　原始智能

条件语句根据布尔值执行不同的计算：

if condition is true（如果条件为真）
then do this（则执行这个操作）
Else do that（否则执行别的操作）

一开始，这看起来可能非常简单和原始，但当汽车检测到一个近距离的物体时，它会自动刹车：它会评估每个条件，然后根据结果进行分支处理。

任何基于用户输入或通过传感器推断的输入做出决策的软件，在某种程度上都是智能的。或者，它展示了一种人工智能的形态。根据这个观点，图 1-5 描述了软件智能的本质。

```
if (...)
{
    if (...)
    {
        if (...)
        {
            if (...)
            {
                if (...)
                {
                    if (...)
                    {
                        if (...)
                        {
                            :
                        }
                    }
                }
            }
        }
    }
}
```

图 1-5　一种展示软件智能本质的简洁（有趣）的方法

1.3.2　专家系统

专家系统是一个知道如何对输入做出有效的响应并给出一个深思熟虑的决定的系统。

在某种程度上，专家系统是人类专家的软件对等物，也是一种决策辅助系统。

1. 专家系统的历史

专家系统是多年来人工智能的第一种具体形式。最早的专家系统是 DENDRAL，由爱德华·费根鲍姆和约书亚·莱德伯格领导的团队于 20 世纪 60 年代在斯坦福大学建立。该系统的设计主要是为了分析化学物质的光谱数据，从而推测其潜在的分子结构。有趣的是，该系统的性能被认为类似于人类专家的性能，这一发现激发了工业界和大学中类似项目的活力。

> **注意!** 现代专家系统的一个（假）祖先是土耳其机械棋手，这个机械棋手是 18 世纪末奥地利一位名叫沃尔夫冈·冯·凯佩伦的公务员为获得玛丽亚·特雷莎皇后的青睐而建造的。据说土耳其机械棋手是一种基于时钟的机制，能够智能地移动棋盘上的棋子。实际上，这一切都只是幻觉，因为这个机械装置隐藏了一个可以看到游戏状态并可以偷偷地为这台机械装置编写程序，从而使其做出所需的动作的人类玩家。事实上，从来没有人揭穿过这个把戏，而且这台机器甚至还赢得了几场重要的拿破仑和本杰明·富兰克林等著名人物参与的比赛。

2. 内部结构

专家系统的关键特性是其处理能力仅限于在支持软件中硬编码的一组决策路径和输入参数。

从结构上讲，专家系统是两个子系统的总和：已知事实的数据库（知识库）和推理机。系统的工作方式是根据已知的事实列表处理输入并重复应用规则。推理机的典型循环基于以下伪代码：

```
while (exists a rule to apply to current knowledge)
{
    select rule
    execute rule
    update knowledge
}
```

这种方法称为前向链接。下面是一个基本的例子。假设以下已知规则在电子商务站点的推理引擎中是硬编码的：

```
If X < 14 years => X loves pets
If X > 14 years => X loves jewelry
If X loves pets => X gets a puppy dog
If X loves jewelry => X gets a necklace
If X gets a necklace and X is 18+ => X gets a gold necklace
```

为了回答"我应该为米凯拉买什么生日礼物"的问题，系统需要处理一些可能触发第一条规则的基本输入事实。在这种情况下，要触发系统，需要提供米凯拉的年龄。如果年

龄是 18 岁，那么第一次迭代又增加了一个事实：米凯拉喜欢珠宝。第二次迭代触发了规则
4，添加了米凯拉应该得到项链的信息。在第三次迭代中，规则 5 触发，并且由于米凯拉年
满 18 岁，最后的建议是给她买一条金项链。第三次迭代是最后一次，因为在构建的知识点
上，系统没有更多的规则可触发。

3. 真实世界的专家系统

飞机自动驾驶软件就是一个非常好的专家系统的示例。在很多领域中，存在人类专家
过于昂贵或根本不可用的问题，在这种情况下，专家系统却能被成功应用。表 1-2 中列出
了几个可以成功应用专家系统的综合领域。

表 1-2　专家系统类别

类别	目的
分类	根据已知的特征来识别一个物体
诊断	从可观察到的数据中发现故障（或健康问题）
监视	比较来自传感器的实时数据以确定行为
过程控制	根据监控的结果来控制一个正在进行的过程
设计	根据给定的参数对系统进行自动配置
日程与计划设计	根据检测到的情况来制定或修改计划
选项生成	产生一个问题的替代解决方案

有时整个专家系统领域被称为应用人工智能。

4. 专家系统的局限性

专家系统已经成功应用于许多商业领域，包括航空航天、医疗保健、地质学、质量控
制、网络故障排除、金融投资组合管理和犯罪学等。专家系统使得信息的检索自动化，从
而节省了人力，使知识的复制和传递变得更加容易。

专家系统并不是一个基本的查询系统，它可以有效地浏览事实之间的关系，推理出具
有智能行为特性的结论。而专家系统的缺点是它被限制在相当窄的应用领域内，因此它通
常无法有效地管理大量广泛的上下文信息，只能在固定且有限的认知和逻辑思维过程中发
挥作用。其结果是，专家系统在任何超出其专业范围的情况下不能可靠地响应，甚至根本
没有响应。

专家系统的另一个缺点是维护问题。一旦发布正式版本，专家系统可以给出的答案集
就会被固定，只能通过发布新的版本进行扩展或修改。但任何新版本都需要处理相当复杂
的代码。

因此，能够通过训练来学习的自治系统应运而生，这给机器学习领域注入了新的活力。

1.3.3　自治系统

自治系统是一个经过设计和训练能够自动识别给定数量的场景，并作为专家系统连续

地处理它们从未见过的数据的系统。自治系统是人工智能的新领域，通常被称为通用人工智能或机器学习。

1. 学习维度

自治系统的软件不会对已知情况的（长）列表进行硬编码，而是对（相对较短的）模式列表进行硬编码，以便识别出它接收到的输入数据。自治系统能够处理的情况列表并不是预先硬编码的，而是由软件的实现和用于训练它的数据产生的。

训练是至关重要的，因为通过训练，系统可以处理大量的数据，并了解它应该识别的可能模式。自治系统是基于大量数据建立起来的，而这些数据是由专门从事数据科学工作的专家提供的。数据科学家知道如何从数据中推断出重要信息，并且主要通过统计学方法和机器学习算法来实现。

不过大多数情况下，数据科学家只是对原始业务数据进行清理和过滤，试图给它一个允许进一步细化处理的基本形状。实际上，自治系统主要的限制源于数据的质量，因为错误的结果总是源于不正确的数据，如果数据本身不正确，即使对数据进行了纠正，也还是会生成错误的结果。例如，如果将房价和能源价格同时用于训练房地产系统，那么结果可能并不完全可靠。与此同时，如果提供的是紧密相关的数据（例如，以欧元和美元计价的房价），那么基于一些这样的数据就可以构建出结果。

就像软件架构师一样，特定领域的知识是数据科学家的一大优势。

2. 现实生活中的示例

大多数金融公司（如银行、信用卡和保险公司）使用的欺诈检测系统就是一个很好的自治系统的例子。这些系统查看已记录的交易、数量、时间和地理位置信息，并试图识别其中的"已知"模式。但是，现实生活中示例的结果并不像在一个简单的专家系统中那样由一组特定的 IF 语句或基于 IF 的规则生成。

还有一个非常好的示例是制造业中的机器维护问题。为了检查工作部件的状态，传统方法是根据预定的时间表定期对工作部件进行检查。尽管这种有计划的维护是一种很好的方法，但是它也有许多缺点。例如，维护可能恰好就被安排在一个重要的工作任务之前，显然这不是一个理想的维护时间。相比之下，基于状态的维护使用硬编码规则，根据嵌入式传感器报告的组件实际磨损情况计算理想的维护时间。基于状态的维护系统本质上是表 1-2 的监控类别中的专家系统。因此制造业中机器维护问题的下一步是实现预测性维护。

预测性维护旨在确定技术人员干预的最佳时间。它需要对电子和机械部件进行持续监控，而监控所需的大量数据就来自物联网或传统的内部传感器。除了依据报告的数据之外，预测还应依赖于天气、噪音、热量和湿度等环境条件。然后，需要分析算法以及有效的数据模型来找出给定类型的组件更可能发生故障时的隐藏模式。一旦经过全面训练，自治系统所能做的就是获取实时数据并检查其是否与任何已知模式相匹配。继续以预测性维护为例，自治系统会简单地回答诸如"鉴于齿轮的当前状态，下周它坏掉的可能性有多大"之类的问题。

自治系统不一定比专家系统更有效。当然，自治系统在设计和构建方面更加复杂。哪种方法更适合最终取决于问题的性质。自治系统根据训练类型分为两类：监督学习和无监督学习。（我们将在下一章讨论这个问题。）

> **注意**！关于自治系统的其他好的示例还包括推荐引擎系统（如 Quora、StackOverflow、Facebook）、广告或电商（如 Google、Amazon）、呼叫中心的自然语言处理，甚至包括能源领域的电力生产预测。

1.3.4　人工的情感形式

我们在本章开头引用了史蒂芬·霍金的一段讲话，就在那次讲话中，史蒂芬·霍金还指出，强大的人工智能的崛起对人类来说要么是最好的，要么是最坏的，但我们目前还不知道是哪一种。不管怎样，在人们的想象中，计算机是快速的、智能的，但对情绪不敏感。

这是机器固有的局限性，还是纯粹的计算能力问题？

冯·诺依曼和霍金都认为，生物大脑所能实现的目标与计算机所能实现的目标之间并没有太大的区别。这是否意味着有一天物理计算机的计算能力可以与人类相媲美？到那一天，计算机也能够达到人类意识、认知和感知的最高水平吗？

人工智能的支持者分为两大阵营：强人工智能和弱人工智能。强人工智能的支持者认为，机器可以完全复制人类智能，包括情感和良知。相反，弱人工智能的支持者认为机器的功能仅限于模拟高级推理和学习。虽然这听起来很奇怪，但具有伦理意义，并且是一种可以让我们走得更远的思路。

强人工智能背后的愿景与决定论紧密相连，因此，任何行为都是前一行为的结果，是后续行为的原因。这些话几乎和皮埃尔·西蒙·德·拉普拉斯 1814 年在他的开创性著作 *A Philosophical Essay on Probabilities* 中所写的一模一样。拉普拉斯认为，对于一个拥有足够知识和处理能力的智者来说，"没有什么事物是含糊的，而未来只会像过去一样出现在他眼前。"在这篇文章中，这个智者被命名为拉普拉斯妖。

> **重点**：顺便说一下，如果你认为拉普拉斯妖所表达的观点与说法是纯粹的科幻小说的推测，只适用于灾难文学，那么你需要知道这正是弦理论当前描述的观点，弦理论是物理学和宇宙学中"万物理论"最新且最先进的实现。

考虑强人工智能，假设机器可以复制人类，我们就可以得出这样的结论：人类的行为是确定的，他们的决定是基于内置在大脑中的硬编码软件的，这些软件会触发行为，并只在触发之后才通知良知。

那么接下来呢？哪里不对呢？谁应该对行为负责？我们到底是机器还是人？

人类生命的支柱（本体论、人类学、伦理学）正面临着被重新表述的危险！

> **注意！**在本章结尾，让我们对软件机器的未来进行另一种模糊的思考。如你所知，一些公司正在开发所谓的全人工心脏（TAH）。TAH 项目最早可追溯到 20 世纪 60 年代，如今，该项目拥有比之前更令人兴奋的地方和更多的资本投资。TAH 是一种完全替代人类心脏功能的可植入设备。更准确地说，TAH 将占据人类心脏所在的物理空间，完全替换人类心脏。因此，装有 TAH 的患者可以被认为是"无心之人"。（对了，你可以在 https://bit.ly/2AFBdue 网站阅读有关心脏病患者与亲人一起回到积极生活的故事。）
>
> "无心之人"？那么情感呢？机器可以模拟出情感吗？归根结底，情感是电脉冲，它来自大脑而非心脏。

1.4 本章小结

尽管结尾时有些偏离，但在本章中，我们本质上是想从科学、小说、生物学和行为学等学科所包含的杂七杂八的知识中梳理出后面学习人工智能的技术基础，因为我们现在已经可以用编程语言对这些技术进行编码。我们首先讨论了人工智能的数学基础，然后探讨了学习机制，最后介绍了与人工智能相关的软件方法的分类。

人工智能是一个古老的概念，它的存在时间几乎与计算机的一样。然而，出于某种原因，人们对人工智能的兴趣并没有一直持续。

两位作者是父子关系。当 Dino 在 20 世纪 80 年代末获得计算机科学学位时，人工智能一度炙手可热，至少在学术界如此。而现如今，Francesco 在大学学习数学，人工智能在业界也是炙手可热的。但是出于某些原因，在这期间的 30 年里，人工智能的发展几乎停滞了。

父亲那一代人是在人工智能的虚构概念下成长起来的，在这个概念中，"将数据加载到机器中"虽然不怎么实际，但它的表现力已经足够了。儿子这一代通过进一步深化自动化学习给同样的表达赋予了实质内容与意义。当前的工作主要集中在实现"将数据加载到机器中"这个本应转瞬即逝的预言上。

在这个过程中，学术界在这方面的研究不能简单地忽略随机性的存在，然后继续展望未来，必须要深入研究高等数学，如反馈系统、混沌系统和复杂性理论。最终，智慧是基于我们如何从错误中去学习经验，而不是一味犯错而不自知。

就像人类一样，智能系统不会永远正确。

第 2 章

智能软件

> 机器当然不能像人一样思考。机器和人不一样，所以它们的思考方式也不一样。但只是因为它们和我们的思考方式不一样，我们就能断定那不是思考吗？
>
> ——本尼迪克特·康伯巴奇饰演艾伦·图灵，《模仿游戏》，2014

实际上，没有人知道如何构建与人脑相对应的软件。一方面，目前人们对大脑的内部功能缺乏了解。另一方面，生物大脑的结构与现在计算机的体系结构明显不同。

只要神经科学家对大脑的行为有更多、更深入的了解，数学家设计出可以重现大脑的抽象模型的机会就更大。如果要实现它，目前设计的任何一个抽象模型都需要一个与现代计算机完全不同的计算结构。值得注意的是，今天使用的计算模型仍然是约翰·冯·诺依曼在 20 世纪 50 年代从艾伦·图灵的理论著作中得出的模型。

简而言之，我们面临的现状是大脑/计算机阻抗失配，就好像我们想要把截然不同的两个存在逻辑鸿沟的实体强行联系在一起。我们目前能够构建的有效智能取决于大脑和利用现有工具及最好的知识来构建的软件之间实际的阻抗匹配水平。

那么，哪种形式的人工智能在现代软件中是具体可行的呢？我们认为这样的软件系统有两大类：应用人工智能和通用人工智能。前者是我们对过去的继承，而后者增加了学习能力，为辉煌的未来奠定了基础。

2.1 应用人工智能

我们的观点是：智能只是软件的一个属性。因此，可以有更智能的软件，也可以有非智能的软件，但是为了理解如何利用现代工具来改进应用程序和解决方案而将软件区分为普通软件和智能软件是错误的。

2.1.1 软件智能的发展

如今人们对人工智能有很多期望。有时这种期望似乎势不可挡。然而，在如此高的期望背后的实质内容却与 20 世纪 80 年代几乎一样。

1. 一张图反映 AI

图 2-1 中我们对日常生活中炒作的人工智能概念以及经常混淆使用的相关术语（比如我们常用的机器学习和深度学习）进行了有效的总结。

图 2-1   对人工智能的不同看法与观点

不可否认，我们设计的图 2-1 表现了一点极客的幽默。不过该图的最左侧内容确实抓住了当前人工智能的真正实质，和几年前一样：统计学。

统计学主要是利用数学方法寻找数据点之间的关系。机器学习利用统计方法设计可以预测未来事件或对现有信息进行分类的模型。这是近年来一直在开展的工作。

最后，人工智能仅仅是一个用来综合信息然后吸引公司高层注意力的营销术语。

2. 人工智能炒作的根本原因

如今，人工智能被普遍认为是一种广泛可用的（大部分是免费的）软件，企业有了它，就可以进入未知且无法想象的领域，在某种程度上，这与科幻作家获得超级计算机和超级智能技术的灵感很相似。

人工智能只是软件。虽然它有不同的名称，有时称为优化算法，有时称为数据挖掘算法，但应用范围比几年前更广泛。这并不是以前不存在的全新事物，只是如今它被完全感知到了。

我们想知道为什么？炒作从何而来？

这其中有一个明显的商业因素——希望（或需要）赶上时代的潮流，但还有另一个更微妙的原因。

现在的大多数软件应用程序是未进化的史前现实的镜像。对人工智能的渴望是消费者和商业客户想要拥有更多智能应用程序需求的表达。具有智能用户界面的应用程序能够提供周到的体验。具有嵌入式业务逻辑的应用程序可以预测需求和趋势，并能够使业务流程更快、更自动化。

2.1.2　专家系统

多年来，人工智能的具体实现主要侧重于创建一个与人类专家相当的计算机，而专家系统已经成为应用于工业领域的软件智能的前沿。

专家系统是应用于给定的受限领域的软件系统。如果编程得当，在输入相似数据时，一个专家系统可以给出与人类专家几乎相同的答案。

如果所提供的输入让系统找到了得到正确答案的路径，那么这个专家系统（通常是应用人工智能系统）就是智能且快速的。否则，该系统和人一样，要么失败，要么干脆放弃，无法提供答案。

但与人类不同的是，专家系统无法学习。

1. 专家就等于智能吗

公认的对专家的定义是：一个对特定领域非常了解的人（或系统）。我们可以将其重新表述为：一个知道很多可能问题的答案的人（或系统）。

在这方面，专家系统并不是很智能，至少依照标准的人类智能尺度是不智能的。你如何评价一个擅长执行已知和熟悉的任务，但当未知情况发生时却惊慌失措的人？

正如第 1 章所述，专家系统的工作方式是盲目地、无条件地应用一组庞大且固定的硬编码的规则，没有例外。一个专家系统可能在构造上是一台相当复杂的机器，但是它不能处理全新的和计划外的情况。此外，专家系统只能通过发布新版本来进行扩展。

2. "哈德逊河奇迹"的故事

2009 年 1 月 15 日下午，美国航空公司 1549 号航班从纽约拉瓜迪亚机场起飞，飞机起飞后不到三分钟便遭到鸟击，使得两个发动机都失去了动力。在 2800 英尺（1 英尺 = 0.3048 米）的高度，飞机由自动驾驶系统控制。

自动驾驶软件以连续循环的方式每秒多次处理来自飞机周围一系列传感器的信号。由于每个输出的值都会触发一个能够减少测量值与预期输出值间偏差的动作，因此它被称为负循环或平衡循环。自动驾驶系统根据预设值检查输入数据（如 GPS 位置、速度、高度和湍流等），同时它能够比人类飞行员更快、更平稳地进行必要的更改。

自动驾驶系统能够完成人类飞行员可以做的一切事情。或者，更夸张地说，几乎所有的事情。

实际上，就美国航空公司 1549 号航班而言，在发动机关闭的情况下，自动驾驶系统会让飞机尽可能爬升到最后。沙林博格机长在副机师检查重新启动发动机的检查表时重新控制了飞机。而自动驾驶系统专家系统无法处理类似的意外情况，同样，预先定义的手动程序也无法应对此类情况。最终，机长用人脑进行了评估并认为，除了在哈德逊河上迫降，其他选择都不可行。颇具想象力的是，媒体称这一事件为"哈德逊河奇迹"。

> **注意：** 在 2018 年末和 2019 年初已经发生了两次同一型号飞机的不幸坠毁，事故都归因于巡航控制系统的一个模块。简而言之，由于测量不准确，该软件不断地改变飞机的爬升角度，错误地试图防止飞机失速，但实际上却使飞机坠毁。更可怕的是，该软件会一直忽略来自飞行员的任何命令。自 2019 年 3 月起，在完成软件修改之前，这类飞机被禁飞。

3. 保持技术更新

如今，专家系统是某些领域的有效解决方案，在那些领域中，专家系统已经被长期使用且不断地被改进。以自动驾驶系统为模块的飞机飞行控制系统是专家系统的典型例子。就像人类专家需要定期更新、完善和扩展他们的知识一样，专家系统也需要定期更新。

显然，持续更新专家系统也需要成本。由于成本和其他因素，当前软件智能领域的新建开发更多地面向那些完全为学习和自我训练而设计的通用人工智能和系统。

> **重点**：一个经过自我训练的人工智能系统真的能够在遭到鸟击而失去两个发动机动力的情况下使飞机降落吗？这确实是个棘手的问题。如果不跨越科幻小说的边界的话，在执行可能无法被分解成相对简单和可重复的步骤的复杂任务方面，人脑仍然比任何已知的软件强大得多。因此，现在还没有要求任何系统实时处理这样复杂的问题。
>
> 事实上，人工智能所能做得最好的事情就是把复杂的问题分解成大小适中的小问题，然后由机器来处理，同时，提高机器的计算能力，最好是能优化它们的内部结构。

2.2 通用人工智能

现在，通用人工智能通常又被称为机器学习（Machine Learning，ML）。从纯软件的角度来说，机器学习是一个两步的过程。第一步，训练机器识别模拟真实数据流的大型数据集中的模型。第二步，使这个模型可供软件应用程序调用。任何客户端调用都会提供输入并接收应答。如果给出的很多答案都不够理想，则必须重新改进模型，修改训练数据集并重新训练机器。

以运动为例，你设定了一个目标，定义了一组练习，然后开始训练。当你认为你准备好了的时候就可以开始比赛。如果成绩与预期不符，你就要进行一系列不同的练习，重新训练，然后再次比赛。在机器学习中，训练被称为算法，而基于机器学习的系统被称为自治系统。

基于机器学习的自治系统主要使用两类学习算法：无监督和监督。因为任何一个人工智能系统都是为了解决一个特定的复杂问题而存在的，所以合理的做法是使用多个来自前述任何一类的算法。

研究学习算法的专家可以是一个软件工程师，但更有可能是一个数据科学家。

2.2.1 无监督学习

无监督学习将那些对未处理的数据进行分类的算法聚合在一起。这些算法对数据进行处理，以发现有助于标记或索引原始数据的共性，而这些共性通常以簇或标签的形式表示，如图 2-2 所示。

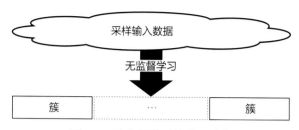

图 2-2 无监督学习的核心功能

1. 发现数据簇

当你对给定输入对应的输出不太了解的时候，可以选择无监督学习算法。算法可以识别输入数据中的隐藏结构，理想情况下，还能得出可用于进一步分析的相关性。无监督学习试图识别原始数据中具有共性的子集。

你可以将无监督学习算法的输入想象为一个关系表，表中每一列表示数据的一个属性。抽象地说，这些算法试图确定一种将输入数据分组的理想方法。为了（直观）简化，假设输入数据表中的数据只有两个属性，如图 2-3 所示，表中的点就是输入数据的二维表示。

该算法尝试通过关联性对数据进行分组，每一种无监督学习算法都可能有自己特定的方法来测量同一簇内数据间的逻辑距离。图 2-4 所示即为其中一个可能的输出。

请注意，在图 2-4 中，并不是所有的点（数据）都属于一个簇。该算法识别出的簇可能具有不同的特征。结果集可能是一个分区，如果同一数据属于多个簇，那么结果集可能会有一些冗余。但更有可能的是，某些数据可能会被遗漏，就像它们是异常数据一样。

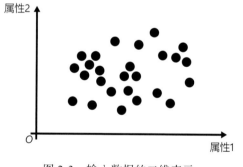

图 2-3 输入数据的二维表示

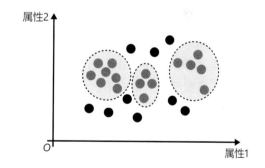

图 2-4 从提供的输入数据样本中识别出三个簇

2. 评估发现的类别

为什么某些输入数据被排除在返回的类别集合之外呢？这个问题可能有很多不同的答案。最常见的原因是，它与其他数据太不一样，因此与聚类目的无关。请注意，不属于任何待选类别就反映了这样的信息：不属于任何已知类别的数据为异常数据。异常检测是另一种流行的无监督学习方法。

数据被排除在所有类别之外的另一个原因可能是，用来选择数据，对数据进行聚类的规则可能不适用于当前的问题，从而导致类别丢失有价值的信息。在这种情况下，算法必须使用不同的参数再次运行，或者必须使用完全不同的算法来解决这个问题。

降维是另一种可用于聚类以针对当前问题找到最合适分组的方法。降维主要是用一个具有代表性的数据替换整个类别，或者是类别的一部分。一个常见的例子是用一个类别中所有数据项的平均值来替换这个类别中的所有数据。降维之后，就有了一个全新的输入数据集，我们可以在这个数据集上再次迭代地进行聚类。重复以上操作，直到得到一组被确定为合适的类别为止。无论销售和营销人员怎么说，人工智能的真实世界其实就是不断地尝试与犯错。

2.2.2　监督学习

无监督算法可以独自对输入数据集进行探索，得到数据集内部的模式与关系。在这方面，无监督学习非常接近数据挖掘，至少统计方法在两种情况下所起的作用是如此。

监督算法是在输入和输出数据集上进行学习的，本质上是试图找出输入和输出之间的相关性。简而言之，监督学习意味着是在预期输出已知的条件下，对机器进行训练，使其能尽可能正确地预测给定输入对应的输出。

1. 捕获输入与输出间的关系

监督学习算法有两个目标：预测和分类。预测在很大程度上依赖于回归，并且主要擅长做分析预测，而分类是一种更精确的聚类形式，算法的输入数据带有标签信息。

通过输入和输出之间的因果关系，回归可以建立一个根据给定输入预测输出的模型。目前已经有很多回归算法可供选择，不同的算法考虑的输入变量的数量不同，输入与已知输出间的关系类型也不同。

分类是预测给定数据项所属类别的过程。在严格的数学术语中，分类算法是将输入变量映射到离散输出变量的函数（如图 2-5）。

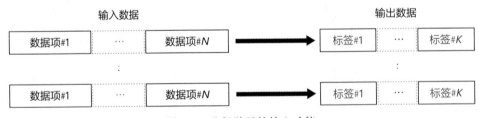

图 2-5　监督学习的核心功能

2. 标签数据

抽象地说，监督算法就是一个函数，它以一个数据向量作为输入（图 2-5 中的数据项行），并返回另一个数据向量作为输出（图 2-5 中的标签行）。对函数的调用可以这样表示："给定输入数据，应该返回给定的输出标签数据。"即当提供输入向量时，希望算法返回标签。最后该算法推断出一个函数，使用该函数就可以将输入值映射到一组已知且可预期的结果上。

　　为了准备监督学习所需的数据集，你需要收集能够描述一定时间内系统状态的数据，同时该数据需要与能描述预期答案的标签绑定。输入数据可以包含很多属性，比如对于信用卡交易而言，属性包括金额、购买的商品、购买日期和时间、IP 地址和地理位置等。这样的一组记录称为时间轴序列。

　　输出数据集中的相应记录可以指示采取进一步行动的风险等级，如图 2-6 所示。

　　在学习阶段，该算法探索输入和预期输出之间的相关性。具体来说，在特定场景中，可以将数据简单地标记为 0/1，来指示交易的欺诈风险是低、中或高。

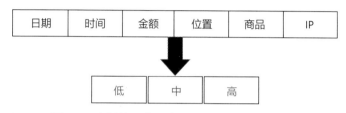

图 2-6　实际输入值生成一组标签数据作为答案

　　监督学习主要用于预测给定输入的输出，从一组预定义的答案中进行选择。换句话说，必须首先知道给定输入数据序列的预期答案，然后让算法学习如何将新输入数据与任一已知答案进行匹配。在这方面，与无监督学习的区别是不言而喻的：在无监督学习中，没有已知的可能答案的列表。

3. 推理函数

　　监督学习试图寻找的推理函数本质上是一个捕获样本数据动态的函数，因此，这个函数在处理相似但真实的数据时，会继续保持相同的趋势。为了形成一个简单且有效的函数概念，可以参见图 2-7。图中的数据集是二维的，一维是特征，另一维是输出标签，因此，用于捕获趋势的函数是线性的。

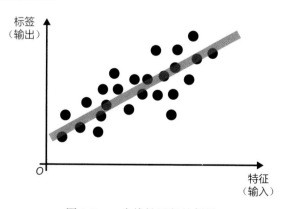

图 2-7　一个线性回归的例子

图 2-7 中的直线是给定数据的最佳拟合直线。对机器学习算法来说，训练数据的质量至关重要。任何数据集都只能显示它真正包含的关系，但同时，它也可能会导致你看到错误的或不准确的关系。

> **注意!** 历史上第一个监督学习的示例应该是二战期间艾伦·图灵在布莱奇利公园完成的机器 Bombe。这台机器被用来解密德国海军和潜水艇之间的通信。Bombe 是为暴力破解而设计的，当研究人员找到能快速排除组合的算法时，Bombe 就成功了。之所以会成功，是因为每天都有一些密码字符总是与同一个单词对应。换言之，这台机器在学习过程中受到隐藏在训练数据中的一些特定关系知识的监督。

2.3   本章小结

专家系统是人工智能的第一个具体形式，被应用到很多业务领域，例如巡航控制系统，以及法律、税收、金融和医疗保健系统。这些智能软件系统可以完成人类专家所做的工作，并且能够对很多问题给出同样富有洞察力的答案。不过专家系统的更新成本很高，实际上在某些时候还会面临过时的问题。机器学习是下一步的发展方向。

机器学习的工作原理是创建一个模型，这个模型可以回答那些它从未被明确编程来回答的问题。实际上，机器学习模型使用一个预先确定的数学函数来计算给定输入的输出。在使用模型之前，首先会在一个大的样本数据集上对该模型进行训练，训练目的是找到能捕捉输入和输出间隐藏关系的数学函数。

机器学习分为两类：监督学习和无监督学习。在这两种情况下，输入都是一个数据矩阵，矩阵里是模型运行时要调用处理的相关数据样本。监督学习算法还需要一个预期结果矩阵，这样每个输入才能有对应的预期结果。通过这种方式，算法学习如何将输入与预期输出进行最佳匹配。在只有输入数据可用的情况下，最好选择无监督学习算法。无监督学习算法通常与统计方法一起来识别输入数据密度最高的区域，并返回仅由输入数据构成的聚类。这一点主要通过猜测隐藏的数据结构来完成。

本章简要地介绍了算法的类别。在下一章中，我们将研究一些具体的监督和无监督算法，并详细地分析它们的表现。

第 **3** 章

映射问题和算法

当我思考人们究竟想从计算中获得什么时，我发现人们想要的不过是一个数字。

——Muhammad ibn Mūsā al-Khwārizmī

8世纪的波斯数学家，他的名字是算法一词的起源

通常情况下，机器学习产生的用户体验对用户来说就像是魔术。不过，归根结底，机器学习只是一种新的软件形式，就类似于网络或数据库开发等新专业，而这种形式的软件如今取得了突破性进展。

突破性技术是指任何能让人们做以前不可能做的事情的技术。然而，在神奇的最终效果背后，有一系列烦琐的任务，而最重要的是，在这个过程中，有一系列循序渐进的、相互关联的决策，要确定这些决策既困难又费时。简而言之，它们是方案成功的关键决策。

本章有两个目的。首先，它确定了机器学习可以解决的实际问题的类别，以及已知的适合于每一类问题的算法。其次，它引入了一种相对新的方法：自动机器学习（Automated Machine Learning，AutoML），该方法可以自动地为给定的问题和给定的数据集选择最佳的机器学习管道。

本章将描述问题类别和算法类别。下一章将关注学习管道的构建模块。

3.1 基本问题

正如在第2章中所说，基于机器的学习可以分为监督学习和无监督学习。这是对算法空间的抽象划分，监督或无监督的主要判别标准是初始数据集是否包含有效答案。换句话说，我们可以将自动学习简化为两种学习方法的结合——示例学习（监督）和发现学习（无监督）。

在这两种学习形式下，我们可以确定一些通用的问题，并为每类问题确定一些常用的算法。这种布局都会反映在你可以找到并使用的任意机器学习软件开发库的组织架构中，

不管它是基于 Python、Java 还是 Net。

 注意！ 并非巧合的是，以下章节中涉及的大部分主题在很大程度上都与 Microsoft 最新的 ML.NET 框架（第二部分中介绍）中的任务以及 scikit-learn 中的算法备考表相匹配，后者是一个非常流行的机器学习 Python 库。（参见 https://scikit-learn.org。）

3.1.1　对象分类

分类问题就是确定一个对象所属的类别。在这个问题中，对象是一个数据项，完全由一组值（称为特性）表示。每个值都是一个可测量的属性，在分析的场景中考虑这个属性是有意义的。需要注意的是，分类只能在一个离散的分类集中预测输出。

1. 不同的分类问题

控制对象映射到类别的实际规则会导致不同的分类问题，它们之间存在细微差异，随后导致不同的实现任务。

二值分类。这类算法必须将处理过的对象分配给两个可能的类别之一。例如，根据一系列针对特定疾病的测试，决定是否将患者归入"疾病"组或"无疾病"组。

多分类。这类算法必须将处理过的对象分配给多个可能的类别之一。每个对象可以分配一个且只能分配一个类别。例如，在对候选人的能力进行分类时，可以是差、尚可、好、很好，但不能同时兼得。

多标签分类。这类算法需要提供对象所属的类别（或标签）数组。例如，如何对博客文章进行分类。它可以是关于体育、科技的，同时也可能与政治相关。

异常检测。算法的目标是在数据集中发现属性值与其他大多数对象有显著差异的对象。这些异常通常被称为异常值。

2. 常用的算法

抽象地说，分类是预测给定数据所属类别的过程。用更严格的数学术语来说，分类算法是一个将输入变量映射为离散输出变量的函数，如图 3-1 所示。

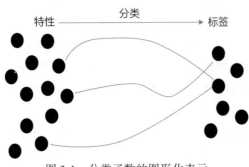

图 3-1　分类函数的图形化表示

分类问题常用的算法类别如下：

决策树。决策树是一种定制的二叉树，它实现了一系列规则，这些规则将逐步应用于每个输入对象。二叉树上的每片叶子表示一个可能的输出类别。在此过程中，输入对象根据每个节点设置的规则向下路由到树的各个级别。每个规则都基于其中某个特征的可能值。换句话说，每一步中，将输入对象的关键特征值（例如，年龄）与设定值（例如，40）进行比对，并且在后续的子树中继续这个操作（例如，小于、大于或等于 40）。算法在训练过程中确定节点数和实现的特征 / 值规则。

随机森林。这是一个更专业的决策树算法版本。该算法不是使用单一的树，而是使用由多个经过不同训练的简单树组成的森林，然后给出一个响应，这个响应是所有响应的平均值。

支持向量机。从概念上讲，该算法将输入值表示为 n 维空间中的点，并寻找点之间足够宽的一个间隙。可以想象下在二维空间中，该算法试图寻找一条能将平面一分为二的曲线，同时曲线边缘处尽可能留有较大的空间。在三维空间中，可以想象一个平面将空间一分为二。

朴素贝叶斯。该算法的工作原理是计算给定对象（给定其值）可能属于某个预定义类别的概率。该算法基于的就是能够描述给定相关条件下事件发生的可能性的贝叶斯定理。

逻辑回归。这个算法根据物体的性质计算一个物体属于给定类别的概率。该算法使用了一个 sigmoid（逻辑）函数，由于该函数特有的数学性质，它非常适用于优化计算非常接近 1（或非常接近 0）的概率的情况。因此，该算法在两种情况下都能适用，所以它主要用于二值分类。

上面列出的并不是全部的分类算法，不过已经包含了在分类问题上最常用的经过实际应用的算法类别。

> **重点**：在机器学习的日常用语中，算法（algorithm）一词通常指一整套算法，它们共享解决方案的通用部分，只在一些小的和稍大的实现细节上可能略有不同。而一个算法的特定实现用术语训练器（trainer）或估计器（estimator）更为合适。相反，管道（pipeline）一词指的是数据转换、训练器和评估器的整体组合，它们构成了最终部署的机器学习模型。

3. 常见的用分类解决的问题

现实生活中的很多问题可以建模为分类问题，可以是二值分类，也可以是多类分类、多标签分类。同样，尽管下面的列表不可能也不会是详尽无遗的，但当一个具体的业务问题出现时，它足以给我们提供一个在何处查找解决方法的线索：

❏ 垃圾邮件和客户流失检测

- ❏ 数据排名和情感分析
- ❏ 通过医学图像进行的疾病的早期诊断
- ❏ 为客户构建的推荐系统
- ❏ 新闻标签
- ❏ 欺诈或故障检测

垃圾邮件检测可以看作是一个二值分类问题：一封邮件是垃圾邮件还是非垃圾邮件。疾病的早期诊断解决方案也是一个二值分类问题，只是在这种情况下输入的数据是图像而不是数据记录，这就需要更复杂的管道来对它进行处理，而且这个问题可能会使用神经网络而不是前面描述的任何算法来解决。客户流失检测和情感分析是多类问题，而新闻标签和推荐系统是多标签问题。最后，欺诈或故障检测可以作为异常检测问题。

3.1.2　结果预测

许多人会将人工智能与智能预测未来的能力联系在一起。尽管表面如此，但预测并不是魔术，而是一些统计技术的结果，其中最相关的是回归分析。回归测量的是一个输出变量与一系列输入变量间相关联的强度。

回归是一种监督技术，用于预测连续值（与分类的离散分类值相反）。

1. 不同种类的回归问题

回归就是寻找一个能够捕捉输入值与输出值之间关系的数学函数。什么样的函数呢？回归函数的不同形式导致回归问题的不同变化。以下是一些宏观领域：

线性回归。该算法寻找一个线性的直线函数，以便所有现在和将来的值都围绕这条直线来绘制。线性回归算法相当简单，但是由于它意味着指导预测的是一个单一的值，因此很大程度上该算法在实践中是不现实的。相反，任何实际的预测场景中通常都会引入几个不同的输入数据流。

多线性回归。在这种情况下，负责实际预测的回归函数是基于多个输入参数的。这与实际生活中的情况更加吻合，比如要预测房价，除了考虑房屋的使用面积，还需要考虑房价的历史趋势、周围环境、房间样式、房屋年代，或许还有更多其他因素。

多项式回归。将输入值和预测值之间的关系建模为其中一个输入值的 n 次多项式。在这方面，多项式回归是多线性回归的一种特例，当数据科学家根据实际情况做出模型为曲线关系的假设时，多项式回归是非常有用的。

非线性回归。任何需要非线性曲线来描述给定一组输入数据对应的输出值的趋势的技术都属于非线性回归的范畴。

2. 常用的算法

回归问题的解决方法是找到最符合输入数据趋势的曲线。毋庸置疑，算法的训练阶段在训练数据上进行，但训练好的模型却需要在类似的实时数据上也能表现良好。根据输入预测输出值的曲线也是使给定的误差函数最小化的曲线。不同的算法定义误差函数的方式不同，测量误差的方式也不同。

回归问题最常用的算法如下：

梯度下降。梯度下降算法期望返回能使误差函数最小化的系数。它以迭代的方式工作，首先给系数设置一个默认值，然后测量误差，如果误差很大，它会查看函数的梯度，并沿梯度方向移动，确定新的系数值。重复以上步骤，直到满足某个停止条件。

随机双坐标上升。该算法采用不同的方法，本质上解决了误差最小化的对偶问题，即使目标函数最大化。它没有使用梯度，而是沿着每个轴前进，当找到沿着当前轴的一个最大值时，移动到下一个轴继续。

回归决策树。如前所述，该算法为分类问题建立了一个决策树。主要的区别是用于决定树是否足够深的误差函数的类型，以及每个节点中特征值的选择方式（在本例中，特征值是所有值的平均值）。

梯度提升器。该算法结合了多个较弱的算法（如最常见的基本决策树），构建了一个统一的、更强的学习算法。通常，预测结果来自所有弱学习器输出的加权组合。这类算法中非常流行的算法有 XGBoost 和 LightGBM。

重点：现实生活中大量问题都涉及了回归与分类。而实际面临的这些问题通常无法用以上算法来解决。相反，它们需要通过某种神经网络来进行更深层次的学习。

3. 常见的用回归解决的问题

无论预测的是数量、价格还是温度，回归的任务是预测一个连续值。

❑ 价格预测（房价、股票、出租车费、能源）
❑ 生产预测（食品、商品、能源、水资源）
❑ 收入预测
❑ 时间序列预测

时间序列的回归是非常有趣的，因为它可以帮助理解甚至更好地预测能定期报告系统状态的复杂动态系统的行为。这在有大量观测数据的工厂中相当普遍，实际上这多亏了物联网设备。时间序列回归也常用于金融、工业和医疗系统的预测。

3.1.3　对象分组

在机器学习中，聚类是指对能表示为一组输入值的对象的分组。聚类算法基于以下假设：同一组中的对象具有相似的属性，而不同组中的对象具有完全不同的属性，从而将每个对象点放入一个特定的组中。

首先，聚类看起来像分类，实际上，这两个问题都是关于确定给定数据所属类别的。不过两者之间有一个关键的区别。聚类算法的训练数据集中没有关于可能的目标组的指导信息。换句话说，聚类是一种无监督学习的形式，算法独自计算出可用数据集可分割的组数。

聚类算法对数据集进行处理并返回一个子集数组。这些子集没有从算法本身获得任何标签和关于内容的线索。进一步的分析需要数据科学家进行，如图 3-2 所示。

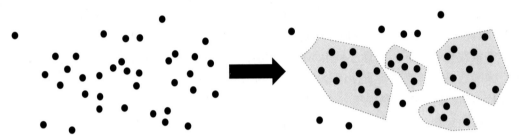

图 3-2　在一个数据集上运行的聚类算法的最终结果

1. 常用的算法

聚类的本质是分析数据并尽可能多地识别出相关的数据簇。虽然簇的概念相当直观——一组相互关联的数据，但它仍然需要对相关概念进行一些正式的定义才能具体应用。最后，聚类算法寻找数据空间中不相交的区域（不一定是分区），每个区域中包含的都是某种相似的数据。

这一事实直接导致了聚类与回归或分类之间另一个明显的区别。因此聚类模型永远不会用在生产过程，也不会在实时数据上运行它以获得标签或进行预测。相反，你可以使用聚类算法来理解可用数据，然后计划一些进一步的监督学习工作。

聚类算法采用以下方法之一：基于分区、基于密度或基于层次。流行的算法如下：

K-Means。这种算法是基于分区的，首先算法根据一些初步的数据分析设置固定的簇数量，并随机定义它们的数据中心。然后遍历整个数据集，计算每个数据点与各数据中心之间的距离。数据点与哪个数据中心的距离最近，这个数据点就属于哪个数据中心所在的类别。算法以迭代的方式进行，并在每一步重新计算数据中心。

均值漂移。该算法也是基于分区的，首先算法定义了一个具有任意半径的圆形滑动窗口，并将其初始中心设在一个随机点上。每一步，算法将窗口的中心更新为滑动窗口内各点的均值。当找不到更好的中心点时该方法收敛。重复以上过程，直到所有的点都落在同一窗口内且所有重叠的窗口都被处理，最后只保留含有最多点的那个窗口。

DBSCAN。这是一种基于密度的算法，该算法首先从数据集中选中一个未曾访问过的数据点，以这个点为中心去寻找指定范围内的所有点。如果找到的点太少，那么就将这个点标记为当前迭代的异常值。否则，当前簇中每个点指定范围内的所有点都将递归地添加到该簇中。这个迭代会一直持续，直到出现不在任何簇中的点，或者簇中的点数太少以至于完全可以忽略它们。

　　聚集层次聚类。这种基于层次结构的算法最初将每个点都视为一个簇，然后依次迭代，合并那些足够接近指定距离的簇。从技术上讲，当所有的点都在一个簇中时，算法就结束了，这个结果与原始数据集是一样的。不用说，你可以设置最大迭代次数或使用任何其他逻辑来决定何时停止合并簇。

　　K-Means 是迄今为止最简单且最快的聚类算法，但是由于它设置了簇的个数，因此在某种程度上它违反了聚类的核心原则。所以，最终它介于分类和聚类之间。一般来说，除了基于层次的方法之外，其余聚类算法都是线性复杂度。然而不管数据集的分布如何，并非所有的算法都能产生相同的聚类质量。例如，当簇的密度有变化时，DBSCAN 的性能不如其他方法，但在检测异常值方面，它比基于分区的方法更加有效。

　　2. 常见的用聚类解决的问题

　　聚类是很多领域中解决关键业务的方法，这些领域包括市场营销、生物学、保险，以及通常与人口、习惯、数字、媒体内容或文本筛选相关的内容。

- ❑ 为数字内容（视频、音乐、图片、博客文章）添加标签。
- ❑ 根据作者、主题和其他有价值的信息重新组合图书和新闻。
- ❑ 为营销目的挖掘客户群体。
- ❑ 识别可疑的欺诈性金融或保险业务。
- ❑ 为城市规划或能源发电厂规划进行地理分析。

　　值得注意的是，聚类解决方案经常与分类系统结合使用。首先可以使用聚类方法为预期生成的数据找到合理数量的类别，然后对识别出的类别采用分类方法。在这种情况下，通过查看已标识的簇的内容，来手动标记类别。此外，聚类方法可以周期性地在更大且更新的数据集上重新运行，以查看是否有可能对内容进行更好的分类。

3.2　更复杂的问题

　　分类、回归和聚类算法有时被称为浅层学习，而不是深度学习。尽管这样区分浅层学习与深度学习有些粗略，不过它将那些可以用相对简单的算法解决的问题与那些需要引入一些神经网络（从构成网络的层数看或多或少的深度）或多条直接算法流水线的问题区分开来。通常，这些问题围绕着认知领域（如计算机视觉、创造性工作以及语音合成等）展开。

3.2.1　图像分类

　　图像处理始于 20 世纪 60 年代末，当时 NASA 的一群科学家遇到了需要将模拟信号转换成数字图像的问题。图像处理的核心是将数学函数简单地应用于像素矩阵。计算机视觉则是一种增强的图像处理形式。

计算机视觉并不局限于处理数据点，而是尝试识别像素的模式以及它们如何与现实世界中的形状（物体、动物、人）相匹配。计算机视觉是机器学习的一个分支，致力于模拟人眼以捕获图像，并根据图像的尺寸、颜色和亮度等属性对其进行识别和分类。

在计算机视觉领域中，图像分类是一个非常受关注的领域，特别是在医疗和安全等敏感领域。图像分类就是拍摄照片（或视频），对其进行分析，然后产生一个以分类值（这是狗）或一组概率值（70% 是狗，20% 是狼，10% 是狐狸）形式的响应。同样，图像分类器还可以对人们的情绪、态度甚至痛苦进行猜测。

尽管许多现有的云服务可以识别和分类图像（甚至视频），但在特定的业务上下文之外，图像分类问题很难解决。换句话说，你很难使用一个通用的公共云认知服务来处理（某种类型的）医学图像或公共监控摄像机的实时图像流。针对特定场景，我们需要根据场景定制算法，并对算法进行专门的训练。

图像分类器是典型的多层卷积神经网络。在这种软件环境中，每个处理节点接收来自前一层的输入，并将处理后的数据传递给下一层。根据层数（和类型）的不同，最终的算法被证明是否能够（或不能够）完成某些事情。

3.2.2　目标检测

目标检测是计算机视觉中的另一个问题，该问题与图像分类密切相关。图像分类是使用一组能够查看实时图像流的算法，识别其中的元素。换言之，图像分类是用来解决图像中有什么的问题。目标检测对图像内容进行进一步的多分类，确认图像中所有识别的形状及其相对位置。

目标检测在自动驾驶汽车和机器人技术中非常热门。高级形式的目标检测还可以确定目标的边界框，以便查找甚至在其周围绘制更精确的边界。目标检测算法通常分为两大类：基于分类的目标检测和基于回归的目标检测。

这里的分类和回归并不是指本章前面提到的浅层学习算法，而是指采用神经网络进行处理的学习方法。

3.2.3　文本分析

文本分析包括解析和标记文本，寻找文本的模式和趋势。它学习命名实体之间的关系，对词汇进行分析，计算和评估单词的频率，识别句子边界和词元。在某种程度上，它是一种用于文本的数据挖掘和预测分析的统计练习，最终目的是让软件能用自然语言与人类交互。

文本分析的一个典型应用是对大规模的数字自由文本数据库及文档的内容（比如客户留下的关于公共服务的评论和投诉）进行汇总、索引和标记。文本分析通常被称为自然语言处理（Natural Language Processing，NLP），这个叫法更具表达性，目前文本分析已经在处理实时流、进行语音识别和使用已识别的文本进行进一步解析和信息检索等热门应用场景中进行了探索。自然语言处理的应用通常建立在神经网络之上，将文本输入神经网络，经多层逐步解析和标记，最终神经网络产生一组概率意图。

NLP 在工业中也有很多应用，只是这些应用可能被隐藏在企业的应答机应用和呼叫中心服务中。但如果只是想探索原始 NLP 的强大功能，可以研究一些现有的测试平台，如 https://knowledge-studio-demo.ng.bluemix.net。该平台可用于分析文本，比如一份警察车祸报告的摘录，进行分析之后自动提取相关事实，如涉案人员的年龄、涉案车辆的特征、地点和时间等。

3.3 自动机器学习

机器学习是一个很大的领域，而且每天都在扩大。在接下来的一章中我们将详细地描述为实际业务问题构建智能解决方案所需的工作流程，该流程基本上是由数据转换、算法训练、指标评价等不同的步骤组合而成，最后对于智能解决方案而言，领域知识、知识库、试错态度及想象力等也非常重要。

在这种情况下，尽管人类解决问题的能力可能仍是无与伦比的，但业界正在认真研究使用自动化、向导式工具准备一个粗略计划的可能性，这个计划可能在几分钟内就展现一个真正解决方案的框架，而不需要人工处理几天时间。

这就是自动机器学习（AutoML）方法的本质，它由一个框架组成，该框架通过查看相关的数据及声明的意图，可以智能地推荐它认为最合适的步骤。

3.3.1 AutoML 平台的特性

任意一个典型的应用于实际问题的机器学习解决方案的端到端工作流很可能包括很多步骤，概述如下：

❑ 对现有数据进行初步分析和清理。
❑ 识别最有希望解决实际问题的数据的属性（特征）。
❑ 选择算法。
❑ 配置算法参数。
❑ 定义适当的验证模型，以衡量算法的性能并间接衡量它所使用的数据的质量。

机器学习可能并不适合胆小的人，因为即使一个人有很强的领域知识，面对机器学习还是有很高的风险会感觉自己像个菜鸟。

因此，AutoML 正在成为一种让人们能够迅速开展机器学习项目的解决方案，有时甚至非常有效。AutoML 的明显优势在于能够快速地生成工作解决方案。实际上有争议的并不是使用 AutoML 向导生成的解决方案的客观好坏，而是从 AutoML 获得的方案和人工设计方案之间的权衡，尤其是当整个团队并不是由领域和机器学习的超级专家组成的时候。

> **注意：** 在某种程度上，关于所谓 AutoML 解决方案肤浅的争论让我们回想起过去关于使用高级编程语言胜过汇编语言以及使用系统管理的内存而不是由程序员直接分配的内存单元的争论。我们坦率地认为，AutoML 框架在处理简单问题方面非常出色。但它不能解决过于复杂的问题。不幸的是，到目前为止，大多数现实世界的问题都相当复杂。

1. 共同特点

AutoML 框架由两个不同的部分组成：一个关于可支持学习场景的公共列表，以及一种基于某些输入参数返回可交付模型的不可见的执行服务。学习场景本质上是一个被设计用于使用一些预定义格式之一的数据来解决特定类型问题的专家子系统。执行过程就是一个学习管道，在该管道中，给定学习目标，对选定的输入执行一组预定义的数据转换，选择目标特征，对训练器进行选择、配置、训练以及测试。

在用户指明数据的物理源（表格、关系数据库、基于云的数据仓库）和学习目标后，AutoML 框架将自动执行以下任务：

- ❑ 对不同格式的数据进行预处理和加载，包括检测缺失值和偏移值。
- ❑ 确认每个数据集列的类型，以确定列是布尔值、离散值、分类值还是自由文本。
- ❑ 应用内置形式的特征工程和选择，即以对学习目标有特殊意义的方式添加或转换数据列。
- ❑ 检测学习目标所要求的工作类型（二值分类、回归、异常检测），并选择一系列最合适的训练算法。
- ❑ 设置所选训练算法的超参数。
- ❑ 对模型进行训练，应用适当的评估指标对模型进行测试。

此外，AutoML 框架通常还能够可视化数据，并能以一种奇特的有助于更好地理解当前问题的方式生成结果。

有两个流行的 AutoML 框架：一个来自 Google，另一个最新的来自 Microsoft。首先让我们简要介绍一下 Google Cloud AutoML 平台，然后对集成在 Visual Studio 2019 中的 Microsoft AutoML 框架进行深入展示。

2. Google Cloud AutoML

Google Cloud AutoML 平台位于 https://cloud.google.com/automl。它是一套专门设计的机器学习系统，旨在尽可能简化为特定需要而定制的模型的构建。该平台的工作方式非常类似于 UI 向导，指导用户完成选择场景、数据和参数，然后就可以神奇地返回一个可部署的模型。在内部，Google Cloud AutoML 平台依赖于谷歌的迁移学习技术，该技术允许构建神经网络作为现有网络的组成部分。

Google Cloud AutoML 支持一些学习场景，如计算机视觉、视频和图像中的目标检测

以及自然语言处理和翻译。正如你所看到的，这是一组非常高级且复杂的场景。它还支持
AutoML Tables，这是一种更简单的方法，可以在表格数据集上工作，同时测试多种模型类
型（回归、前馈神经网络、决策树、集成方法）。

3. Microsoft AutoML Model Builder

Visual Studio 2019 中也集成了 AutoML 框架，并与 ML.NET 打包在一起，ML.NET 是最新
的基于 Microsoft.NET 的机器学习库。AutoML Model Builder 框架在 Visual Studio 中有一个可
视化的、向导风格的界面（稍后将详细介绍），也有一个命令行界面（Command-Line Interface，
CLI），可以在 PowerShell 等基于命令的环境中使用。可以在 https://bit.ly/2FaK7SP 找到关
于 AutoML CLI 的敏捷且有效的总结。

在 Microsoft 的 AutoML 框架中，开发人员选择一个任务，提供数据源，并指定一个最
长训练时间。显然，所选择的最长训练时间是判断模型质量的关键。选择的时间越短，最
终模型的可靠性就越低。

> **注意**：与 Google Cloud AutoML 相比，Microsoft AutoML 解决方案目前专注于更简单的
> 任务，并且可以在本地部署，缩短训练周期。Google 平台是基于云计算的，适合通过
> 付费订阅获得的更长的、更现实的培训周期。

3.3.2 运行中的 AutoML Model Builder

在 Visual Studio 2019 中，安装最新版本的 ML.NET Model Builder 扩展后，就可以将
机器学习项添加到现有项目中。此时，就会出现一个如图 3-3 所示的向导。

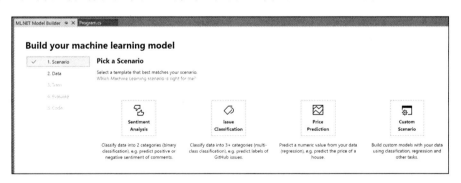

图 3-3 Model Builder Visual Studio 扩展的主页面

如图 3-3 所示，该向导由五个步骤组成，这五步大体上与机器学习的主要步骤相匹配。
构建器的第一步是选择学习场景，即想要为哪类问题构建机器学习解决方案。在用于测试
的构建器版本中，选择范围并不是很大：情感分析、问题分类、价格预测和自定义场景。
下面就以价格预测为例进行说明。

1. 探索价格预测场景

选择场景后，向导会要求你将一些数据加载到系统中。对于价格预测场景，可以从普通文件或 SQL Server 表中进行选择。在图 3-4 所示的示例中，加载的是一个 CSV 文件。需要提供的一个关键输入是希望最终模型预测的列的名称。在本例中，CSV 文件包含大约 100 万行，表示真正发生的出租车行程，要预测的列是票价金额。

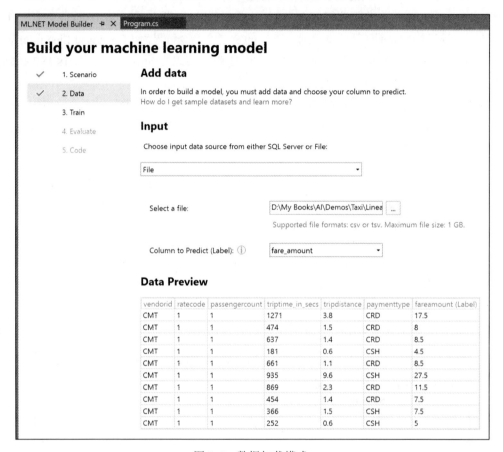

图 3-4   数据加载模式

2. 训练模型

第三步是关于理想训练器（即最适合学习场景和数据的算法）的选择。这就是自动机器学习框架的强大之处（从某种角度来看，也是其弱点）。一些特定于所选场景的硬编码逻辑会根据分配的训练时间尝试一些训练算法。图 3-5 显示了对一定数量的数据所需的训练时间的估计。

在训练阶段，系统尝试几种不同的算法，并使用适当的度量来评估其性能，如图 3-6 所示。

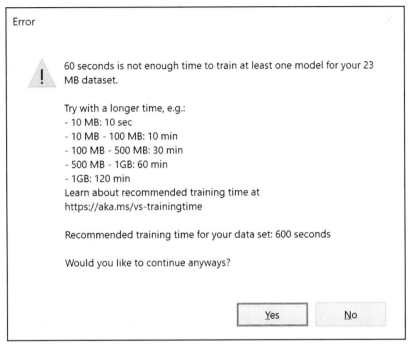

图 3-5　估计训练时间

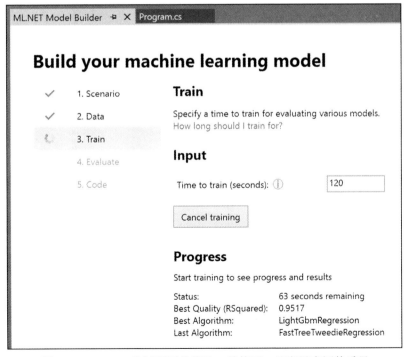

图 3-6　AutoML 尝试不同的算法，并使用一些度量来评估质量

3. 评估结果

在训练结束时，AutoML 系统有了一些尝试了不同超参数的新算法的数据。评估性能的指标取决于任务和算法。价格预测本质上是一项回归任务，其中最常用的是 R– 平方度量。（我们将在第 11 章中介绍回归和 R– 平方背后的数学原理）。R– 平方度量的理论理想值是 1，因此，任何足够接近 1 的值都是可以接受的。考虑在训练中，一个值为 1（或非常接近 1）的结果度量通常是过度拟合的标志，所谓过度拟合是指模型太适合训练数据，但很可能无法在测试中的实时数据上有效工作。

AutoML 过程建议使用 LightGbmRegression 算法。如果需要，可以只带准备部署的最终模型的压缩文件。但如果要对实际的数据转换和实际的代码进行修改以获得进一步的改进，该怎么办呢？

AutoML 还提供了将 C# 文件添加到当前项目的选项，以便你可以进一步编辑它们，并在不同的数据集上重新训练模型，如图 3-7 所示。

如图 3-7 所示，图中包含两个项目。一个是控制台应用程序，它包含一个 ModelBuilder.cs 文件，该文件包含用于构建模型的代码。另一个项目是一个类库，它包含一个客户端应用程序示例，可以作为使用模型的基础。这个项目还包括压缩文件形式的实际模型。

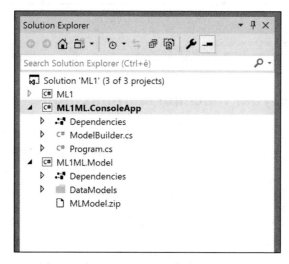

图 3-7　由 Model Builder 自动生成的项目

3.4　本章小结

归根结底，机器学习是一种智能软件，但它并不像电影和文学作品（最近还包括销售/市场部门）描绘的魔法棒一样。而且更重要的是，它并不是一个你可以从药店的货架上挑选、带回家、安装和使用的物理黑盒子。

在现实世界中，不能只是"将数据加载到机器中"，然后机器就能以某种方式自己使用数据。在现实世界中，一般包括几类方法（大多来自统计学），比如回归、分类、聚类，以及一些具体的训练算法。但是，什么时候该使用哪个方法呢？

决定使用哪个方法是一个经验和技术问题，但这也是一个了解数据以及在实际业务领域中事物如何实际工作的问题。那么这是否意味着只有专家才能进行机器学习呢？是的，在很大程度上，确实如此。然而，没有人天生就是专家，每个人都需要以某种方式开始。而这正是自动机器学习工具出现的原因。本章简要介绍了 Google Cloud AutoML 和 Visual Studio ML.NET Model Builder。

下一章将介绍机器学习的初步路径，讨论管道的概念，即最终生成可交付模型的一系列步骤。

第 **4** 章

机器学习解决方案的一般步骤

> 在备战过程中，我总是发现计划是无用的，而规划则是必不可少的。
>
> ——德怀特·艾森豪威尔
>
> 美国陆军上将，美国第 34 任总统

任何机器学习解决方案都是由相对复杂的步骤组成的管道。更准确地说，它是一个从数据采集和准备到训练，从模型评估到实际部署的完整的过程。这是一种分阶段的方法，统称为构建管道，在整个过程中涉及了不同的技能，最重要的是需要清晰的业务愿景。

本章将讨论一个标准机器学习解决方案的基本框架以及需要经历的各个阶段：数据收集、数据准备、模型选择、模型训练、结果评估，最后，当所获得的性能（系统能够提供的答案的质量）可以接受时，模型就可以部署到生产环境中。

如果觉得这个过程听起来太复杂，与你所看到的一些营销信息的流畅感相冲突，那么考虑到目前还没有更好（或更短）的方法来构建机器学习解决方案，想要一个不同的解决方案只会更加困难。

注意： 在某些方面，机器学习的出现可以与互联网的出现相媲美。对企业来说，互联网带来的挑战是设计新流程、新服务或新功能来利用互联互通的力量。仅仅从供应商那里获得基本的互联网接入是不够的，必须要规划和建立解决问题或挑战的方案。同样，仅获得原始数据也是不够的，必须要规划和建立解决问题或挑战的方案。然而，构建一个机器学习解决方案比构建一个 Web 应用程序更加复杂，对业务的影响也更大。

4.1 数据收集

正如我们在第 1 章中所描述的那样，电影和文学作品中充斥着专家，他们只要将数据"加载"到超级计算机中，就能从安装的软件中迅速得到完美的答案。除了故事模型的过度简单化外，在抽象的最高层次上，现实世界中的事情或多或少都是以同样的方式发生的。不过我们即将探讨的重要细节却并非如此。

　　一旦确定了机器学习的最终目标，第一个要解决的细节就是确定是否有足够的数据加载到机器中。数据收集是迄今为止最重要的第一步，因为它解决了数据探索和分析等常见的挑战，而且还涉及贯穿整个公司数据文化的整体水平。

4.1.1　组织中的数据驱动文化

　　如果你想为你的公司建立一个人工智能解决方案，你需要有自己的数据。如果你没有自己的数据，便无法合理地期望运行一个有效的人工智能解决方案。

1. 快速的概念验证是不够的

　　如今，没有数据是高管常犯的错误。出于对一些令人兴奋的营销信息的热情，高管鼓励研究和批准概念验证（Proof-of-Concept，PoC）项目。数据的数量、质量和相关性对于任何机器学习活动的成功都是至关重要的，仅使用你所拥有的数据而不进行进一步分析会导致纯粹的指示性概念验证，而这种纯粹的指示性概念验证不会使任何有关方满意。

　　如果没有数据，成功运行机器学习项目的机会是零。然而，仅仅拥有操作数据是不够的。如今大多数软件都会跟踪业务交易，从而提供大量记录。不过，机器学习需要更多数据。

　　根据业务场景，你可能需要将操作数据与其他数据流关联起来，比如天气预报、时间表、交通信息、维护记录、社交活动等。只有具体的问题才能揭示需要研究的恰当数据依赖关系，完全理解了所有的相关关系后，你就能明确在这个任务中你拥有的数据和缺失的数据。

2. 抵抗是徒劳的

　　数据驱动的文化意味着组织的所有成员都将参与数据收集与存储，这是他们日常活动中的一部分。日常活动中的任意一个操作都应以收集数据并永久存储数据为目标。数据的格式在最初可能并不重要，只需要收集到即可。作为一个人工智能顾问，这一点是你评论或建议的一个关键点。

　　你是否认为这种数据驱动文化会给员工带来额外的负担，因此他们可能不太喜欢这种方式？也许这只是天平的一端。而在天平的另一端，缺乏适当的数据，无论格式如何，都很容易危及机器学习项目。数据的自动收集（如通过监控系统和基于事件的软件架构）是走向人工智能的第一步。

3. 数据可访问性和所有权

　　有时公司已经拥有了可观的数据量，这些数据定期更新，并以惊人的速度增长。但是，你猜怎么着？当这些数据不只受法律保护时，访问起来就存在问题。

　　数据收集很重要，但是存储同样重要，因为存储设备的选择决定着能否按需快速地提供数据。稍后我们将看到，对存储层的维护是原始存储成本和访问速度之间的权衡。这两点都是必须要优化的, 因为首先必须收集尽可能多的数据 (不用花一大笔钱来保证数据的安全), 然后在需要的时候在合理的时间内将数据取回。这意味着, 如果数据不能保存在单个位置而是分布在多个数据仓库中, 就需要建立连接, 以便及时从多个源收集数据。

最后, 谁才是你管理和存储在服务器与仓库中的数据的真正所有者? 例如, 通用数据保护条例 (General Data Protection Regulation, GDPR) 明确区分了数据所有者、数据控制者和数据处理者。通常, 处理者是软件公司, 它管理物理存储数据的软件。控制者是收集数据并有权访问数据的公司 (如银行)。无论你是一个处理者, 还是一个控制者, 在建立一个机器学习项目之前, 都必须仔细检查是否有权使用自己存储在某处的数据。

4.1.2　存储选项

如今, 大多数公司都将数据湖作为通用容器来存储它们所处理的任何数据。然而, 拥有一个数据湖只是第一步。数据湖是第一级的仓库, 数据必须从这一级仓库提取出后进行处理, 为机器学习管道做好准备。

1. 构建数据湖

数据湖是一个巨大的原始数据存储库, 数据可以任何形式存储, 由业务线应用程序和实用程序生成, 包括时间序列、电子邮件、PDF 和 Office 文件。由于数据的用途还没有被定义, 所以数据湖的内容是相当通用的, 而且也没有分类。例如, 在 Microsoft Azure 上, 数据湖的单个实例使用 blob 存储账户, 可以包含数万亿个文件, 甚至可以包含大于 1 PB 的单个文件。

通常, 数据收集过程将数据分为三类: 热数据、半热数据和冷数据。尽管这三类数据的存储设置不同, 成本也不同, 但它们都可以放在同一个数据湖中。热数据通常是指在 24 个月内收集的常用数据。半热数据是指在不到 24 个月的时间内收集但很少使用的数据。冷数据通常可以追溯到 5 年甚至更长时间。

根据数据的性质 (热、半热或冷), 数据湖的特定实现还可以使用不同的存储技术, 比如磁带, 将来甚至可以使用基于光的写入技术。

2. 塑造数据仓库

术语数据湖有时可与术语数据仓库互换使用。然而, 两者之间有一个明显的区别。与数据湖不同, 数据仓库是一个存储库, 用于存储已经为特定目标处理过的结构化的过滤数据。

数据仓库通常 (但并非必须) 建立在已有的数据湖之上。就数据访问的性能而言, 数据仓库提供了出色的水平可扩展性, 不区分数据的年龄和温度 (热、冷)。在大多数云服务提供商 (如 Microsoft Azure) 中, 数据仓库实例的成本明显高于数据湖, 与关系解决方案成本的数量级相同。

大多数情况下，数据收集过程为数据湖提供数据，让公司即使没有明确的目的也能收集数据。当确定了数据的特定用途时，下一步就是从数据湖向数据仓库馈送数据。所以可以将数据湖视为低级的数据仓库。事实上，这些数据并不是都很有用，尤其是不能用于人工智能。实际上在现实世界中，仅仅将数据加载到数据仓库中并不会像在小说中写的那样有效。

数据准备的目标是使数据能用于特定的用途，这是机器学习管道的第二步。数据准备是指选择数据段并以能使其正常工作的方式组织数据。

由于一个大型数据湖可能包含大量的记录，因此可能对其中包含的具体内容并不非常清楚。数据科学家和领域专家使用探索和剖析来概括提取数据来训练机器学习模型的这个步骤。

> **重点**：对数据进行处理是至关重要的，而且比仅仅训练一个模型更重要，也更耗时。换句话说，只有在有数据的情况下，训练才有可能进行，而导致训练过程不如意的原因通常是数据无效或数据不足。这一切都与数据有关。

4.2　数据准备

相当一部分通过社交网络获得大量赞助的营销白皮书保证，世界上有 40% 甚至更多的公司正在进行投资来提高其数据质量，以便获得更好的分析——不管这意味着什么，也不管这是如何获得的。

尽管有这么多公司和相关的炒作，不过描述的模式无疑是可信的。任何公司都需要对数据进行投资，以提高所收集数据的质量。这是一个为机器学习项目获得真正有用数据的核心步骤。

4.2.1　提高数据质量

机器学习项目的主要风险是在一个不充足和不充分的数据集上训练模型。实际上不准确的数据将不可避免地影响结果，而且对于模型来说，少量的数据是远远不够的。这就引出了数据质量的问题。

1. 向持续训练模式发展

数据质量是指所收集数据的诸多属性（如完整性、一致性、分布），我们将在下一章更详细地讨论这个问题。解决数据质量问题的方法有两种。如果数据是由物联网采集平台实时采集的，这在某种程度上从源头就保证了数据质量。否则，数据质量需要额外的离线数据处理步骤。

然而，值得注意的是，越来越多的公司正在进一步发展数据科学，并将数据分析能力引入采集链中。数据分析不再是处理一批历史数据以猜测一个潜在的预测模型。当前，各个公司都在急切地寻找能够对实时数据做出智能反应的模型，并将训练步骤转变为更复杂的"持续训练"步骤。

2. 存储 – 训练模型

尽管大多数公司仍在争论建立数据湖的机会，但业内领先的公司正在组织自己处理流入系统的数据，而不是先将数据转储到某个数据湖，然后再清理。

现代监控系统（如能源、电信、制造业和医疗保健行业）正在实践这种存储 – 训练模型，这种模型绕过数据湖，或者仅仅使用数据湖作为专门获取数据的廉价数据商店。

4.2.2 清理数据

只有数据是不够的。必须验证数据是否适合正在规划的特定机器学习任务。假定数据质量是可接受的，并且大多数丢失的数据已经被替换，不一致性也得到了修复，那么就应该清理和协调数据了。

1. 避免有偏差的数据集

为机器学习清理和协调数据的过程就是确定趋势，找出异常值，找出并纠正偏斜的信息。这一步的最终目标是确保用于训练模型的数据，以及随后指导后续模型答案的数据不会有偏差或不平衡。

如果训练数据集包含某一类型的信息过多，而另一类型的信息过少，则会严重影响预测的可靠性。

2. 数据协调

数据的协调包括应用一些相对简单的转换，以最适合机器学习模型的方式对数据进行格式化：

数据的统一表示。如果数据包含价格或其他货币值，就必须确保所有的值都基于相同的等级和币种。同理，对于表示国家名称、日期、温度、测量等的值也是这样。

范围归一化。当数值落在不同的范围时，就需要通过使用公共刻度对数据进行归一化。归一化包括根据公共刻度更改数据集中的数值。当然，更改不应使同一列中的数字间的比率发生倾斜。

重复数据消除。该操作包括合并记录，尽管这些记录在数据集中是不同的，但实际上会被识别为引用了同一项信息。这是数据集中缩小其垂直大小的少数实操之一。

异常值删除。另一种常见的转换包括丢弃低于和超过给定阈值的值。具体如何操作取决于场景。例如，如果数据集包含足够的数据，只需简单地删除至少在一列中有异常值的行。如果不想垂直缩小数据集，可以简单地用列的平均值替换异常值。也就是说，如果发现丢弃或扁平化的值代表了相关的业务案例，那么这可能就是一个相关数据行太少的不平衡数据集。

4.2.3　特征工程

数据质量评估和总体数据协调是机器学习开发开始之前初步准备过程的一部分。相反，特征工程是数据准备阶段的一部分，它与构建有效的机器学习模型有很大关系。

在工程的预步骤中，数据科学家从数据集中删除领域知识认为冗余或有噪声的行和值。相反，在特征工程阶段，数据科学家关注的是列，也被称为特征。最终，特征工程是关于添加、合并和删除数据列以获得一个精确数据集的，该数据集可以用一种理想的方式来训练模型。

1. 特征生成

特征生成是数据工程的第一步，在该过程中，在数据源中找到原始和非结构化的数据，这些数据源如 CSV 文件、关系和非关系数据库以及文本文档，将其表示为一个由行和列组成的表格格式。

根据源的性质，第一类特征可以随意用一种好用的技术生成即可。比如，关系表或 CSV 文件已经是表格格式，但非关系数据存储或文本文档不是表格格式。在这种情况下，人们期望领域知识能对原始数据的合理表示（特征化）提出建议。例如，一个文本文档（像电子邮件）首先可以用单词进行分割，可能会跳过一些领域专家认为是停止词的内容。

在得到第一个数据集之后，数据科学家需要降低其复杂性，以防止产生的模型接收过多的信息。如果发生这种情况，在学习阶段可能会生成一个与训练数据过于契合的模型，这样的模型可能会在实时数据上严重失效。后生成阶段具体表现在特征选择和特征提取两个方面。特性选择是只保留那些看起来更相关的特征。特征提取则是将多个列合并到一个列中或额外添加能更好地聚合和表示信息的列。

2. 特征选择

如果数据集中的某些特征明显与某个目的无关，则可以在数据源处手动删除它们。但有时没有通用的领域知识来保证某些特征的固有价值。在这种情况下，就有了许多可以用来评估特征相关性的技术：

热图。热图显示了数据集中给定特征与模型期望预测的目标变量之间的相关性。低相关性表明该特征或许可以安全地删除，是否删除由数据科学家决定。

方差阈值。方差阈值的前提是：一个值几乎恒定且包含在一个有限范围内的特征并没有多大用处。因此，基于方差阈值的转换算法只会删除方差低于给定阈值的所有列。

相关分析。相关分析研究两个特征间的相关性水平。如果它们看起来特别相关，数据科学家可能会决定只使用这两个特征中的一个，而放弃另一个。

不过有时候，为了进一步增加数据集的价值，需要进行更深层次的重构，通常通过进一步减少列的数量来实现。

3. 特征提取

选择适当数量的特征是由两种截然不同的需求驱动的，一方面要有可用的特定摘要信息，另一方面又要尽量减少特征的总数。在这个过程中，数据科学家经常使用特别的技术，以最少数量的特征来实现正确的内容：

稀疏数据的分组。当列具有分类内容（来自闭合选项集的值）时，有时需要将一些不同的选项合并到更大的类别中。目的是在不丢失信息的情况下简化数据集。与此同时，这种技术促进了对可用数据的推理，使得能识别出真正关键的信息。

计算特征。当两个或更多特征本身就具有价值，而且知道它们组合起来的结果更有价值时，你可能希望创建一个附加特征，其中包含对这些特征规则的评估结果。举个例子，假设已知乘出租车的时间和距离。根据目的地不同，可以添加一个新列，将出租车行程限定为短程、中程或长程。如果你认为这个新列对模型更有价值，你就可以这样做。当然如果此时原始特征已经没有价值了，就可以删除原始特征，除非有证据表明它们依然有用。

虚拟变量。当一个列有一组分类值（例如，短程、中程、长程）时，必须将它们转换为数值。鉴于机器学习算法的工作方式，这是非常必要的。（注意，它们都是某种统计方法的产物。）显然，将分类值转换为数值的最简单方法是使用不同的数字，这与高级编程语言的方式基本相同，就像 C# 处理枚举类型一样。但是，对于给定范围内的数值，这种方法存在问题，因为大多数算法倾向于计算平均值，而平均值对于分类值没有意义。因此，数据科学家添加了虚拟列（0/1 二进制值）来表示是否在行中找到了给定的分类值。换句话说，最终得到的是表示是否短程、是否中程和是否长程的二进制列。这种特殊的技术也被称为独热编码。

降维。这是许多数据转换技术的总称，这些技术旨在通过算法将两列或多列压缩为一列。一种非常流行的技术是主成分分析（Principal Component Analysis，PCA），它本质上是将最初位于 N 维空间的数据集投影到具有更少维数的空间。但是要注意，降维并不仅仅是删除一些最不相关的列。投影算法尝试线性地组合多个列，以便通过更少的列呈现相同的信息。显然这是有损变换，但希望不会对结果模型的预测能力产生负面影响。

最后，请注意，这里介绍的大多数特征技术都已经在大多数流行的机器学习库中被本地构建，例如 Python 和 C#。

4.2.4　最终确定训练数据集

机器学习与统计学有很多共同之处，但两者之间存在一个根本的区别。统计学主要是关于数据的事后检查分析的，旨在从观测到的数据提取模型的最佳近似值，而机器学习只是试图找到一个预测引擎，该引擎不仅与训练数据相匹配，也与实际生产过程中可能遇到的与训练集非常接近的任何其他数据相匹配。

从机器学习的角度来看，训练数据集和测试数据集对最终结果同等重要。

1. 分割训练和测试数据集

现在，在机器学习管道中，已经有训练模型的数据，特征也已经准备好了，尽管准备的特征可能并不完美，但仍然代表着第一次训练过程的良好开端。你需要有两个不同的数据集：一个用于向模型教授相关的业务，另一个用于测试经过训练的模型是否成功地抓住了事物的本质。

一种常见的方法是将原始数据集分为两个大小不同的子集。较大的部分（通常为70%）用于训练，较小的部分（剩下的30%）用于测试。不过在其他情况下也可能使用不同的（同样大的）数据集。这主要取决于有效可用的数据量。重要的是要注意以下几点：

统计意义。训练数据集必须足够大才能产生某种统计意义的结果。统计意义不是一个模糊的概念，而是一组具体的公式，可以概括为得到的结果应该不是偶然的。

数据集的相关性。训练数据集必须是机器学习应用的上下文中使用的数据的代表。训练数据集和测试数据集必须具有相同的数据特征和相同的分布，而且两者都必须符合实际生产中的情况。

基于以上两点，机器学习管道的目标是，通过从训练数据中学习，建立一个能够很好地将预测泛化到实时数据的模型。测试数据集仅仅被看作是实时数据的一个模拟。

2. 更先进的分割技术

无论是80/20还是70/30，数据集的分割在实践中都可以奏效，但就准确度而言，这并不一个强烈推荐的策略。事实上，归根结底，模型只在数据集的一小部分进行测试。更糟糕的是，在这样的分割策略下，甚至可能没法进行训练。你仍然需要足够的数据进行训练，并需要相当数量的数据进行测试。

为了绕过这个障碍，引入了一些更先进的分割技术，一旦在整个机器学习过程中得到优化，模型就有机会在整个数据范围内进行训练和测试，尽管不是同时进行。

> **重点**：不要在同一个数据集上训练和测试模型，很重要的一点是，模型要在它从未见过的数据上进行测试。如果不这样做，就违反了机器学习最基本的基础。

前面提到的分割技术（80/20或其他比例）被称为 holdout。另一个强大的技术是 k-fold。k-fold 技术将数据集划分为 k 个子集，在 $k-1$ 个子集的并集上训练模型，然后在第 k 个子集上进行测试，这样依次迭代得到 k 个模型。模型的最终得分为 k 个模型的得分平均值。k-fold 算法中 k 参数的一般值为5。

3. 测试验收模型

当有大量的数据时，或者当客户委托咨询公司进行概念验证时，通常会将验证模型的测试与检验模型是否符合需求的测试区分开来。使用软件开发的术语，我们可以将其解释为单元测试和验收测试。

机器学习团队使用像 holdout 或 k-fold 这样的测试技术来评估模型在发布之前的性能。当对训练算法和数据集进行了所有必要的调整，并且模型取得了良好的效果时，该模型就可以发布了。

当交付给客户验收时，模型通常会经历另一个测试。但是，这个额外的测试要比仅仅将模型部署到生产环境中要复杂得多。实际上，验收测试阶段就是用一个未知的静态数据集对模型进行测试。

对这个未知的数据集来说至关重要的是，前面提到的统计意义和数据集相关性要有效，数据的分布要与训练数据的分布一致，并且两者都要与生产中预期的数据一致。

4.3 模型选择及训练

机器学习管道最重要的一步，也是最容易总结但最难实现的一步是模型选择和训练。

任何机器学习流程的最终目标都是创建一个模型，所以这是整个管道中最重要的部分，也是最容易解释的部分，因为它都是关于对特定问题进行分类并选择合适的算法或算法链的，参见第 3 章。最后，它之所以具有挑战性，是因为通常要选择的算法并不是显而易见的，做出一个好的选择可能需要调解大量的问题。

模型或算法：解决问题

在进一步讨论之前，先解决几个基本问题：模型通常指的是什么，算法指的又是什么？在业界中（甚至在文献中），这两个词有时可以互换使用。在本书中，并没有将这两个术语视为同义词，虽然把它们看作同义词本身并没有错。不过，如果将它们视为同义词，那就必须相应地引入另一个术语：经过训练的模型或算法。这个新术语用来表示训练阶段的输出。

实际上，机器学习管道的输出是一个由算法（或算法链）组成的软件工件，算法的参数部分（设置和可配置元素）已根据所提供的训练数据进行了调整。换言之，机器学习管道的输出是一个算法的实例，该算法与面向对象语言类的实例非常相似，已经被初始化为给定的配置。算法实例的配置是在训练阶段得到的。

简而言之，如果将模型和算法这两个术语看作同义词，那么训练将输出一个经过训练的模型或算法。如果没有将这两个术语视为同义词（就像本书中所做的那样），那么管道将接收一个算法并返回一个模型。如图 4-1 所示，图中的模型就是一个经过训练的模型。

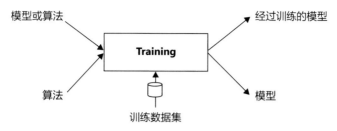

图 4-1 澄清机器学习管道上下文中模型和算法的含义

4.3.1 算法备忘录

在上一章中，我们研究了一般问题是如何映射到机器学习解决方案的。我们用相关的算法确定了三类主要问题。在不失一般性的前提下，我们可以说，问题都可以映射到以下任意一种机器学习类别：回归、分类和聚类。图 4-2 给出了一个选择解决方案的基本流程图。

首先要解决的问题是，是寻找一个监督算法还是一个无监督算法。如果数据集没有目标输出，那么应该选择无监督的分支，如图 4-2 所示。根据是否希望（或能够）指定聚类数量，无监督算法主要分为两大类。如果聚类数量没有指定，则主要选择 DBSCAN 算法；否则，如果指定了聚类数量，就可以选择 K-Means 算法或它的变体之一，如 K-modes 或 K-prototype。

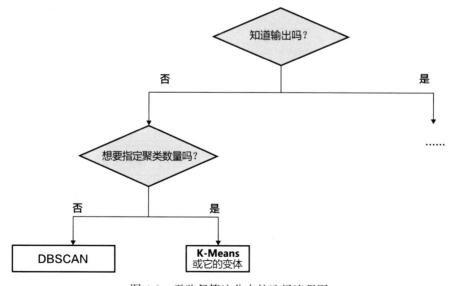

图 4-2 无监督算法分支的选择流程图

图 4-3 扩展了算法流程图中的监督分支。

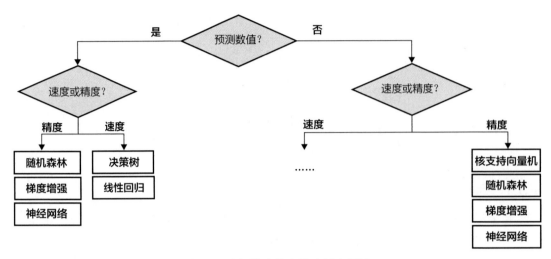

图 4-3   监督算法分支的选择流程图

对于任意的监督学习算法，最基本的问题为是否调用它来预测数值。如果目标输出是数值，则需要权衡速度与精度。值得注意的是，速度（或精度）指的是算法在实际生产中的性能。如果速度是首选，则应当选择决策树或线性回归，否则，最常见的选择是随机森林、梯度增强和神经网络。

如果进入分类算法的领域，可供选择的选项更多。在这种情况下，问题还是关于速度或精度的。如果选择精度，则可以在支持向量机（Support Vector Machine，SVM）、随机森林、梯度增强或神经网络中选择一个。图 4-4 所示为速度优先时的选择流程图。

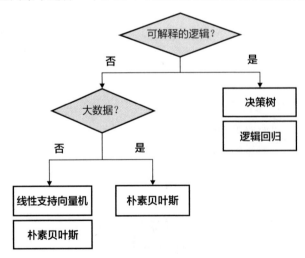

图 4-4   在对速度和精度进行优先级排序时的监督学习的选择流程图

当以精度为代价寻找快速算法时，首先要澄清的一点是，这个问题的整体逻辑是否可以用一系列步骤来解释。如果可以，则选择决策树或者逻辑回归。否则，在难以解释逻辑的情况下，下一个问题是数据的总体大小。对于大型数据集，最快的选择是朴素贝叶斯；否则，选择线性支持向量机。

4.3.2　神经网络案例

如果手头上的问题不属于上一章所讨论的任何类别（回归、分类、聚类），或停在前面流程图的某一点，该怎么办？到了神经网络发挥作用的时候了。神经网络是以下三种情况下的热门选择。

1. 处理基于时间的数据

现代硬件设备（如工业机器）产生大量数据，这些数据以某种方式被物联网平台捕获或使用针对较低级协议的特别监控软件来捕获。以这种方式捕获的任何数据都由一系列数据点组成，这些数据点表示设备在特定时间点上的状态。通常，各数据点是由以固定间隔（如，每 10 s）捕获的多个信号的值组成的。这种数据格式称为时间序列。存储时间序列数据的数据集是一个带有时间戳记录的大型表格，表格的每一列都是指定时间的硬件信号值。

如何在机器学习管道中使用这些信息呢？显然，可以使用时间序列来预测设备的输入故障。实际上最有可能的情况是，其中一列表示设备的总体状态。因此，一个基本的分类甚至回归算法就可以完成这项工作。

当使用基于时间的数据时，每个数据点都可能与前面的一些数据点相关。如何应对这种情况呢？常用的训练算法在没有内存的情况下按顺序处理数据，每次只处理一个数据点。这对于时间序列来说是不能接受的，或者换句话，采用经典算法可能很难产生可接受的结果。

神经网络，特别是循环、记忆的神经网络，是一个强大的工具可以用来完成这项工作。

2. 做有创造性的工作

另一个不属于任何典型类别的机器学习问题是创造性工作。简单地说，本章和前一章中提到的算法都不能完成像创建文本或图像或者识别文本或图像之类的任务。这导致了诸如自然语言处理和计算创造力等深度学习领域的出现。

这是只有神经网络才能做的工作。

3. 当其他一切都不奏效时

把前面的观点再进一步，我们喜欢说，当一切都失败时，神经网络是唯一的选择。在进行回归或分类的过程中，即使经过多次训练和大量的参数更改，模型也不能提供期望的性能时，解决方案就是要么改变方法，要么使用神经网络。

即使在非常明显的分类问题中，当产生的目标输出特别复杂且由多个部分组成时，神经网络也是一个不错的选择。例如，考虑一个交易系统，系统要预测的输出不是一个简单的布尔值（买 / 不买），而是一个复杂的数据对象，其中包括购买的价格和购买的时间。

当问题需要多个输出时，尽管在简单的情况下可以通过使用链接模型获得多个预测，神经网络总是一个值得考虑的选项。不过，如果你这样做，请注意，你调用的是两个模型，可能会使响应时间加倍。

4.3.3 评估模型性能

当完成训练后，就需要测试模型，以便评判综合质量。由于模型是一个黑盒，因此只能通过试验、跟踪得分以及评估来监测其性能。训练和评估阶段应该是一个训练、测试、调整和再次训练的循环，如图 4-5 所示。

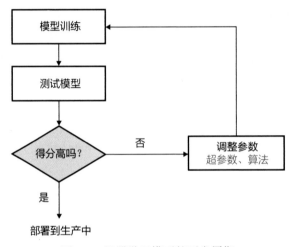

图 4-5 机器学习模型的开发周期

1. 超参数调整

在机器学习中，超参数是应用于控制学习过程的算法的设置。例如，一个超参数是决策的最大深度，它给实际算法提供了何时停止训练的线索。如果训练过早停止，所有超参数的当前值可能会产生无法准确工作的预测机制。

大多数算法都有超参数的默认值，这些默认值在大多数情况下都很好，但是如果性能不理想（比如，预测结果太差），优先尝试使用不同的超参数。如果情况仍然没有好转，可以考虑修改算法，甚至修改数据集！

2. 训练一个模型需要多长时间

训练机器学习模型可能需要时间，通常从几分钟到几个小时不等。很难拿出一个基本的经验法则来估计训练一个模型所需要的时间，因为时间既取决于算法的类型（神经网络比回归算法更难训练），也取决于硬件平台和 CPU 能力。

不过，根据经验，在目前主流的个人电脑上，每千兆字节可能需要几个小时，但是，再次强调，这纯粹是指示性的。

由于训练一个模型可能要花上几个小时，因此很明显，即使是一个概念的验证也可能是一个漫长的过程。再加上准备数据（和故障排除）所需的时间，可以得出这样的结论：机器学习中根本没有什么神奇的东西。它可能看起来很神奇，但实现起来就不是这样了。

> **注意：** 对于深度学习神经网络来说，训练成本特别昂贵，而神经网络也特别晦涩难懂。因此，在性能不佳的情况下，猜测必须调试的内容可能会有问题。通常，这真的就是个瞎猜的事。为了缓解这个问题，预先训练过的模型应运而生。预先训练的模型是已经在一个大型数据集上训练的神经网络，它可以被用作进一步训练的起点。这是一种机器学习框架支持的技术，它可以真正缩短训练一个复杂模型所需的时间。不过，目前深度预训练模型主要用于图像识别。

3. 需要多少数据

最后，这里有一个关键问题：需要多少数据才能训练出一个实际有用的模型？

一个成功的机器学习模型所需的数据量取决于两个因素：问题的复杂性和算法的复杂性。尽管只有两个因素，但要理解它们的意义却是一个棘手的问题，唯一的答案就是经验性的试错。

原因主要是问题和算法的内在复杂性难以形式化和度量。直观地说，问题的复杂性是由将输入值和输出值关联在一起的函数给出的，而算法的复杂性则是通过识别输入和输出对之间的隐含关系而得到的。

很难明确地说到底需要多少数据？每个业务领域都是不同的。然而，比物理上的千兆字节还要重要的是行、时间序列或记录的数量，以及它们所对应的总周期和采样频率。

对数据量的估计只能来自领域专家。

4.4　模型部署

一个经过训练的模型只不过是一个软件库。因此，它可以在客户端应用程序中使用，也可以包装在服务器端环境中（例如，Web API 或基于容器的微服务）。不过，模型的复杂性和规模大小给模型部署带来了一些挑战。

4.4.1　选择合适的主机平台

除非部署的是一个小型的基本模型，否则主机平台的选择可能不是件容易的事。机器学习模型的本质要求经常更新。因此，主机平台必须足够灵活和强大，以适应不断增长的需求。

它必须是一个对 DevOps 友好的基础设施。

除了极个别例外，训练模型都是部署在云平台上（如，Microsoft Azure 上），最好是以 IaaS 的形式，以便在需要时利用硬件加速器（即 GPU）和规模计算力。在这种情况下，Docker 容器和 Kubernetes 作为协调器越来越成功，甚至在机器学习领域，它们的应用也在增长。

由于规模和隔离的原因，容器化和微服务越来越多地成为部署机器学习模型的首选方式。容器成功的另一个原因是模型通常需要在一个配置丰富的环境中运行，该环境配备有特定的库和框架。这对于容器来说是非常简单的，也是引入容器的主要原因。

4.4.2　公开 API

如果失败了，没有一个训练模型是有用的，即使可以被软件客户端轻松地访问它。模型是一个压缩文件，托管在客户端应用程序中的机器学习框架允许导入和实例化。此时，所有的工作都是围绕模型构建一个框架，处理诸如授权和缓存等交叉问题。接下来，让我们看几个具体的场景。

1. 在 Web 应用程序内部

Web 应用程序是公开 API 最常见和最简单的方法。Web 应用程序通过特定编程语言或平台（如 .NET、C# 或 F#）的绑定来链接特定机器学习框架，并代理外部对模型的调用。模型以文件的形式加载、初始化，并隐藏在 REST 框架后面。

该模型可以嵌入 Web 解决方案中，也可以作为独立的微服务。将其作为独立的微服务可能会降低单个调用的速度，但可扩展性更好，并且可以提供更好的部署体验。

2. gRPC 内部服务

gRPC 框架最初是由 Google 开发的，用于加速各种内部应用程序之间的远程调用，源代码在几年前开放，由于它可以保证比标准 REST API 更好的性能改进，最近得到了很多关注。

gRPC 框架基于二进制协议（Google Protobuf），使用 HTTP/2 作为主要传输层。在 ASP.NET Core3.x 中，gRPC 服务器本机托管在 Kestrel 中，以获得更好的性能。现在，gRPC 被用于加速微服务之间的通信，在这方面，gRPC 是托管一些机器学习模型的一种选择。

4.5　本章小结

机器学习解决方案通过一系列步骤生成一个可部署的训练模型。首先，收集数据并确保其内在质量足够好。这意味着补全缺失数据、协调数据表示、删除异常值和修正异常值。在这个阶段，数据集是直接来自源的列或特征的集合。

特征工程是构建机器学习解决方案的第一个关键步骤，它包括选择最合适的特征集，删除最不相关的列，以及合并相似的列。接下来是算法的选择、数据集的训练和测试，以及模型的评估。如果模型没有按照预期执行，则重复整个周期，直到确定模型为生产做好了准备。

正如你所看到的，机器学习不是即兴发挥，它需要仔细规划与投入。但它是关于预测的，在这方面，它并不是一个经典的、精确的科学。不过，它不仅仅是关于预测的，还是关于寻找最好的预测方法的。因此，它可以提供实际价值，但代价可能是一个漫长的试错过程。

认识到上述事实，投资公司尝试寻找整套解决方案，咨询公司试图将解决方案商品化。然而这些行为都是不起作用的。机器学习不是一项服务，而是软件。

第 5 章

数 据 因 素

在我开始工作之前，雕塑早已存在于石料中。它已经在那里了，我只需把多余的
材料凿掉。

——米开朗基罗

不正确（不充分或不相关）的数据只会产生不正确（不充分或不相关）的答案。这是机
器学习的基本方程，它与支配人类生活和行为的基本方程没有任何区别。

一个智能系统从提供的数据中学习如何实现特定目标。因此，是数据驱动算法走向预
期的结果。所以内容的相关性低、不准确，甚至缺乏事实，必然会导致输出的准确性不高，
直接导致整个工作的失败。

机器学习工作的一个必要条件就是拥有大量可靠的数据。数据的可靠性是通过各种定
性和定量的参数来衡量的，包括相关性、显著性、完整性、准确性和一致性。

在机器学习中，能够促进可靠决策的有效可用数据是具有质量和完整性的数据。

5.1 数据质量

数据质量表示在某些特定的现实环境中某些信息可能具有的相关性和重要性。数据质
量衡量信息的可用性，以满足决策过程的特定需求及含义。数据质量对于为可靠的决策创
造理想环境以及避免偏差和失真是必不可少的。

数据质量主要是上下文中具有有效性和上下文物理完整性的数据。有效性和完整性取
决于数据收集过程，更具体地说，在机器学习中取决于数据采样过程。

5.1.1 数据有效性

数据有效性是对是否符合特定业务需求的度量。它衡量信息在特定问题背景下所承载
的重要性，以及该信息真正重要的程度。此外，数据有效性衡量信息的相关性，即有多少
信息直接相关。

数据的有效性还包括数据项之间的关系。

为了理解这一点，来看一个案例，该案例来自当今制造业最热门的话题之一：预测性维护。

1. 硬件部件维护案例

多年来，业界一直根据预先确定的时间表定期检查硬件组件，而预先确定好的时间表并没有考虑组件的实际状态和正在运行的情况。考虑到机器的工作负载，维护很容易被安排在错误的时间。例如，在大风天气停止运转着的风力涡轮机肯定会造成经济损失。

相反，基于状态的维护可以根据嵌入式传感器报告的组件的实际磨损情况，使用固定规则计算出理想的维护时间。优点在于无须进行不必要的维护，并且通过微调警报，人们可以根据不稳定的条件（如恶劣或良好的天气），预留一定的余量来推迟或预期维护。基于状态的维护的不足在于警报参数必须根据经验来设置，受制于人们从数字和错误中学习的高度可变能力。

因此，未来的发展方向是预测性维护，机器学习被用来确定干预的理想时间。

2. 用于智能维护的有效数据

要想有效地进行预测性维护，首先需要通过对内部组件的持续监控捕获所有数据。此外，还需要来自测量噪音、热量和湿度的特殊传感器的数据，以及记录现场实况的摄像机。

然而，仅靠这些数字是不够的。

原因在于这些数字仅（详细）说明了某些损坏如何发展，导致组件处于离线状态。但仍然缺乏监测到的情况与实际情况之间的联系。在这个场景中，数据有效性是通过向数据集添加现场技术人员执行的实际维修记录来实现的。

现在这一点仍然是预测性维护的一个重要阻碍。事实上，过去的维修记录大多是纸质的，很难转换成符合数据完整性要求的数字形式。

5.1.2 数据收集

高质量的数据集是一个有效的数据收集和存储过程的产物。在机器学习环境中，数据质量指的是在样本数据集的选择和预处理中使用的技术，这些技术有助于训练和测试模型。

1. 时间序列数据

在许多机器学习案例中，数据是由时间序列构成的。时间序列是连续的、等间隔的时间点上的数据点序列。经典的时间序列数据有交易股票的每日收盘价或同一交易股票当天的波动情况，以及风力涡轮机或工业机器人中某些电子设备（水平、压力、温度）的报告状态等。

时间序列是自动收集的离散时间数据序列。在这种情况下，数据质量是指收集的数据涵盖了最广泛的情况，没有遗漏的部分。

2. 数据可用性

有效的数据收集还取决于数据可用性，即在源处物理访问数据的能力。例如，时间序列数据通常来自自动监控系统，一旦收集设备出现突然且无法恢复的停机，那么就可能会造成大量有价值的数据丢失。

在工业环境中，如果数据可用性低于90%，就可能无法构建有效的预测解决方案，也无法衡量监视系统和底层网络基础设施的质量。一般情况下，理想的数据收集可用性不能低于95%。

3. 文档数据

另一个常见的相关信息的来源是文档，包括办公文件、PDF文件、电子邮件、IoT传感器数据以及保存的Skype对话等。这些信息通常被装载到数据湖，然后根据具体任务以不同方式进行重组。这里我们首先简单区分一下数据湖和数据仓库这两个术语之间的区别。两者都是巨大的数据存储库，但是由于尚未定义数据的用途，所以存储在数据湖中的信息很大程度上是非结构化和未分类的。而数据仓库的内容是由结构化的、经过仔细筛选的数据组成的，这些数据已经针对特定用途进行了预处理。

4. 数据采集

统计学在机器学习中起着关键作用。数据收集领域也受到统计学的影响。通常，公司数据湖包含数千兆字节的非结构化数据以及部分不相关的数据。为了使机器学习更加有效，必须对这些数据进行处理形成一个有效且一致的存储库。

这是纯粹的统计抽样，但它还涉及添加正确的属性集，以构建可用数据的最广泛的视野，同时将其保持在可接受的规模。

"可接受的规模"的概念是相对的，并不是简单的数量。

如果要构建一个检测欺诈的解决方案，那么不仅样本数量是至关重要的，而且所有可提供的细节的数量也是至关重要的。数据提供的视野越广，发现异常（即欺诈）的概率就越高。在检查纯文本时（例如在自然语言处理场景中），数据样本的振幅也很重要。

欧盟（EU）发行的被翻译成不同语言的整套官方文件是一个关于欧盟相关主题综合数据集的很好的示例，同时它是一个理想的数据库，可以用于筛选应答机或任何其他基于AI的解决方案可能需要的特定信息片段。

同样地，泄露密码的大型数据集是评估高安全性系统所接受的任何新密码强度的关键数据样本。

5.2 数据完整性

数据完整性是指收集到的能确定信息可靠性的数据的物理特性。数据完整性是基于诸如完备性、唯一性、及时性、准确性和一致性等参数的。

5.2.1 完备性

数据完备性指的是收集对所考虑对象或过程的状态进行完整描述所必需的所有项。如果一个数据项的数字描述包含人类或机器理解所严格要求的所有属性，则认为该数据项是完备的。换句话说，即使在预期记录中有部分缺失（如无联系信息），但只要剩余的数据对该领域足够全面，部分缺失也是可以接受的。

举个例子，对于传感器（例如 IoT 传感器），根据场景需要，我们可能希望它以每 10 min 甚至更小的频率对数据进行采样。与此同时，还要确保时间是连续的，其间没有时间断点。如果打算使用这些数据来预测可能的硬件故障，那么我们就需要确保能够时刻关注目标事件，并且在此过程中不能忽略任何细节。

完备性源于预期收集的数据和实际收集的数据之间没有差距。在自动数据采集中（如 IoT 传感器），完备性还与物理连接和数据可用性相关。

5.2.2 唯一性

当收集并采样大量数据以供进一步使用时，可能会存在某些数据项重复的风险。根据业务需求，重复可能是问题，也可能不是问题。例如，如果唯一性差的数据会使结果产生偏差及不准确，那么数据唯一性差就肯定是一个问题。

唯一性在数学上很容易定义。如果数据没有重复，则唯一性为 100%。不过重复项的定义取决于上下文。例如，关于 Joseph Doe 和 Joe Doe 的两个记录显然是唯一的，但可能指的是同一个人，因此必须清除重复的记录。

5.2.3 及时性

数据及时性是指在可接受的时间段内记录的数据的分布。可接受的时间段的定义也是取决于上下文，它指的是时间段的持续时间以及适当的时间轴。

例如，在预测性维护中，时间轴因行业而异。通常，10 min 的时间是可以接受的，但对于风力涡轮机的可靠故障预测却不是这样。在这种情况下，一般推荐 5 min 的时间间隔（仍然有争议），甚至有些专家建议以更快的速度收集数据。

持续时间是为确保数据的可靠分析和令人满意的结果而进行数据收集的总时间间隔。在预测性维护中，可接受的持续时间大约为两年。

5.2.4 准确性

数据准确性衡量了记录的数据能正确描述所观察到的真实世界的程度。准确性主要是指所获得数据的正确性。业务需求设置了任何预期数据的有效值范围的规范。

当发现错误时，应该采用一些措施来尽量减少对决策的影响。常见的做法是将超出范围的值替换为默认值或在实际间隔内检测到的值的算术平均值。

5.2.5　一致性

数据一致性度量表示同一对象的数据项所报告的值之间的差异。不一致的一个例子是，当没有其他值报告任何类型的故障时，输出却为负值。不过，数据一致性的定义也高度依赖于具体的业务需求。

5.3　到底什么是数据科学家

到目前为止，我们已经成功地规范了数据质量和数据完整性背后的概念。但是，谁负责确保和验证数据质量和数据完整性呢？

如今数据科学家是一个非常流行的术语（和职业）。数据科学是一门建立在统计学、数据分析和一系列数学技能基础上的新学科。数据科学的目的是以一种可能机械的方式理解数据的隐藏结构，并从中提取有价值的信息和见解。

数据的物理格式（结构化的或非结构化）并不重要，事实上，数据科学工作的一个方面就是确定最适合业务场景的数据结构。准备数据只是其中一个方面，另一个方面是提取所需的信息，并根据需求对其进行验证。这样做时，机器学习算法可能会派上用场。

5.3.1　工作中的数据科学家

目前，围绕机器学习的炒作非常火爆，但大多数机器学习项目都遇到了冷启动问题。冷启动的原因也有很多。像文学作品中描述的那样，只需将数据载入计算机的比喻在现实生活中根本行不通。主要问题是缺乏合适的可以让专家从可用数据中提取有用信息的基础结构。如果没有可操作的数据，即使是最聪明、最专业的数据科学家，也很难从数据中提取有价值的信息。

1. 职位描述

数据科学家的工作描述是相当清楚的。相反，往往是雇主所在公司的大环境并没有意识到任何正式的机器学习尝试所必需的前期工作。

对人工智能的普遍炒作，以及对所谓超能力的大肆宣传，使得企业的期望往往远远超出了现实的边界。但实际上人工智能（和机器学习）不是魔杖，也不是免费的。

数据科学家有时面临着对可盈利结果的迫切需求，或者至少需要在每周的董事会会议上展示一些炫目的图表。很多时候，这些图表都被视为一个公司在人工智能方面做得很好，甚至可能比竞争对手做得更好的明确标志。

2. 日常任务

数据科学家被聘请来编写神奇的机器学习算法，以削减成本、弥补生产损失并提高盈利能力。然而，一个突出的特点是数据科学家要做的第一件事是整理数据基础结构，这个任务占了总体工作的大部分。

结果，管理层却看不到交付的具体价值，因此感到沮丧，这让数据科学团队也很沮丧。最后，数据科学家需要扮演的角色太多，而且没有一个角色与它最初的角色直接相关。数据科学团队最终成为分析需求的收集者、报告调整的主要联系人，在小公司，也是数据库所有者。

另一个突出的特点是数据科学家在通用和特定的业务领域的有效经验。

即使对于拥有扎实的教育基础的人，建立真正有意义的知识库也是需要时间的。这绝不像按下按钮或用专业的声音向软件助理提问那么简单。而且随着时间的推移，数据科学通常也只会提供很小的增量收益。即使世俗的智慧提醒我们，任何漫长的征程都是由小步骤组成的，但这种思维方式往往与许多高管的期望相悖。

5.3.2　数据科学家工具箱

如今，有许多开发环境可供数据科学家使用。数据科学家的工具箱与软件开发人员的工具箱一样，具有各种各样的结构。

这个工具箱包含特殊的数据库工具，例如简单的关系产品，包括 Spark、Apache Hadoop 和 Apache Hive。它包含脚本语言，像 Pig 或纯 SQL。甚至还有更复杂的图形数据库（如 Neo4j）和编程语言（如 Python 或 R）。

当然，在数据科学家工具箱中，必须要有一个或多个数值计算库，如 Tensorflow、Pytorch 或 CNTK，可能还要有一个集成环境，如 Matlab。最后，数据科学家还必须要熟悉统计分析的工具和概念，如 A/B 测试。

一般来说，虽然数据科学家的日常工作围绕着机器学习的算法，但他也不能忽视诸如条件、控制流等基本编程概念，以及加载、解析、聚合、过滤和排序等常见的数据任务。对于这些任务中的大多数，数据科学家最终使用一个或多个即席查询包。

5.3.3　数据科学家和软件开发人员

通常情况下，智能学习算法的结果必须整合到综合解决方案中，这些解决方案包括 API 以及某种形式的网站或移动应用程序。虽然数据科学家和开发人员清楚地意识到这种关注点分离，但有时可能很难向管理层解释。

关注点分离产生了两组不同的资源来构建各自的模块，如图 5-1 所示。

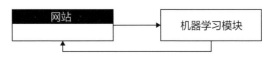

图 5-1　通用软件和机器学习模块之间的关注点分离

在纯软件方面，可以找到用于应用程序开发的前端和后端框架以及诸如 C#、Java/Kotlin 等相关语言。而在人工智能方面，则是关于学习的算法，如回归、随机森林、简单神经网络及复杂神经网络。机器学习模块通常是特定问题要求的算法和数据科学家专长的一个组合。此外，数据科学家经常使用像遗传算法和粒子群优化等优化工具。

纯数据操作和纯解决方案开发之间的界限越来越模糊。我们可以看到一个明显的融合趋势：数据科学向软件开发靠拢，软件开发向数据科学靠拢。机器学习的道路可以从它们中的任意一端开始，但最终的目的都是一样的。

大多数时候，机器学习的开发环境由编程语言（如 Python、R 和常用的函数式语言）、一个专门用于数值计算和深度学习的框架（如 Tensorflow，Pytorch，Matlab，CNTK）和一个用于数据存储和处理的平台构成，该平台通常基于 Apache Hadoop、Spark 或以云为中心的生态系统（如 Azure Databricks）。

然而，正如前面章节所讨论的，尽管当前基于 Python 的开发平台是拥有最丰富最完备工具集的平台，但是没有理由只使用基于 Python 的开发平台。之前，我们介绍了 ML.NET，这是最新的基于 .NET 的开发平台，有望发展壮大并达到与当前 Python 生态系统相同的编程能力。ML.NET（还）不是 Python 生态系统的完全替代品，但肯定能让软件开发人员至少在一部分现实场景中进行出色的机器学习。这是一个从软件到数据科学融合的例子。

5.4 本章小结

数据是机器学习的命脉。如果数据符合收集的目的，也就是它能准确表示它所指的真实世界的部分，那么就认为数据质量高。

有一些属性可以确保数据质量和完整性。它们主要是有效性、完备性、及时性和准确性。这些属性应该出现在整个数据供应链以及收集数据的总时间段内。违背任何一点都可能使数据的整体质量面临风险。

此外，所有管理数据的人都必须深刻理解数据表示什么。事实上，应该清楚的是，如果没有对领域和要解决的问题的机制的深刻理解，就不可能有真正意义上的机器学习。事实上，只有这样，数据团队才能以正确的方式收集信息，然后对数据进行有效的处理。

高质量的数据对于任何机器学习计划的成功是至关重要的，因为机器学习的决策是基于（自动）分析的事实，而不是纯粹的（而且很大程度上是随机的）人类直觉。

第二部分

.NET 中的机器学习

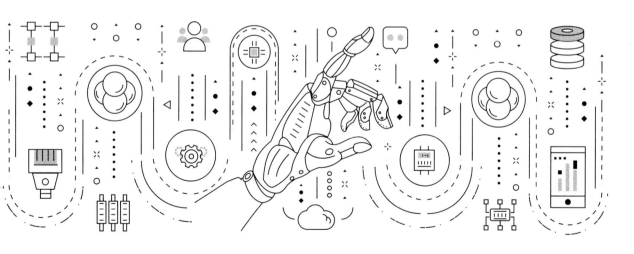

第 6 章

.NET 方式

人工智能将是谷歌的终极形态。它会准确地理解你想要什么，并给你正确的东西。我们现在还远没有做到这一点。

——拉里·佩奇，谷歌联合创始人

在本书的第一部分，我们分析了构建机器学习解决方案的一般步骤。任何解决方案都是由可交付模型组成的，这个可交付模型是在一个大型数据集上对算法进行训练而得到的。选择和调整数据集的过程是目前最耗时的一个步骤，同时也是对最终解决方案影响最大的步骤。据估计，一个真实场景中的数据准备工作可能占整个项目预算的 80%。实际上，数据准备与实际问题、业务愿景以及数据的可用性都相关。需要注意的是，在某些情况下，某些愿意建立机器学习解决方案的公司甚至都没有必要的基础设施来收集项目所需的特定数据。一旦数据（无论是原始格式的 CSV 文件还是关系数据库）可用，机器学习管道可能还需要一个特征工程步骤，在这个步骤中，对数据集进行进一步操作以便能更有效地达成特定的机器学习目标。

然后是算法的选择和训练阶段。

训练阶段非常耗时，但最多需要几个小时或几天的时间，这与收集可用数据的时间相比，没有什么可比性。概括地说，训练就是找到一组能使所选算法在考虑的场景中有效地工作的参数值。这些值是通过观察训练数据集的内容来确定的。之后，如果这些值能产生一个可接受的输出，那么训练就差不多完成了。将模型保存为 .zip 格式，然后进一步考虑能使客户端应用程序使用该模型的最合适的方法。不过获得可接受的输出是一个循环过程。如果有了新的数据，或者实际获得的数据与真实世界的数据不太匹配，则需要重新训练模型。最后，机器学习开发的整个周期类似于经典的 DevOps 周期。

实际上，归根结底，客户需要一个在内部实现智能预测和分类的端到端解决方案，而目前最好的实现方式是通过机器学习解决方案。这意味着不仅要构建和训练模型，还要将其公开为进程内或进程外的服务。在应用程序架构环境中，机器学习解决方案只不过是业务逻辑调用的域服务，以便为表示层和基础设施层生成结果。

目前，大多数机器学习解决方案都是在 Python 生态系统中构建的。不过这只是一个方便与否的问题，而不是技术相关的问题。本章将介绍 ML.NET 平台中机器学习的 .NET 方式。

6.1　为什么用或不用 Python

首先需要声明：没有严格的商业理由不让机器学习在 .NET 中实现，.NET 平台中没有任何内容可以阻止数据集的处理和业务问题训练算法的编写。

然而，在实现机器学习方面，Python 及其令人印象深刻的专用工具和库组成的生态系统走在了前列。

6.1.1　为什么在机器学习中 Python 如此受欢迎

Python、R 和 C++ 是机器学习中的主流编程语言，但它们如此受欢迎的真正原因可能很难调查。不过无论 Python、R 和 C/C++ 平台在机器学习中受欢迎的原因是什么，没有任何技术因素可以阻止 .NET 及其相关语言（主要是 C# 和 F#）用于训练机器学习模型。

1. Python 概览

Python 是 Guido van Rossum 在 20 世纪 80 年代末在阿姆斯特丹的荷兰国家数学和计算机科学研究所（National Research Institute for Mathematics and Computer Science）创建的一种面向对象的解释性编程语言。

该语言于 1991 年首次发布，在保证语法简约性和可读性的前提下经过了多次改进。Python 作为编程语言的愿景是一个小型的核心语言引擎，它有一个大型的标准库和一个易于扩展的解释器。

说到 Python，值得注意的是，它是解释性的语言并不代表性能差。不过，当性能真的很重要时，Python 代码需要翻译成 C 语言，即时编译，或者简单地用 C 语言编写的模块进行扩展。但是 C 语言开发比用 .NET 语言或 Python 本身开发要底层得多，成本也高得多。

> 注意：Python 并不像任何 .NET 语言那样是真正的多线程。实际上，即使允许线程化，全局解释器锁（Global Interpreter Lock，GIL）也将确保一次只有一个线程执行 Python 代码。GIL 防止使用多个 CPU 内核（或单独的 CPU）并行运行线程。这只适用于原始 Python 代码，因为编写的 C 扩展通常会释放 GIL 以允许 C 代码的多个线程。

2. 科学家的完美工具

鉴于 Python 在机器学习领域的广泛应用，我们敢说 Python 之所以成功，主要是因为它是一种解释性的（不需要编译步骤）和交互式的（在提示符下输入指令）语言，它的语法看起来比 Java 和 C# 的结构化、格式规范的语法更具有描述性，更不用说像 C 和 C++ 这样的复杂语言了。

Python 在科学环境中诞生，已经成为事实上供科学家实践、探索和实验数字的标准编程语言。在某种程度上，它取代了 Fortran 在 20 世纪 60 年代和 70 年代的统治地位。

一开始，在一个热门的新科学领域（如机器学习）中使用 Python 是一个自然选择，随着时间的推移，由于语言的自然扩展性，最终建立了一个庞大的由专用库和工具组成的生态系统。这反过来又强化了使用 Python 构建计算模型是最佳选择的信念。

今天，大多数数据科学家认为 Python 适用于机器学习项目，这可能就是综合考虑语言的简单性、可用工具以及大量示例的结果。

但再强调一遍，为什么要选择 Python 而不是 Java 和像 C# 等更先进的语言呢？

3. 复杂总好过晦涩

为什么？因为数据科学家很少是软件开发人员，尽管他们通常拥有有效使用编程语言的技能。即使不考虑他们在处理像编译、构建和部署等额外步骤时所面临的负担，数据科学家也更喜欢使用优雅简洁的语言，比如 C# 和 Java，这些语言一点也不复杂。

"Python 之禅"——总结语言核心哲学的原则集合，有如下清晰的要点：

- ❑ 简洁胜于复杂。
- ❑ 复杂胜于晦涩。
- ❑ 扁平胜于嵌套。
- ❑ 可读性很重要。
- ❑ 如果实现易于解释，则可能是个好的方案。

如果感兴趣，可以在 www.python.org/dev/peps/pep-0020 上阅读以上原则的完整版本。

尽管如此，从纯功能的角度来看，没有理由不考虑将 C# 和 .NET 框架作为构建和训练机器学习模型的有效替代方案。

如果说只有一种语言能达到与 C# 和 .NET 中实现的同样水平的机器学习能力的话，那么极有可能就是 Python！最后，这是一个工具和生态系统的问题。

6.1.2　Python 机器学习库的分类

Python 中可用的工具和库的生态系统主要可以分为五个领域：数据处理、数据可视化、数值计算、模型训练和神经网络。这个列表可能并不详尽，因为还有许多其他现有的库会执行一些更具体的任务，专注于机器学习的某些特定领域，例如自然语言处理和图像识别。

在 Python 中，构建机器学习管道的步骤通常在笔记本内执行。笔记本是在特定网络或本地交互环境（称为 Jupyter Notebook）中创建的文档（请参见 https://jupyter.org）。每个笔记本都是由可执行的 Python 代码、格式丰富的文本、数据网格、图表和图片等组合而成的，通过这些组合可以构建和共享自己的开发故事。

在笔记本中，可以执行诸如数据处理、绘图和训练之类的任务，为此可以依赖许多预定义的且经过测试的库。

1. 数据处理

Pandas（https://pandas.pydata.org）是一个以 `DataFrame` 对象为中心的库，开发人员可以通过它加载和处理内存中的表格数据。`DataFrame` 对象可以从 CSV 和文本文件以及 SQL 数据库导入内容；它提供了诸如条件搜索、筛选、索引和排序、数据切片和分组等核心功能，以及添加、删除和重命名等列操作。`DataFrame` 具有内置的功能，可以灵活地调整和透视数据，以及合并多个帧。它也适用于时间序列数据。

Pandas 库非常适合进行数据准备，它与交互式笔记本的集成可以对不同的配置和数据分组进行动态的测试。

当然 Pandas 也有不足之处。尤其是 Pandas 不支持数据流，这意味着如果数据集很大（比如很多吉字节），可能就无法将内存中的所有内容都放入训练器中。

重点：在本章后面，我们将介绍 ML.NET 库。特别是，该库有一个 `IDataView` 接口，该接口只支持数据流。例如，如果你有一个 1 TB 的数据集文件，你可以用它在任何一台计算机上进行训练，因为训练过程是根据需要读取（实际上是流式）数据，而不需要将所有数据加载到内存中。

2. 数据可视化

Matplotlib 库（https://matplotlib.org）是一个辅助程序库，虽然与机器学习管道的任何常见任务没有直接关系，但它可以非常方便且直观地表示数据准备步骤各个阶段的数据，或训练的模型获得的评估指标。

一般来说，Matplotlib 库只是一个为 Python 代码构建的数据可视化库。它包括一个二维渲染引擎，并支持常见的图形类型，如直方图、饼图和条形图。图形在线条样式、字体属性、轴、图例等方面都是完全可自定义的。

3. 数值计算

作为一种在科学环境中大量使用的语言，Python 不能没有一套专门为数值计算而设计的扩展。该领域流行的库是 NumPy 和 SciPy，它们功能略有不同。

NumPy（https://numpy.org）专注于数组操作，并提供创建、操作和重塑单数组和多维数组的工具。该库还提供线性代数、傅里叶变换和随机数运算。

SciPy(https://scipy.org) 通过多项式、文件 I/O、图像和信号处理以及更高级的功能（如积分、插值、优化和统计）对 NumPy 进行了扩展。

在科学计算领域，Theano（http://deeplearning.net/software/theano）是另一个值得一提的 Python 库。Theano 可以非常高效地计算基于多维数组的数学表达式，透明地使用 GPU。它还可以对具有一个或多个输入的函数进行符号微分。

4. 模型训练

scikit-learn 库（https://scikit-learn.org）最初是为数据挖掘而设计的，现在主要关注模型训练。它提供了用于回归、分类和聚类的流行算法的实现，以及降维、特征提取和归一化等数据准备方法。

大多数数据科学家都在使用 scikit 包，其中包括用于算法的 scikit-learn，以及用于计算的 SciPy 和 NumPy。不过，对于纯机器学习管道来说，Pandas 也是 scikit 包中的常见要素，用于重新组合数据及探索内容以确定最适合的算法。同样值得注意的是，scikit-learn 有模型选择方法和内置工具来根据度量标准评估训练模型的性能。

简而言之，scikit-learn 是 Python 浅层学习的基础。

5. 神经网络

浅层学习是机器学习的一个领域，它涵盖了很多基本问题，诸如回归和分类等。除了浅层学习外，还有深度学习和神经网络。为了在 Python 中构建神经网络，还有更专门的库。

TensorFlow（www.tensorflow.org）可能是最流行的训练深度神经网络的工具。它是一个综合框架的一部分，可以在不同层次上进行编程。例如，可以使用高级的 Keras API 来构建神经网络，也可以通过代码、自定义层和训练循环来手动构建所需的拓扑，该拓扑指定前向传播和激活步骤。总体来说，TensorFlow 是一个端到端机器学习平台，为训练和部署神经网络提供支持。但是请注意，TensorFlow 不应该作为 Python 生态系统的一部分来专门设计。TensorFlow 是一个用 C 语言创建的本地库，它绑定了 Python 以及一些其他的语言，包括 .NET（TensorFlow.NET 和 ML.NET）。

Keras（https://keras.io）可能是进入 Python 深度学习世界的最简单的方法。它提供了一个非常简单的编程接口，至少可以方便地进行快速原型设计。如上所述，Keras 可以在 TensorFlow 中使用。

还有另一个选择是 PyTorch（https://pytorch.org）。PyTorch 是对现有的基于 C 的库的 Python 改编，专门用于自然语言处理和计算机视觉。在这三种神经网络选项中，只要 Keras 能提供你想要的东西，那么它确实是迄今为止最理想的切入点和工具。PyTorch 和 TensorFlow 在构建复杂的神经网络方面做着同样的工作，但使用了不同的方法来完成这项任务。TensorFlow 要求在训练网络之前就定义好整个网络拓扑，而 PyTorch 采用一种更敏捷的方法，允许动态地更改网络拓扑。它们的区别可以总结为"瀑布式开发与敏捷开发"的区别。PyTorch 相对 TensorFlow 来说是一个比较新的框架，因此没有 TensorFlow 那样庞大的社区。

6.1.3   基于 Python 模型的端到端解决方案

使用 Python 可以轻松地找到构建和训练机器学习模型的方法。模型是一个二进制文件，必须加载到某个客户端应用程序中并以某种方式调用。大多数情况下，Python 模型的客户端应用程序是 Java 或 .NET 应用程序。使用来自 Python 外部的训练好的模型主要有三种方法，但没有一种是完美的：

- 在服务中托管训练好的模型，并通过 REST 或 gRPC API 公开其逻辑。
- 让客户端应用程序将训练好的模型作为序列化文件导入，并通过构建模型所依据的基础设施提供的编程接口与之交互。只有创建的基础设施为编写客户端应用程序的语言提供绑定时，才有可能实现这一点。
- 通过新的通用的 ONNX（开放式神经网络交换）格式公开训练好的模型，这样客户端应用程序就包含了一个使用 ONNX 二进制文件的包装器。但是请注意，ONNX 通常缺乏对各原始框架某些方面的支持。

最常见的选择是将模型托管在一个环境中，使其可以通过 REST 或 gRPC API 访问。这是 TensorFlow 及其服务基础设施的情况，也是 scikit-learn 和 Flask 框架的情况。需要注意的是，HTTP 服务对应用程序架构有影响（甚至很大的影响，因为模型是用 Python 创建的），总之它在系统中引入了延迟。这也是很多公司对 ML.NET 模型感兴趣的原因之一，因为可以将其作为现有 .NET 应用程序的一部分直接运行。

如前所述，TensorFlow 支持许多直接的语言绑定，由于有了语言绑定，客户端应用程序的开发团队可以直接调用模型而不需要使用 Web API 作为中介。使用特定于所选客户端语言的 API 似乎是使用训练好的模型的最快方法。不过，需要审查以下几个方面：

- 使用直接 API 可能会影响对硬件加速和网络分布的利用。实际上，如果 API 是本地托管的，那么任何专用硬件（如 GPU）都由你自己决定。但如果希望能以非常高的速度实时调用图形，那么就应该考虑使用一些特殊的、硬件加速的云主机。还需注意的是，GPU 只在深度学习中有用，比如在使用 TensorFlow 或 PyTorch 时。而对于常规的机器学习算法（如 scikit-learn），GPU 不会提供任何好处。
- 对于你选择的语言（或框架），可能不存在针对特定训练模型的绑定。例如，TensorFlow 本身支持 Python、C、C++、Go、Swift 和 Java。相比之下，scikit-learn 则只能通过 Python 使用或嵌入到 HTTP 服务中。

注意，也可以从 .NET 应用程序中使用 TensorFlow。一种低级的方法是通过第三方 TensorFlow.NET 库，它最终覆盖整个低级 TensorFlow API，就像其他语言（如 Java）绑定的那样。另一种方法是使用最新的 ML.NET 框架，稍后我们将介绍这个框架。有趣的是，ML.NET 框架既允许直接调用 TensorFlow 模型，也允许通过 ONNX 格式导入训练好的模型。

从 .NET 代码中调用 Python 或 C++ 库并不是一个无法克服的技术问题。不过调用指定的库（比如一个训练好的机器学习模型），通常比调用一些简单的 Python 或 C++ 类更困难。事实上，机器学习并不是独立存在的，它必须在端到端业务解决方案的环境中构建。很多业务解决方案都是基于 .NET 堆栈的。

那么 .NET 本地机器学习能力如何呢？让我们来看 ML.NET。

6.2　ML.NET 简介

ML.NET 是一个免费的、跨平台的旨在构建和训练学习模型的开源框架，自 2019 年春季起正式提供服务。它被托管在 .NET 核心、.NET 框架应用程序以及 .NET 标准库中。详情参见主页：https://dotnet.microsoft.com/apps/machinelearning-ai/ml-dotnet。

尽管 ML.NET 相对较新且正在发展中，但它的目标是为开发人员普及机器学习，试图将其简化到对开发人员来说足够容易的程度。它并没有专门针对数据科学家，这意味着可能有一些数据科学方法没有涵盖在 ML.NET 中。

ML.NET 最有趣的地方在于，它只提供了一个围绕预定义学习任务的想法安排的实用编程平台。该库的配置使得处理情感分析、欺诈检测和价格预测等常见机器学习场景变得相对容易，甚至对于机器学习新手来说也是如此，就好像它只是简单的编程一样。内建任务的数量可能会随着时间的推移而增加。

与之前提到的 Python 生态系统支柱相比，ML.NET 主要可以看作是 scikit-learn 模型构建库的对应部分。不过该框架还包括一些 Pandas 或 NumPy 用于数据准备和分析的基本工具。尽管如此，值得注意的是，整个 ML.NET 库构建在整个 .NET Core 和 .NET 框架的强大功能之上。

要开始使用 ML.NET 框架，需要安装 ML.NET 包并使用 Windows、Mac 或 Linux 上的任何编辑器，使用纯 C# 开始创建模型。Visual Studio 2019 提供了一个特定的扩展——模型构建。

6.2.1　在 ML.NET 中创建和使用模型

任何机器学习解决方案都有两个项目。一个是典型的控制台应用程序，它编写机器学习管道的各个步骤为：数据收集、特征工程、模型选择、训练、评估和存储训练好的模型。另一个是典型的类库，它包含了在客户端应用程序中托管的部署的模型进行预测所必需的数据类型，以便部署的模型在驻留在客户端应用程序后进行预测。

不用说，还会有一个客户端应用程序项目，很可能是一个 ASP.NET Core 应用程序或服务。

1. 准备开始

在 ML.NET 解决方案中，可以手动创建生成器和模型项目，并为每个项目配置合适的 Nuget 包，或者选择 Visual Studio 中的 Model Builder 向导，我们在第 3 章中简要介绍过这个向导。要添加的 Nuget 包主要是 Microsoft.ML。不过只要引用更具体的功能或算法，就可能需要添加更多的包。可以使用 Visual Studio 解决方案的 Add 菜单并选择 Machine Learning 来完成 Model Builder 会话，如图 6-1 所示。

向导将指导你完成最基本的必要步骤，如果你选择手动方法，你将在主机应用程序（例如控制台应用程序）中手动编写相同的编程步骤。

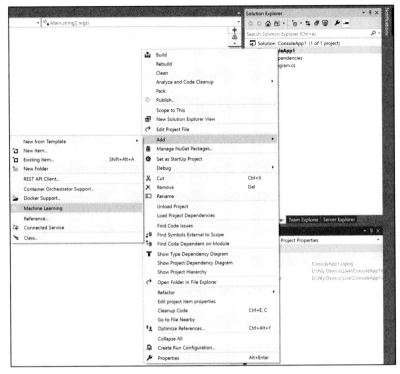

图 6-1 在 Visual Studio 2019 中启动 ML-NET Model Builder 向导

2. 基于场景的浅层学习

Model Builder 是一个向导,允许你从一些预定义的场景(例如分类、情感分析或价格预测等)中选择一个,如图 6-2 所示。

一般来说,情感分析(Sentiment Analysis)场景是一个二值分类问题。问题分类(Issue Classification)场景指的是多分类,价格预测(Price Prediction)场景指的是数值回归和连续值预测。自定义场景(Custom Scenario)选项更为通用,允许选择前面的核心算法之一。

将来,Visual Studio 中的 Model Builder 还将添加其他任务,如异常检测、时间序列预测、推荐、图像分类和对象检测等。

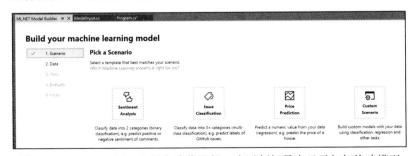

图 6-2 Model Builder 向导允许你选择一个示例场景来显示如何构建模型

图 6-2 所示的向导并没有涵盖所有可能的学习场景，但是它有两个主要优点：

❑ 非常快捷简单地形成了有关机器学习如何工作的想法。

❑ 它提供了一些 C# 代码来构建示例模型。

尽管向导构建的模型只是一个示意，但是它提供的源代码结构却是一个能说明如何为想进一步实现的任何其他任务计划和构建 ML.NET 管道的有效示例。

选择一个示例场景将其进行到底，这是一个非常有用的练习，稍后我们就会这样做。

3. ML.NET 的深度学习

在发布的第一个版本中，ML.NET 只专注于浅层学习算法，且只有少数算法被备份到核心的 Nuget 包 `Microsoft.ML` 中。不过，越来越多的算法和函数正在通过附加包添加。

特别地，在 ML.NET 中，你不能像使用 Keras 那样直接创建神经网络，但是 ML.NET 提供了可以从 .NET 中本地调用预先训练好的 TensorFlow 神经网络的卓越能力。此外，ML.NET 通过高级 API（如 ImageClassification 和 ObjectDetection）以任务的形式提供深度学习功能。

这意味着，如果你有一个正在运行的 TensorFlow 解决方案，并且希望在 .NET 客户端中使用它，那么就可以在中间使用 ML.NET 来完成这项工作。同时，如果你有一个熟悉 TensorFlow 的数据科学家团队，你可以让他们按照他们自己喜欢的方式进行工作，并且仍然能够在 .NET 客户端应用程序中使用它。

也就是说，为了避免在 ML.NET（和相关包）中产生进一步的混淆，可以在 scikit-learn 中找到大多数可用的算法，但在 Keras、TensorFlow 或 PyTorch 中找不到任何编程对象。同时，如果你已经使用这些库（或者 CNTK 等其他库）构建了一些内容，那么你可以轻松地将它们导入 ML.NET 中。

6.2.2　学习环境的要素

让我们看看如何与 ML.NET 库进行交互，以及如何在没有 Model Builder 向导的帮助下计划和构建一个基本的机器学习管道，但又接近它将为我们生成的实际代码。（Model Builder 向导是由交付 ML.NET 库的同一团队编写的，因此它体现了对库的适当使用方式。）

1. 根对象

ML.NET 环境中的接入点是 `MLContext` 对象。它就类似于实体框架上下文对象或数据库的连接对象。它表示你正在构建的机器学习管道的根节点：

```
var mlContext = new MLContext();
```

你需要在参与模型构建工作流的各种对象之间共享这个类的实例。在模型生成代码的运行期间，所有对象必须引用相同的管道对象。图 6-3 中总结了模型构建的生命周期，使用 ML.NET C# 代码来表示步骤，而不是规范的流程图块。

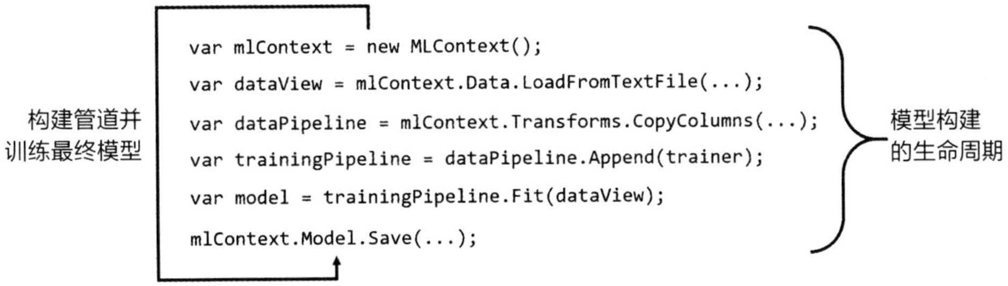

构建管道并
训练最终模型

```
var mlContext = new MLContext();

var dataView = mlContext.Data.LoadFromTextFile(...);

var dataPipeline = mlContext.Transforms.CopyColumns(...);

var trainingPipeline = dataPipeline.Append(trainer);

var model = trainingPipeline.Fit(dataView);

mlContext.Model.Save(...);
```

模型构建
的生命周期

图 6-3　ML-NET 中的模型构建生命周期

你可以在任何需要更新模型的时候运行构建模型的代码，因为你有新的数据，或者希望尝试使用不同的特征集或不同的算法来改进模型。

你还需要 **MLContext** 对象的一个实例来加载预先训练好的模型并在实际生产中使用它。对于需要在 ML.NET 中执行的任何任务，都需要一个上下文对象，因为对于任何机器学习管道操作，无论是数据转换、特征工程、模型选择、训练、评估或持久化，它都充当了引用的中央存储库。

2. 数据准备

ML.NET 库定义了操作数据的接口，**IDataView** 接口。可以将这个接口看作一个基于指针的访问器，它可以访问由数百万行甚至太字节数据组成的庞大数据集。

ML.NET 框架提供了一些预定义的加载器，用于从 CSV 样式的文本文件、二进制文件、任何基于 **IEnumerable** 的源包装器或非常容易使用的 **DatabaseLoader** 对象填充数据视图。该接口提供了以任何可接受的速度移动数据集的方法。**SkipRows** 方法跳过前一行，**TakeRows** 方法选择一个子集。数据视图还提供了一个内存缓存和将修改后的内容写回磁盘的方法。

加载和修改数据源的所有方法都通过 **DataOperationsCatalog** 对象公开，数据属性在管道根上引用该对象：

```
var mlContext = new MLContext();

// Load data into the pipeline
var dataView = mlContext.Data.LoadFromTextFile<ModelInput>(INPUT_FILE);
```

示例代码从指定的文件加载训练数据，并将其作为 **ModelInput** 类型的集合进行管理。显然，**ModelInput** 类型是一个自定义类，反映从文本文件加载的数据行。

注意，在这个代码片段中，我们假设加载的数据已经采用了机器学习可以接受的格式。你可能希望执行的典型数据转换是：将分类值（和字符串）转换为数字，添加特殊的功能列，以及删除与期望值相差太大的行（如果这在上下文中有意义）。在 ML.NET 中，你可以精确地执行以上操作（将其作为管道的一部分）。在 ML.NET 中，管道是一个非正式的概念，它对应于一组用于转换数据并最终添加训练器（算法）的估计器对象。下面介绍如何转换数据集并添加新列。

```
mlContext.Transforms.CopyColumns("Label", "FareAmount");
```

这些转换可以在持久化文件上脱机执行，这样 Model Builder 就可以为训练准备好文件，或者可以以原始格式维护文件（就像获取时那样），并且每次构建模型时都会应用转换。这纯粹是一个速度与灵活性之间的权衡。

3. 训练器及其分类

机器学习管道的关键阶段是训练。训练就是选择一个算法，以某种方式为算法设置配置参数，并在给定的（训练）数据集上重复运行。训练阶段的输出是使算法产生最佳结果的一组参数。在 ML.NET 术语中，这个算法被称为训练器。一些受支持的训练器被分为以下几个任务，如表 6-1 所示。

表 6-1   与训练相关的 ML.NET 任务

任务	描述
异常检测	发现与接受的训练相比的意外或异常的事件或行为
二值分类	将数据分为两类
聚类	在不知道哪些方面可能使数据项相关的情况下，将数据分成若干可能相关的组
预测	时间序列预测和峰值检测
图像分类	对图像进行分类
多分类	将数据分为三类或三类以上
排序	建立推荐系统
回归	预测数据项的值

我们将在下一章讨论 ML.NET 任务，并仔细研究相关的编程接口。

表 6-1 中的每个任务属性都有一个被认为最适合工作的预定义算法的 **Trainers** 属性。例如，在线梯度下降算法就适合回归任务。但是请注意，这个预定义算法不是唯一的，甚至可能也不是最好的。实际上，ML.NET 框架还支持泊松回归和随机双坐标上升算法，其他算法可以通过新的 Nuget 包随时添加到项目中。下面是一些示例代码，用于设置训练器并在示例数据视图上训练模型：

```
var dataPipeline = mlContext.Transforms.CopyColumns("Label", "FareAmount");
var trainer = mlContext.Regression.Trainers.OnlineGradientDescent("FareAmount", "Features");
var trainingPipeline = dataPipeline.Append(trainer);
var model = trainingPipeline.Fit(dataView);
```

"训练训练器"步骤（拟合方法）的最终目标是在训练数据集上运行算法，找到需要保存在模型中的内容，从而使模型能在实际生产运行中产生最佳结果。

4. 评估器

训练阶段的结束并不意味着已经得到了想要的模型。这里的模型是指"算法及其所有

参数的最佳配置"。由于理想参数集是通过在给定数据集上测试算法来发现的,因此可能会有一些问题:

- ❏ 所选的算法可能不是最适合探索给定数据集的算法。
- ❏ 原始数据集需要更多(或更少)列转换。
- ❏ 原始数据集太小(或太大),无法达到预期目的。

出于这些原因,你可能需要借助一些额外的度量规则来评估或只是检查算法的性能,这些度量主要是针对任务的,但有时甚至也特定于算法。如图 6-4 所示,请注意,该图取自 Visual Studio Model Builder 扩展,它在后台使用 AutoML.NET 命令行工具。ML.NET API 只需使用单一的参数配置就可以在单一特定算法(训练器)上进行训练。

图 6-4 显示了配置示例价格预测场景后 Model Builder 向导的输出。向导的内部结构提供了整个训练流程的概念。所有的特征算法都以优异的性能结束了它们的训练阶段,但是尝试一个更好的算法可以得到更好的结果。请特别注意 RSquared 列。正如你将在第三部分中看到的,所有算法的 RSquared 度量(在回归任务中相当常见)都很高,但是它的理想值是 1。尽管 0.88 很高,但 0.95 更高。评估阶段的重点是尽可能找到最好的。

 注意:另一个需要考虑的方面是,一旦模型投入生产,即使使用了最好的度量标准,仍然有可能出现问题,并且预测与业务预期不符。这可能是因为用于训练的数据集不足。

ML.NET Model Builder ⊣ ×

Top 4 models explored

Rank	Trainer	RSquared	Absolute-loss	Squared-loss	RMS-loss	Duration
1	LightGbmRegression	0.9513	0.42	4.49	2.12	5.6
2	FastTreeTweedieRegression	0.9491	0.44	4.70	2.17	9.6
3	FastTreeRegression	0.9486	0.43	4.74	2.18	6.8
4	SdcaRegression	0.8833	0.90	10.76	3.28	3.7

图 6-4 回归任务的多个算法

5. 托管方案

在训练阶段结束时将获得一个模型,其中包含在生产环境中运行哪种算法以及使用哪种配置的指令。模型文件是某种序列化格式的压缩文件。

在实际使用过程中,客户端应用程序将调用 ML.NET 框架提供的 facade API,如下所示:

```
var mlContext = new MLContext();
var model = mlContext.Model.Load("model.zip", out var schema);
var predictionEngine = mlContext.Model.CreatePredictionEngine<ModelInput, ModelOutput>(model);
var result = predictionEngine.Predict(input);
```

正如你所猜测的，在实际使用过程中，模型只是一个接受 `ModelInput` 类并返回 `ModelOutput` 类的黑盒。当然这些类是在训练阶段定义的，依赖于数据集和具体问题。

 注意：每个机器学习库都有自己的序列化格式，并使用自己的模式保存用于实际生产过程中的信息。还有一种通用的、可互操作的格式：ONNX 格式。虽然 ML.NET 支持它，但要注意的是，ONNX 是所有机器学习框架的一个共同点，可能不支持某些框架的某些特性。

6.3   本章小结

本章简要介绍了 ML.NET 库的支柱，这些支柱将成为 .NET 领域机器学习的参考平台。ML.NET 库的 1.0 版本于 2019 年春季发布，且正在快速增长。例如，它已经支持通过 TensorFlow 模型进行图像分类的深度学习训练。

虽然 Python 在数据科学家中很受欢迎，但没有严格的理由说明机器学习模型不能在 .NET 或其他语言（包括 Java 和 Go）中开发和测试。具体使用哪种语言和生态系统与易用性相关。ML.NET 依赖于 .NET Core 基础设施和 Visual Studio 2019。引入 ML.NET 的要点如下：

□ 许多企业 .NET 和 .NET Core 应用程序希望直接部署和使用本地机器学习模型，而不是在使用环境中安装一些额外的 Python 环境。此外，在许多企业使用环境中，Python 可能很难获得批准，即使获得批准，也需要添加额外的 HTTP 服务。但是 ML.NET 恰恰允许这样做：在 .NET 中进行本地训练，并将其本地部署在 .NET 应用程序中。

□ 许多 .NET 开发人员不希望必须学习 Python 才能创建自定义的机器学习模型，并将其注入 .NET 应用程序中。

最后是 NimbusML，即用于 Python 的 ML.NET 绑定。NimbusML 是一个 Python 模块，它可以与 scikit-learn、NumPy 和 Pandas 完全互操作，它允许数据科学家或熟悉 Python 的开发人员编写代码，将模型保存为与 ML.NET 库完全兼容的 .zip 文件，然后可在 .NET 应用程序中稳定运行。

我们给出了一个简单但不那么琐碎的完整示例：出租车费预测。在下一章中，我们将看到一些特征工程、特征选择，更重要的是一个 ASP.NET 客户端应用程序。

第 7 章

实现 ML.NET 管道

> 你不是在思考，只是在讲逻辑。
>
> ——尼尔斯·玻尔，1922 年诺贝尔物理学奖得主，量子力学之父

自软件问世以来，人们就一直想将它作为一种能够预测未来并通报即将发生的情况的工具。无论是在股票交易、房地产、供应链、能源还是个人服务方面（如出租车），价格预测就是一个典型的例子。

我们深入研究了统计数据，试图弄清楚未来的价格波动趋势，但发现统计学更擅长对收集的数据进行事后分析。统计学擅长通过分析数据来提取模型，当然如果能完全准确地理解是什么导致了这些数据，为什么会这样，是一件非常棒的事情。然而，统计学无法以足够的可靠性和可信度来预测未来。

预测未来是机器学习的工作。机器学习建立在统计学的基础上，但它详细描述了一个模型，从模型收集数据到模型进行预测。对于收集到的数据，精心设计的模型得到的结果也不会是 100% 准确的，但是对于任何与训练数据相符的数据，它都有望提供更高的置信度（理想情况下超过 90%）。

让我们看一下 ML.NET 中价格预测的完整示例。

7.1 从数据开始

接下来的示例是基于 Github 网站上 ML.NET 库提供的样本数据集的。该数据集记录了纽约市超过 100 万辆出租车的行程。该示例的最终目的是预测乘坐纽约出租车的价格。

请注意，我们可以合理地期望基于该数据集训练出来的模型所做出的预测也适用于任何其他城市，不管其地理位置如何，只要该城市的出租车动态行程及收费与本数据集中的数据类似。

7.1.1   探索数据集

样本文件是一个 CSV 文件，包含七列：出租车公司的编号、费率类型、乘客人数、乘车时长、距离、付款方式（现金或卡）和乘车费用。在开始对 CSV 文件所包含的实际信息进行更深入的分析之前，让我们先弄清楚如何使用它。

将数据集的行转换成 C# 类，这样才能轻松构建和使用最终模型。下面的类表示原始文件的一行：

```
public class TaxiTrip
{
    [LoadColumn(0)]
    public string VendorId;

    [LoadColumn(1)]
    public string RateCode;

    [LoadColumn(2)]
    public float PassengerCount;

    [LoadColumn(3)]
    public float TripTime;

    [LoadColumn(4)]
    public float TripDistance;

    [LoadColumn(5)]
    public string PaymentType;

    [LoadColumn(6)]
    public float FareAmount;
}
```

LoadColumn 特性在特定属性和数据集的相应列（由名称或位置指示）之间建立了静态绑定。这个类需要放在一个单独的程序集中，因为任何使用这个模型的 .NET 客户端应用程序都必须引用该类。

7.1.2   应用公共数据转换

任何机器学习算法都需要数据才能正常工作。不过在样本数据集中，某些列是由文本构成的，如供应商名称、费率类型和付款方式等。这些列中的内容必须以不改变各个值的分布及相关性的方式转化为数字：

```
var vendor = mlContext.Transforms.Categorical.OneHotEncoding(V_Id, "VendorId");
var rate = mlContext.Transforms.Categorical.OneHotEncoding(Rate_Code, "RateCode");
var payment = mlContext.Transforms.Categorical.OneHotEncoding(Payment_Type, "PaymentType");
mlContext.Append(vendor)
        .Append(rate)
        .Append(payment);
```

OneHotEncoding 对象对分类值应用公共数据转换算法。一种转换是为指定列中的每个不同的分类值添加一个二进制（0/1）列。该方法的第一个参数是命名新列的前缀。

另一种可能有意义的转换是数值列的均值方差归一化：

```
mlContext.Append(mlContext.Transforms.NormalizeMeanVariance("PassengerCount"));
```

此外，可能还需要删除异常值，即离平均值太远的值。这一步并非总是必要的，但如果认为异常值会影响结果，那么一定要执行该步骤。这时只需过滤加载的数据集就可以删除异常值。例如，要从数据集中删除 FareAmount 列中值小于 1 和值大于 150 的所有行：

```
mlContext.Data.FilterRowsByColumn(rawData, "FareAmount", 1, 150);
```

最后，由于 ML.NET 库的内部机制，还需要进行进一步的转换。需要建立一个名为 Label 的列，表示预测的目标；还要建立一个名为 Features 的列，该列包含数组中序列化的行的所有值：

```
mlContext.Transforms.CopyColumns("Label", "FareAmount");
mlContext.Transforms.Concatenate("Features", ...);
```

通过这种方式，可以告诉训练算法以原始 FareAmount 列（现在复制到 Label 列中）的值为目标，并处理 Features 列中由该行中所有其他值串联而成的输入值。

7.1.3　关于数据集的注意事项

任何机器学习模型本质上都是一个输入到输出的转换器。如果输入的数据量不足或数据不合理、不平衡，那么得到的结果也是不合理的。

因此重要的一点是，训练数据集中应包含所有可能影响预测的因素的信息。有时，当两个或多个单独的值组合在一起时，它们之间会有特定的相关性，可能需要添加一个特别列。本质上这是特征工程的问题。

那么关于样本数据集，有什么不足之处呢？

一方面，它完全忽略了交通因素。交通因素可以用 0 ~ 1 范围内的归一化值来表示级别，甚至是一个分类值。这取决于所需的精度及可用的数据。如果没有可用的数据源，你甚至可以考虑通过查看出租车当天的乘车时间来添加一些交通上下文信息，从而计算分类值。另一方面，样本数据集中不包含时间信息。

即使是在这样一个简单的场景中，我们也发现了一些值得讨论和验证的观点。试想一下，在一个更加复杂和更加精细的预测场景中，它们的数量和深度会有多大！

7.2　训练步骤

当涉及预测数值（比如服务价格）时，在大多数情况下均奏效的算法是回归算法。（我们将在第三部分讨论机器学习算法中最常见的几类算法的内部原理。）很多不同的特定算法都属于回归的范畴，选择哪种算法首先需要经验、领域知识，有时甚至是直觉。

无论你为第一次训练选择什么算法，训练后都需要测试。如果数值不支持这种选择，可以考虑尝试不同的算法或改变训练集。机器学习几乎总是试错问题。

7.2.1 选择算法

从概念上讲，价格预测是一个（相对）容易解决的回归问题。如果有好且详细的数据，那么本质上预测就是选择最快的算法。在 ML.NET 中，可用于回归任务的训练器根据上下文的回归属性分组。下面是如何向管道中添加回归训练器：

```
// Identify the training algorithm
var trainer = mlContext
        .Regression
        .Trainers
        .OnlineGradientDescent("Label", "Features", new SquaredLoss());

// Add it to the current ML pipeline
mlContext.Append(trainer);

// Start training of the model
var trainedModel = mlContext.Fit(dataView);
```

所选算法（在线梯度下降算法）通常是一个不错的选择，但存在更快、更精确的算法，比如 **LightGbmRegretion** 算法。通过引用附加的 Nuget 包来使用这些更复杂的算法。在 ML.NET 的默认配置下，在线梯度下降通常是一个不错的选择。

该算法使用两个字符串参数来表示数据集中输入和输出列（或特征）的名称。输出列是要预测的列。第三个参数表示在测试阶段用于测量预测值和期望值之间距离的误差函数。**SquaredLoss** 对象指的是 R-squared 度量，该度量在回归问题中是相当常见的。当一切就绪时，只需调用 **Fit** 方法开始训练模型。

7.2.2 评估算法的性能

机器学习算法性能的评估需要考虑多方面因素。一方面是速度，这是通过计算复杂度的公式来衡量的，即运行它所需的步骤和计算资源。另一方面是具体算法在给定内部步骤的情况下，对给出的实际数据如何操作。实际上，对于同一原始数据的不同结构，相同的算法可以得到准确度并不相同的结果。只要你了解一点计算复杂度的理论，这一点并不奇怪。

因为算法的复杂度可能会随同一输入的不同结构而显著不同，所以实际上复杂度是根据最佳、平均和最坏情况来计算的。最坏情况下计算的复杂度表示无论输入是什么，该算法需要的最长时间。复杂度通常表示为输入大小的函数，当输入大小不断增长时，只考虑其渐近特性。

下面我们以快速排序算法（Quicksort）作为一个有趣示例来看下数据结构如何影响算法性能。快速排序算法是由 Tony Hoare 在 20 世纪 60 年代早期编写的，至今仍是最快的排序算法之一，也是库和框架中最常用的排序算法之一。它的平均复杂度为 n，即输入的大小。这也是现有排序算法中最好的时间复杂度。在快速排序算法的早期实现中，研究人员和开发人员观察到算法和输入数据之间有一种有趣的关系。具体来说，如果数据是按升序或降序排列的，或者输入数据集中的所有元素都相同，那么算法的复杂度就会增加 n^2，这是无法接受的。

在该算法的最新实现中，这些情况已经很容易被排除。如今，如果编码正确（例如，选择了理想的超参数），同样的输入下，快速排序算法比其他排序算法快好几倍，表现出相同的（最优）渐近行为。

现在，我们将注意力转回到机器学习上：最初提出的快速排序算法中出乎意料的结果提醒我们，训练数据集的给定表示可能会使一个原本速度非常快的算法的性能比其他算法差。因此，在测试模型时需要谨慎地注意这些细节，并尽可能以你能够实现的最佳度量为目标。

7.2.3 计划测试阶段

在任何机器学习项目中，都有一个独特的数据库需要处理。这些数据大部分用于训练模型，其余部分用于测试训练好的模型并获取评估指标。

数据集中对训练集和测试集的合理划分通常为 80/20。不管如何划分，关键是要有足够的数据供训练器理解，也要有足够的数据让测试器进行测试。通常 80/20 是比较合适的分割，但前提是数据分布要均匀，使得训练集中数据的"内在特性"与测试集中数据的"内在特性"相匹配。

请注意，简单的 80/20 分割（或其他类似数字的分割）指的是数据划分中的*留出法*（holdout）。holdout 编码快速简单，不过它只有在数据是平衡的且分割后的两个子集仍保持平衡的情况下才能有效地工作。不管怎样，你只在 20% 的数据上测试模型。交叉验证是另一种技术，它的运行时间更长，但更准确。我们将在第 10 章中讨论有关交叉验证的更多内容。

7.2.4 指标预览

模型训练好之后，ML.NET 提供了很多预先定义好的工具来评估生成的模型的质量。下面是进行测试并获取指标的方法：

```
// Run the trained model on the testing dataset
IDataView predictions = trainedModel.Transform(testDataView);
var metrics = mlContext.Regression.Evaluate(predictions, "Label", "FareAmount");
```

Regression 对象上的 Evaluate 方法可以获取测试数据集，并遍历所有的项，查看 Label 列中的输入值和期望值，例如 FareAmount 列中的值。在 ML.NET 中，Evaluate 方法返回一个 RegressionMetrics 对象。表 7-1 显示了从中获得的信息。

表 7-1 RegressionMetrics 类型的特性

度量函数的名称	描述
LossFunction	双精度浮点值，表示传递给训练模型的损失函数的平均值，在本例中，它是一个 SquaredLoss 对象
MeanAbsoluteError	双精度浮点值，表示预测值和期望值之间绝对误差的平均值
MeanSquaredError	双精度浮点值，表示预测值和期望值之间误差平方和的平均值
RootMeanSquaredError	双精度浮点值，表示预测值和期望值之间均方误差的平方根
RSquared	双精度浮点值，RSquared 表示确定模型的系数。由模型的均方误差与预测特征的方差之比给出

在所有这些度量标准中，与回归算法最相关的是 RSquared，因为可以评估该算法提取预测特征方差的性能。RSquared 的值越接近 1，表示性能越好。（我们将在第 11 章中进一步讨论这个问题。）

7.3 从客户端应用程序中预测价格

训练好的模型只是一个二进制文件，它存储了一些能够被不同主机环境的设备读取的信息。在 ML.NET 以及其他机器学习框架中，模型本身并不运行代码。它需要作为一个项目被部署，并加载到一个新的 MLContext 实例中，才能从 .NET 代码中使用。

让我们看看如何创建一个 ASP.NET Core 应用程序来使用出租车收费预测模型。

7.3.1 获取模型文件

通常，ML.NET 项目由一个控制台应用程序组成，该应用程序从本地或远程源加载数据，然后进行转换，选择训练器，进行训练，评估并保存模型。典型的输出是：

- 具有序列化训练模型的 .zip 文件
- 一个包含用于映射训练数据集的 C# 类的类库

在该示例中，前面给出的 TaxiTrip 类进入类库，因为需要保证从任意的 .NET 客户端应用程序能够访问到它。以下代码用于将训练好的模型保存到磁盘文件中：

```
// Saves the trained model to the given file name.
mlContext.Model.Save(trainedModel, trainingDataView.Schema, "model.zip");
```

Schema 参数描述用于训练模型的数据的模式。该信息对于任何新创建且稍后需加载模型的 MLContext 实例都是必要的。

7.3.2 设置 ASP.NET 应用程序

假设你有一个现成的 ASP.NET 核心应用程序模板。图 7-1 展示了一个在 Visual Studio 中打开的项目。请注意依赖项列表。除了 ASP.NET 和一些特定于项目的引用之外，你还可以看到核心的 `Microsoft.ML` 包和 `Linear Regression` 类库。在 ML 文件夹中，你可以看到 .zip 文件，它是经过训练的模型的序列化副本。

图 7-1 Visual Studio 2019 中的示例项目

`Application` 文件夹包含一个辅助类，用于将从用户界面调用的控制器类与要在生产中运行模型的 ML.NET 包装器解耦。在端到端场景中，应该将任意经过训练的机器学习模型看作域服务，是解决方案业务层的一部分。

应用程序设置一个 HTML 视图，在该视图中收集一些输入数据（稍后将详细介绍如何做到这一点），并调用一个控制器端点。然后，控制器端点调用图中显示的 `Fare-PredictionEngine` 类。机器学习模型和客户端应用程序之间的整个交互都是通过这个类进行的。

7.3.3 预测出租车费

尽管示例是为 ASP.NET Core 编写的，但你也可以将 ML.NET 库用于 .NET 框架应用程序，包括经典的 ASP.NET MVC 应用程序。以下是示例应用程序中用于处理预测服务的控制器类，该预测服务反过来又封装了机器学习模型：

```
public class FareController : Controller
{
    private readonly FarePredictionService _service;
    public FareController(IHostingEnvironment environment)
    {
        _service = new FarePredictionService(environment.ContentRootPath);
    }
    public IActionResult Suggest(TaxiTripEstimation input)
    {
        var response = _service.Predict(input);
        return Json(response);
    }
}
```

值得注意的是，**FarePredictionService** 类不是通过 ASP.NET Core Dependency Injection 层注入控制器中的，以使控制器类尽可能保持中立。预测服务接收内容根路径，它将使用该路径定位要加载的经过训练的模型的 ZIP 文件。下面是调用模型所需的代码：

```
public TaxiTripEstimation Predict(TaxiTripEstimation input)
{
    // Map the input received from the UI to the input required by the model
    var trip = FillTaxiTripFromInput(input);

    // Predict the amount of the fare given the input parameters
    var ml = new MLContext();
    var fare = MakePrediction(trip, ml, _mlFareModelPath);

    // Copy prediction to the input object
    input.EstimatedFare = fare;
    input.EstimatedFareForDisplay = TaxiTripEstimation.FareForDisplay(fare);
    return input;
}
```

除了实际的预测之外，这里的关键是来自用户界面的输入数据与模型所需数据之间的映射——从引用的模型库导入的 **TaxiTrip** 类。请注意，**TaxiTripEstimation** 属于客户端应用程序，它是一个 ASP.NET MVC 层使用 ASP.NET MVC 模型绑定从 HTTP 上下文填充的辅助类。详细信息（仅仅是字段的副本）隐藏在 **FillTaxiTripFromInput** 方法中。

实际预测在 **MakePrediction** 方法中进行，具体如下：

```
float MakePrediction(TaxiTrip trip, MLContext mlContext, string modelPath)
{
    // Load the trained model
    var trainedModel = mlContext.Model.Load(modelPath, out var modelInputSchema);

    // Create prediction engine related to the loaded trained model
    var predEngine = mlContext
        .Model
        .CreatePredictionEngine<TaxiTrip, TaxiTripFarePrediction>(trainedModel);

    // Predict
    var prediction = predEngine.Predict(trip);
```

```
    return prediction.FareAmount;
}
```

在实际的场景中，你可能希望加载模型并一次性构建 ML.NET 预测引擎，然后在多个调用之间复用。训练模型的实际调用发生在 Predict 方法调用中。

7.3.4　设计适当的用户界面

尽管该示例总体上很简单，但是仍然提出了一些有关训练模型、客户端应用程序和整个项目反馈周期的实际问题。

一个问题是，模型需要知道乘车距离才能进行价格预测。（请参阅从数据集派生的 TaxiTrip 类的定义。）这是合理的，但是如何围绕它设计用户界面？难道要求用户输入他们将要经过的距离吗？

更现实的是，该示例中出租车服务用户界面的顶部将允许用户输入两个地址，并使用一些第三方地理信息系统计算距离。此外，如何将响应呈现给用户？应该使用一个简单的浮点数还是一个计算的范围，哪个更可取？如图 7-2 所示。

图 7-2　用户界面的简单样例

如图 7-2 所示，从用户界面收集汽车类型、付款方式和乘客数量，并通过 HTTP 传递给控制器。这些值被映射到特定于模型的 TaxiTrip 类的相应属性。而地址则必须通过编程方式转换为距离。（在本例中，GIS 服务的 JavaScript API 完成了这项工作。）Estimate 按钮将表单发送回 ASP.NET Core 应用程序，并接收显示票价和时间估计范围的文本。

该演示样例已上传至 https://youbiquitous-taxifare.azurewebsites.net/。

> **注意**：虽然这个模型是基于纽约市的出租车数据而建立的，但在图 7-2 中所做的预测与从罗马市中心到机场的实际花费相差无几！这也意味着机器学习仅仅是猜测，尽管有指标和评估器，但业务场景决定了猜测在何时能被接受。

7.3.5   质疑数据和解决问题的方法

然而，可能还有另一个更深层次的问题。训练数据集包含一个特征，该特征表示以给定成本行驶给定距离所花费的时间。因此，要调用模型，还应该提供时间。作为这个示例出租车预订应用程序的最终用户，该从哪里获得这个信息或至少对其进行估算？更现实的是，出租车预订应用程序（机器学习模型的客户端）可以将费用和耗时返回给最终用户，如图 7-2 所示。

但是，当涉及这个问题时，就会引入一个全新的数据维度，解决这个问题的方法仍在讨论中。

所需的行驶时间可能取决于交通状况、当天的时间段、星期几，甚至月份。那么是否应该训练第二个模型来预测乘出租车在纽约行驶一段距离所花费的时间呢？如何训练这个模型？使用与价格预测相同的数据集吗？为价格预测设计的数据集是否也可以用于时间预测？更进一步，是否真的对要解决的特定问题使用了正确的方法？

最重要的是，该演示样例从模型开始，以了解构建价格预测模型可能需要做些什么。在现实世界中，应该从问题出发，并了解它的各个方面，然后再致力于构建机器学习模型。

7.4   本章小结

本章介绍了 ML.NET 库实现机器学习项目的规范步骤，并提供了一个端到端的、完整的 .NET 运行示例。无论使用什么语言（和库），实现步骤都是相同的，而且数据准备是实现过程中最费时费力的部分。

另外，数据准备在演示中经常被忽略，因为大多数演示都是从已经处理好的数据开始的。我们将在第 19 章中讨论数据准备的成本，并给出一个较大的涉及基于 Python 的神经网络的示例。不过，仅数据准备阶段就表明，只使用一种语言和一个平台并不总是一个好主意。例如，在 Python 中，你倾向于使用 CSV 文件，而有时使用普通的关系数据库（以及调用它的一些 Java 或 C# 代码）会更便宜、更快。

除了数据准备之外，本章还重点讨论了回归问题。在下一章中，我们将总览 ML.NET 库支持的全部机器学习任务。

第 **8** 章

ML.NET 任务及算法

人工智能显然是由有意识的主体传播并放置在设备中的一种智能。事实上，它起源于这种设备制造者的智慧。

——教皇本笃十六世

在上一章中，你首次接触了新的 ML.NET 框架，该框架旨在使 .NET Core 平台适用于机器学习项目。我们讨论了这个库的基础及其核心部分，并介绍了一些使你能够构建机器学习项目的规范管道的软件元素。我们还讨论了一个线性回归的例子。

线性回归，即使是其复杂的涉及多个特性的多线性版本，也很难成为解决大多数现实问题的理想方法。即使问题本身在概念上是一种预测，情况也是如此。在现实生活中，即使是看起来很简单的预测问题，也可能需要神经网络来获得精确的结果，或者如我们在前一章中所提到的，需要多种模型的组合。

在本章中，我们将进一步探索 ML.NET 库的功能，并重点介绍可以通过这个库执行的更常见任务的细节。在此过程中，我们将涉及二值分类、聚类和迁移学习这样的场景。

8.1 ML.NET 的整体框架

正如你在前一章中看到的，与 ML.NET 应用程序的任何编程交互都从获取对 **MLContext** 对象的引用开始。它代表了所有操作的集中上下文，以及在机器学习管道中构建和运行任务的方式，无论是数据准备、特征工程、训练、预测，还是模型评估。

8.1.1 涉及的类型和接口

围绕 **MLContext** 类的实例，为在 ML.NET 库中执行的任何可能的学习操作开发了一个完整的工作流。

1. 整体观点

通过允许相关部件通信的多个接口可促进交互。表 8-1 列出了相关类型。

表 8-1 ML.NET 模型开发过程中涉及的相关类型

类型	描述
IDataView	这是所有数据查询操作中输入和输出的基本类型。它包装了一个可枚举的集合（包括模式信息），并提供了一个基于指针的导航系统，可以逐行进行操作
IDataLoader	该类型负责从某些外部数据源实际加载数据，并返回有效的 IDataView 对象
ITransformer	该类型表示库中用于转换数据的所有组件的基础。训练器返回一个转换器对象，用于评估和模型的持久性
IEstimator	该类型表示一种尚未对数据进行训练的算法。术语估计器（estimator）来自统计术语，在 Spark 文献中也大量使用

在 ML.NET 的大框架中，**IDataView** 类型的作用非常显著，它在整个 .NET 框架中与 **IEnumerable** 类似。最后，**IDataView** 是一个包含模式信息的可枚举集合。

2. 模式信息和传播

请注意，**IDataView** 和 **IEstimator** 接口都引用一个模式对象。但是，**DataViewSchema** 类表示为列（特性）和相关类型的集合。相反，在估计器的上下文中，模式是 **SchemaShape** 类的一个实例，仅是指传入数据必须满足的最小模式需求集。实际上，**IEstimator** 接口公开了 **Fit** 方法，该方法在提供的数据视图上训练模型，并返回一个转换器。估计器使用 **SchemaShape** 检查数据是否具有有效处理所需的结构。此外，**IEstimator** 接口还公开了一个 **GetOutputSchema** 方法：

```
SchemaShape GetOutputSchema(SchemaShape inputSchema);
```

如果指定的输入模式与提供的数据视图的模式匹配，该方法运行，并返回经过算法转换的数据模式的形状。这个特性称为评估器的模式传播。

3. 图形化视图

图 8-1 提供了一个图形视图，说明了 ML-NET 管道的组成部分如何交互以及所涉及的接口类型。

原始数据通过 **IDataLoader** 加载到上下文对象中，并在训练结束时通过 **ITransformer** 接口提供的服务将其作为一个模型保存下来。

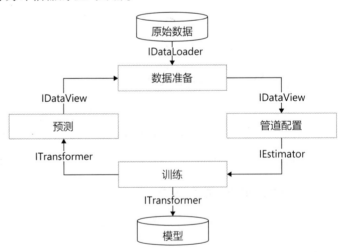

8.1.2 数据表示

图 8-1 连接 ML-NET 管道的各个部分

让我们更深入地研究一下 **IDataView** 接口及其在管道中的用法。虽然大多数情况下

你将在 **MLContext** 类的 **Data** 属性上使用预定义的方法来指向文本文件（例如 CSV 文件），并返回一个 **IDataView** 对象，探索接口的细节以及如何手动构建数据视图对象也很有意思。

1. IDataView 接口

以下代码段展示了 **IDataView** 接口的定义，该定义出现在 ML.NET 库的源代码中：

```
public interface IDataView
{
    bool CanShuffle { get; }
    DataViewSchema Schema { get; }

    long? GetRowCount();
    DataViewRowCursor GetRowCursor(
        IEnumerable<DataViewSchema.Column> columnsNeeded,
        Random rand = null);
    DataViewRowCursor[] GetRowCursorSet(
        IEnumerable<DataViewSchema.Column> columnsNeeded,
        int n,
        Random rand = null);
}
```

接口的成员提供了两个基本功能：浏览数据和打乱数据。然而，最能证明需要临时数据类型的方面是对模式的支持。

2. 数据视图的模式

数据视图的模式由 **DataViewSchema** 类表示，无非是列和相关读取方法的集合。每个列都具有名称、类型和注释。在构建 **DataViewSchema** 类时，传递的是一个列数组。以下是一些示例代码，可以从头开始创建数据视图对象：

```
public class SampleDataView : IDataView
{
    private readonly IEnumerable<SampleDataItem> _items;

    public SampleDataView(IEnumerable<SampleDataItem> data)
    {
        // Save raw data
        _items = data;

        // Build the data view on top of properties of SampleDataItem
        var builder = new DataViewSchema.Builder();
        builder.AddColumn("Property1", BooleanDataViewType.Instance);
        builder.AddColumn("Property2", TextDataViewType.Instance);

        // Set the schema
        Schema = builder.ToSchema();
    }

    // More code here for the other members of the interface
    ...
}
```

通过视图进行操作的数据项被传递给实现 **IDataView** 的样例类的构造函数。在这种情况下，数据将存储在只读的私有成员中，并构建一个模式，为支持的数据项类（代码片段中的 `SampleDataItem`）中的每个属性指定一列。最后，保存模式。

在此处的示例代码中，模式是手动构建的，只选择了原始数据对象数组中的一些属性。在定制的数据视图类中，你可以完全自由地以最适合自己需要的方式将属性映射到模式列。

3. 浏览视图中的行

数据视图的工作方式类似于 .NET 框架中的普通枚举对象，并且数据视图提供了对集合中所有可访问元素进行计数以及访问的方法。

顾名思义，`GetRowCount` 方法旨在返回 null 或表示视图中数据项数量的一个数值。值得注意的是，为什么一条概念上固定的信息实际上是通过方法公开的，而不是通过只读属性呢？原因在于接口的一些实现可能具有一个中间缓存，该缓存可能会在完全填充之前返回 null 或部分值。但是，大多数情况下，`GetRowCount` 方法返回一个固定值。

导航是基于游标的，并以 `GetRowCursor` 方法为中心。该方法只返回游标，供客户端应用程序使用，仅以向前模式在视图中移动。该方法还允许访问可用列的子集。请注意，`GetRowCursorSet` 方法返回一个游标数组以并行运行，通过多个线程覆盖数据视图的更大部分。如果实现了该方法，那么在调用该方法时，还可以设置要创建和返回的游标数的限制。

4. 打乱视图中数据的顺序

在机器学习中，打乱训练数据的顺序通常是一个很好的实践，特别是在初始的预处理阶段。在前一章中，我们简要介绍了 Quicksort 算法（用于对数据进行排序）会根据数据传递顺序的不同提供截然不同的性能。同样，在机器学习中，原始数据集可以被预排序，这可能会影响训练和测试数据集的划分。实际上，最终结果可能是得到两个数据集，但它们的相关数据并不平衡。

最后，特别是对于分类任务（但不仅限于此），通常在进行训练之前打乱原始数据集是有用的。话虽如此，但请记住，每种情况都是不同的，在这里行之有效的方法可能在那里就无法发挥相同的效力。

在 ML.NET 中，任何实现 `IDataView` 接口的对象都必须声明它是否支持数据洗牌。这是通过被接口类型作为只读成员公开的布尔型 `CanShuffle` 属性完成的。但是，数据视图对象不需要提供洗牌内容的能力。如果数据视图支持，则由 `MLContext` 对象通过 `Data` 属性公开的 `DataOperationCatalog` 对象的 `ShuffleRows` 方法执行洗牌。

8.1.3　支持的目录

ML.NET 库的全部功能都组织在目录中。目录是一个将训练器、转换器以及加载和保存数据和模型的功能组合在一起的组件。

你可以将 ML.NET 目录看作专门用于特定任务的一组编程服务存储库。目录通过 `MLContext` 对象编程接口的临时属性公开。通常我们区分两类目录：一类目录包含针对一类机器学习问题的训练器和任务，另一类目录则收集跨领域的操作。

1. 特定于任务的目录

尽管每个目录的命名相似，但它们都是不同的，因为每个目录都专门用于一个特定的领域。但是，它们都是从一个公共基类派生的。特定于任务的目录是指常见的机器学习问题类别和相关算法，如表 8-2 所示。

表 8-2　ML.NET 支持的特定于任务的目录

目录属性	要解决的问题	样本算法
AnomalyDetection（异常监测）	检测与数据集其余部分明显不同的稀有的（因此可能是可疑的）数据项	RandomizePca
BinaryClassification（二值分类）	根据一组分类规则将给定数据集的所有项分类为两组	SdcaLogisticRegression、LinearSvm、FieldAwareFactorizationMachine 等
Clustering（聚类）	对项进行分组，使同一组中的项彼此之间比其他组中的项更相似	KMeans
MulticlassClassification（多分类）	根据一组分类规则将给定数据集的所有项分类为多个组中的一个	NaiveBayes、SdcaNonCalibrated、OneVersusAll、SdcaMaximumEntropy
Ranking（排行）	根据证据给未知数据打分	LightGbm、FastTree
Recommendation（推荐）	列出推荐产品或服务的清单	MatrixFactorization
Regression（回归）	预测数值	OnlineGradientDescent、Sdca、LbfgsPoissonRegression

值得注意的是，每个目录支持的算法（训练器）列表是指本身是 ML.NET 平台一部分的算法。通过扩展方法和额外的 Nuget 包，将会添加更多的算法。

2. 交叉操作目录

在 ML.NET 库中还有许多更通用的目录。表 8-3 中列出了 MLContext 实例直接指向的对象。

表 8-3　在 ML.NET 中支持的交叉操作目录

目录内容	描述
Component（组件）	目录中的方法发现指定程序集中的可加载组件并将它们添加到库的内部目录
Data（数据）	目录中的方法允许对数据进行操作，比如加载、保存、缓存、过滤、打乱和分割数据
Model（模型）	目录中的方法允许你从文件中加载和保存经过训练的模型
Transforms（转换）	目录中的方法允许特征工程操作，例如数据类型转换、分类转换、文本处理和特征选择。从该对象中，可以看到四个附加目录：Categorical、Conversion、FeatureSelection 和 Text

值得注意的是，ML.NET 中还提供了其他目录，用于执行其他任务，比如处理预测、排序和时间序列，以及导入 TensorFlow 模型。在本章的后面，我们将进一步讨论 TensorFlow 目录。

在第 6 章中，作为熟悉 ML.NET 库的一种方法，我们讨论了一个基于线性回归任务的示例。而在本章中，我们将在三个宏观领域中查看前面提到的一些目录操作、训练器和转换器：分类、聚类和迁移学习。

8.2　分类任务

顾名思义，分类就是将对象划分为同类组的问题。预期的组数（无论是两个还是两个以上）给问题带来了截然不同的含义，不仅导致了不同的名称（二值和多分类），而且导致了不同的算法和解决方案方法。

让我们首先关注二值分类。

8.2.1　二值分类

很多现实生活中的例子很容易被归类为二值分类的范畴。一个典型的例子是对患者数据进行评估以确定患者是否有特定的疾病。同样，另一个例子是金融机构根据给定的观察数据评估发放抵押贷款是否安全。只要答案可以用二值表示，从机器学习的角度来看，你将面临一个二值分类问题。

1. 简单的情感分析

情感分析是试图提取隐藏在文本中情感的过程，无论是书面评论还是帖子或电话中所说的句子。分析的预期输出通常是为了判断情绪是正面的还是负面的。因此，这似乎是一个很好的二值分类的例子。在本章中，我们将了解如何安排解决方案的基础。

不过，作为免责声明，让我们先说一下，虽然所提出的方法在某种程度上可行，但它不可能达到大多数实际系统所要求的准确性水平。实际上，在下一章中，我们将构建一个将情感分析应用于特定场景的端到端的解决方案。不过你将看到，尽管要考虑更多细节，但工作的核心部分是相同的——在处理完一组句子后给出二值答案。

在示例应用程序中，数据集由 4000 个句子组成，这些句子以某种方式与一家餐厅的评价意见相关。输入文本文件具有以下模式：自然语言语句，制表符，然后是 0/1 值（表示否定或肯定的反馈），如下所示：

```
Not tasty and the texture was just nasty.        0
The selection on the menu was great and so were the prices.    1
```

训练的目的是为任何提交的句子前返回适当的 0/1 值。

> **重点：** 如前所述，样本数据集包含对餐厅进行评价的句子。尽管这些句子可以与许多喜欢/不喜欢的场景相关联，但期望值被设置为将句子解释为它指的是餐厅。换句话说，同样的句子，当谈到一家餐厅时，它被标记为肯定，如果在另一个二值分类场景中，可能会被标记为否定。

2. 应用必要的数据转换

当从文本文件中将数据加载到 MLContext 实例中时，需要指示系统使用数据的模式。只要通用类型具有用 LoadColumn 属性修饰的成员，则 Data 目录中 LoadFromTextFile 方法的通用版本就可以执行该操作。下面是一个示例类，可以用来构建示例的数据视图：

```
public class SentimentData
{
    [LoadColumn(0)]
    public string SentimentText;

    [LoadColumn(1), ColumnName("Label")]
    public bool Sentiment;
}
```

数据的第一列是 SentimentText 属性，第二列（0/1）设置 Sentiment 属性。出于机器学习管道的目的，该属性也被重命名为 Label：

```
var filePath = ...;
var mlContext = new MLContext();
var dataView = mlContext.Data.LoadFromTextFile<SentimentData>(filePath);
```

在本例中，只有一个数据集可用，因此将面临把数据集分割为训练数据集和测试数据集的问题。通常，建议使用不同的（且同样大的）数据集，但有时在开发阶段不可能拥有那么多的数据。

数据集的分割可以手动完成，但这可能会有问题。实际上，必须确保分割后返回两个随机分布的数据集。机器学习库通常提供专门的工具，ML.NET 也不例外。数据目录仅公开了 TrainTestSplit 方法，该方法接收一个 IDataView 和一个百分比值，返回一个 TrainTestData 对象：

```
var splitDataView = mlContext.Data.TrainTestSplit(dataView, 0.2);
```

上面所提供的百分比值（前一行中的 0.2）表示测试数据集的比例。该代码的最终效果是对数据集进行 80/20 分割，其中 80% 的数据用于训练，其余 20% 用于测试。TrainTestData 类只是一个包含两个 IDataView 对象（Trainset 和 TestSet）的容器对象。

> **注意**：我们在这里提到的模型测试与 Java 和 C# 等编程语言中的单元测试相当。单元测试的最终目的并不是为了确保应用程序满足所有客户的需求，而是为了使团队对他们正在做的事情充满信心，并拥有一个强大的工具以便在之后进行深度重构时捕获回归错误。这里也是类似，测试数据集仅提供必要的质量度量，但不能保证在面对生产数据时，模型真的会执行得很好。

机器学习算法适用于数字。那么它们如何处理纯文本呢？答案是，它们无法处理。要启用分类算法，你必须采取另一个称为文本特征化的预处理步骤。ML.NET 库提供了 Text

目录的 FeaturizeText 方法，如下所示：

```
var estimator = mlContext
    .Transforms
    .Text
    .FeaturizeText("Features", "SentimentText");
```

该方法采用 SentimentText 列并将其转换为由浮点值数组组成的名为 Features 的新列。数组中的每个值表示发现的 n-gram 的归一化计数。n-gram 是在文本中发现的连续单词序列。要想预览 FeaturizedText 方法所做的转换，就需要添加对 Preview 的调用，在 Visual Studio 中放置一个断点，然后探究 preview 变量的值：

```
var preview = mlContext
    .Transforms
    .Text
    .FeaturizeText("Features", "SentimentText")
    .Preview(splitDataView.TrainSet);
```

Preview 方法将转换应用于所提供的数据视图，并将快照保存到本地 preview 变量。图 8-2 显示了正在转换的数据视图的屏幕截图。

数据视图由四列组成，这四列是 SentimentText、Label（最初为 Sentiment）以及另外两列。标记为 SamplingKeyColumn 的第三列是为了训练 / 测试数据集分割的内部目的而添加的。第四列标记为 Features，是数值的稀疏向量。展开示例行的列内容，可以看到一个包含一百多个浮点值的列表，每个值表示在 SentimentText 列的内容中发现的 n-gram 的出现。另请注意，这些值已经被归一化至 0 ～ 1 范围内。

图 8-2　文本特征化对样本数据集的影响

3. 训练模型

接下来是在机器学习管道中添加一个训练器，训练模型，并评估结果：

```
// Appending the trainer (logistic regression algorithm)
var estimator = mlContext
          .Append(mlContext.BinaryClassification
          .Trainers
          .SdcaLogisticRegression("Label", "Features"));

// Fitting the model on the training dataset
var model = estimator.Fit(splitDataView.TrainSet);
```

逻辑回归算法是可以从 **BinaryClassification** 目录中使用的训练器之一，它被认为是解决当前问题的最佳算法（或者至少是优先尝试的选项）。逻辑回归通过对数据集中默认类的概率进行建模来工作。在本例中，默认类是标签值，其默认值（或常见值）介于正数或负数之间。

在二值分类领域尝试的另一种算法是支持向量机（SVM）。ML.NET 通过 **Binary-Classification** 目录上的 **LinearSvm** 方法提供此算法。两种算法在相似的数据集上提供几乎相同的性能和相同的精度，并且均不受异常值的影响。此外，两种算法都是线性的，因此即使在相当大的数据集上，它们都可以很好地进行训练。

有趣的是，这两种算法使用完全不同的方法来解决问题。如前所述，逻辑回归使用概率方法并返回数据项属于默认类的可能性。相反，SVM 试图找到属于每个类别的数据项之间的最大可能的分隔边距。

4. 评估模型

那么如何确定算法呢？任何机器学习库都提供了简单的方法来计算指标，并且可以从统计学中借用一些技术来评估算法的质量和准确性：

```
// Adjust testing data for testing the model
IDataView predictions = model.Transform(splitDataView.TestSet);

// Evaluating the model on testing data
var metrics = mlContext.BinaryClassification.Evaluate(predictions, "Label");
```

返回的对象是 **CalibratedBinaryClassificationMetrics** 对象，该对象将问题的许多相关度量组合在一起。特别是它会告知模型的准确度，即测试集中正确预测的比例（与正负值无关）。它还会告知有关正负样本召回的信息，即阳性样本（和阴性样本）被检测为阳性样本（和阴性样本）的比例。精度和召回率的调和平均值用 F1-score（或 F-score）指标表示。

在样本测试数据集上，二值分类问题的首选算法是逻辑回归算法，其返回的准确率超过 85%，但 F-score 很低，约为 30%，而 F-score 的理想值是 1。我们将在第 10 章中重点介绍评估算法的指标，但现在，我们只是想增加一些细节来说明另一个更面向业务的观点。

应该怎么做？改变算法？扩大数据集？添加新的转换？好吧，答案要看具体情况！

你尝试用二值分类解决的实际业务问题将帮助你做出决策。表 8-4 简要定义了你可能感兴趣的度量。

表 8-4　二值分类的常用标准

标准	描述
准确度	表示分类正确的项目占整个测试集的百分比。不用说，理想值是 100%
精度	表示正确分类的阳性 / 阴性的百分比与预测阳性 / 阴性的数量的关系。换句话说，它表明有多少阳性 / 阴性的检测是有效的。理想值是 100%
召回率	指示相对于预测类中的项正确分类的项的百分比。换句话说，它指示正确检测为阳性 / 阴性的数据集中阳性 / 阴性的百分比。理想值为 100%
F1-score	指示精度和召回率的谐波平均值。可以对每个选项进行计算。理想值为 100%

最简单的衡量标准是准确度，不过它只能表明模型做出正确预测（无论阳性或阴性）的频率。所以，85% 可以被认为是相当不错的，尽管并非完全肯定。在本例中，F1-score 就相当低，但 F1-score 是一个综合指标，不代表直接衡量。因此，如果在当前场景中，准确度（或精度或召回率）是至关重要的，那么就可以不理会 F1-score。

当实际问题并未对理想的训练方法提供严格的指导，并且你想比较多种算法时，F1-score 就可以发挥作用了。

5. 当组合度量有用时

当数据集不平衡时，F1-score 的角色至关重要，因为两种类别中的一类发生的频率比另一类高得多。在平衡数据集的情况下，F1-score 可以被忽略，因为在具有良好准确度的情况下，错误分类的可能性非常低。相反，在不平衡数据集的情况下，对于当前问题，每个选项都非常重要。

如果这两种情况都应加以考虑的话，那么应确保 F1-score 在这两种情况下都非常高，才能确保模型的质量安全。

有时对于实际业务来说，一类情况比另一类更重要。欺诈检测就是一个很好的例子。在欺诈检测中，有效地标记欺诈交易比以任何方式处理非欺诈交易更为重要。在这种情况下，应该只查看更重要的那种情况下的 F1-score，并选择最大化 F1-score 的算法。

8.2.2　多分类

从概念上讲，当分类的组数为两个时，二值分类可以看作多分类的一种特殊情况。但在实际计算中，恰好有两类或有两个以上的类会产生巨大的差异，并导致不同的算法家族。

多分类适用于任何必须将数据分配给现有类别的现实场景。要训练算法，需要提供足够多的分类数据集，才能使算法确定新数据更适合的类别。与聚类（我们将在后面讨论）不同，多分类是一种监督学习形式，这意味着可以选择的类别是预先已知的。

通过简单地扩展可能结果的范围，我们可以将作为二值分类来解决的情感分析问题重新定义为一个多分类问题：积极的情感，消极的情感，中性情感，甚至更多。但这种看似微不足道的扩展对机器学习管道的各个步骤产生了巨大的影响。

> **注意**：多分类与多标签分类是不同的，后者将单个数据指定为一个或多个类别。音乐分类就是多标签分类的一个很好的示例，它试图为每首歌曲分配多种流派。多标签通常通过对适当转换的数据进行多类分类甚至二值分类来实现，更常见的是通过学习管道来实现。例如，对于每个可能的类别，解决方案可以为其提供一个二值分类模型。

1. 应用必要的数据转换

这里要考虑的示例数据集来自 ML.NET 提供的一个示例。它是一个制表符分隔的文件，包含了 10 000 多个 Github 问题。每个问题都有标题、对应描述及所在领域等特征。你希望能够将模型训练为只要查看标题及对应描述就可以猜测出任何提交的新问题的所在领域。下面是一个训练数据集的示例：

ID	领域	标题	描述
24597	area-System.Net	HttpWebRequest 不支持 HTTP / 1.0	……
24608	area-System.Data	sni.dll 错误或使用同一登录名的问题	……

标题与描述列需要像二值分类一样进行特征化。这是一个教算法如何获取单词相关性的必要步骤：

```
_mlContext
    .Transforms
    .Text
    .FeaturizeText("Title", "TitleFeaturized");
_mlContext
    .Transforms
    .Text
    .FeaturizeText("Description", "DescriptionFeaturized");
```

在多分类中，还需要执行另一个步骤：将列的内容映射为预测数字。数据集中的 Area 列是文本的，但是你需要将其转换为唯一的数字才能继续进行训练。在上一章中你也遇到了类似的问题，转换文本描述的乘坐出租车的支付模式。不过当时你使用的是独热编码技术。

独热编码技术对于分类数据非常有效，几乎与 .NET 框架中的枚举类型相同。独热编码转换为每个可能的分类值创建额外的 0/1 列。只要选择项数量有限，这是可以接受的。

Area 列是不同的。在大型数据集中，列中不同的值可以是数百甚至数千个。这使得处理如此多的特征成为问题。因此，你可以选择不同的转换：添加一个新列，该列将 Area 列中的各个不同的值映射为不同的数值，通常是一个渐进式索引。

```
// Map output column "Label" to input column "Area"
_mlContext.Transforms.Conversion.MapValueToKey("Label", "Area");
```

对于在 Area 列中找到的每个不同的字符串，Label 列最终保留了像 1、2、3 这样的值。

2. 训练模型

按照设计，ML.NET 库要求学习的所有信息都串联在一个名为 Features 的列中。在上一个示例中，Features 列是在对单个文本列（SentimentText 列）进行特征化后创建的。在这种情况下，必须通过串联先前的特征标题和描述列显式地创建 Features 列：

```
_mlContext.Transforms.Concatenate("Features", "TitleFeaturized", "DescriptionFeaturized")
```

根据所选算法，你可能需要对训练数据集进行多次遍历。为了避免从磁盘上的文件中反复加载相同的数据，可以强制管道中的算法处理缓存数据。为此，只需添加对 AppendCacheCheckpoint 方法的调用。注意，在添加训练器之前，必须先将缓存检查点添加到管道中。

通过以下操作序列可以获得管道：

```
var pipeline = _mlContext.Transforms.Conversion.MapValueToKey("Area", "Label")
    .Append(_mlContext.Transforms.Text.FeaturizeText("Title", "TitleFeaturized"))
    .Append(_mlContext.Transforms.Text.FeaturizeText("Description", "DescriptionFeaturized"))
    .Append(_mlContext.Transforms.Concatenate("Features",
                    "TitleFeaturized", "DescriptionFeaturized"))
    .AppendCacheCheckpoint(_mlContext);
```

应该使用哪种算法？

MulticlassClassification 目录上的 Trainers 集合提供了多个选项。但是，大多数算法都是通过为每个类别或类别组合训练一个二值分类器来工作的。如果客户端应用程序只需要一个默认/建议值来对新数据进行分类，那么在性能方面可能不太理想。OneVersusAll 和 PairwiseCoupling 训练器就是这种情况。另一种选择是 NaiveBayes 算法。基于概率理论，在特征独立且训练数据集较小的情况下，推荐使用该训练器。当数据集由数百万行组成，且特征相互关联时，这两种选项都不适用。接下来可以考虑的就是线性算法，如随机双坐标上升（Stochastic Dual Coordinate Ascent，SDCA）训练器。

线性算法生成一组输入数据的线性组合以及一组权重。然后，训练的目标是找到理想的权重来实现线性公式。为了使线性算法有效地工作，所有的特征都应该进行归一化处理，以避免某个特征比别的特征对结果的影响更大。

> **注意**：文本列的特征化只是为了在完全归一化的情况下将文本转换为数字。只要映射的列没有包含在特征中（如本例所示），文本到值的映射就不会改变算法的计算。如果必须考虑学习文本列，那么就应采用独热编码或特征化技术。

一般来说，线性算法训练成本低，预测速度快，预测成本低。由于其固有的线性，它们还能很好地随特征数量和训练数据集的大小进行伸缩。值得注意的是，线性算法需要对数据集进行多次遍历。因此，如果数据集的大小允许的话，你可能希望将其缓存到内存中以获得更好的训练性能。在本例中，我们选择 SdcaMaximumEntropy 训练器：

```
var trainer = _mlContext
    .MulticlassClassification
```

```
        .Trainers
        .SdcaMaximumEntropy("Label", "Features");
```

在进行训练之前，还需要在管道中进行另外一项工作：将预测值转换回预期的文本。例如，假设将"System.Net"区域映射为 1。经过训练的模型则会将任何确定属于 System. Net 类的新问题预测为 1。但是 1 这个值对任何客户端应用程序来说是没有意义的。但是，管道知道映射表，调用 **MapKeyToValue** 将完成相反的工作：

```
// Add one more column (PredictedLabel) to contain the string of text actually predicted
pipeline.Append(trainer)
        .Append(_mlContext.Transforms.Conversion.MapKeyToValue("PredictedLabel"));
```

注意，不同的多分类线性算法中用于选择权重的技术都有所不同。

3. 评估模型

SDCA 算法结合了逻辑回归和 SVM 算法的一些最佳特性和能力，非常适用于多分类。但是如何确定它是否足以解决当前的问题呢？让我们获取一些度量指标：

```
// Train the model
var model = pipeline.Fit(trainingDataSet);

// Grab some metrics
var testMetrics = _mlContext
        .MulticlassClassification
        .Evaluate(model.Transform(testDataSet));
```

Evaluate 方法返回一个 **MulticlassClassificationMetrics** 对象。表 8-5 列出了该对象报告的一些最常用的度量指标。

表 8-5　多分类的一些度量标准属性

属性	描述
ConfusionMatrix	返回分类器的混淆矩阵（请参阅后面的描述）
LogLoss	指示为每个类别计算的对数损失值的平均值
LogLossReduction	表示分类器相对于随机预测所提供的优势的百分比
MacroAccuracy	指示为每个类别计算的 F1-score 的平均值
MicroAccuracy	指示模型所做的所有预测的 F1-score
PerClassLogLoss	获取每个类别的分类器的对数损失

微观精度和宏观精度均涉及计算 F1-score，即精度和召回率的调和平均值。不同之处在于，微观精度指的是整个预测集，而宏观精度是针对每个类分别计算 F1-score，然后返回平均值。

通常，如果数据集较大且具有一定程度的类别不平衡（即一个类的样本比其他类的样本多很多），则微观精度更可取。相反，如果对评估模型在不同的类（包括那些在训练数据集中很少出现的类）上的性能更感兴趣，则宏观精度更加重要。

LogLoss 度量标准衡量了分类器结果的平均不确定水平。该值越低越好。理想情况下，可能的最小值为 0。图 8-3 给出了样本数据集中超过 20 个类别报告的 **LogLoss** 值列表。最终平均值是 0.91。

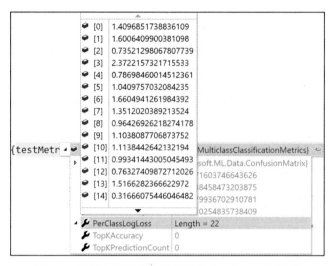

图 8-3　示例应用程序中所有类的 **LogLoss** 度量值

如何将准确性和损失结合起来？一个简单的总结是，准确性表明误差的数量，而损失更多的是指误差的质量和误差的大小。因此，低的宏观精度和高损失表示大量数据的大误差，这是最坏的情况。相反，低精度低损失表示大数据量的小误差。如果准确性很高，那么你几乎不会出错，但从数量上说会有很大的损失数量。

4. 查看混淆矩阵

除 LogLoss 度量值外，另一个评估分类器性能的工具是混淆矩阵。如图 8-4 所示，该矩阵将预测和标签合并在方阵的行和列中。

		实际类别		
		猫	狗	兔
预测类别	猫	**5**	2	0
	狗	3	**3**	2
	兔	0	1	**11**

图 8-4　一个多分类器的混淆矩阵示例

列中的值（例如"狗"）指示的是类中的元素被预测为行中的任何值的次数。例如，图 8-4 中的矩阵表明，狗两次被识别成猫，一次被识别成兔，三次被识别为狗。**MulticlassClassificationMetrics** 对象公开了一个名为 **ConfusionMatrix** 的属性，该属性收集此类矩阵的所有值。在本示例中，矩阵大小为 22×22。这个矩阵由一个名为 Confusion-Matrix 的 ML.NET 类表示，它具有预定义的属性，用于计算每个类的精度和召回率，见表 8-6。

表 8-6　混淆矩阵的属性

属性	描述
Counts	返回一个数组的数组，其中每个元素都引用一行，并包含每个列的值数组
NumberOfClasses	指示矩阵的尺寸（行数 / 列数）
PerClassPrecision	返回具有为每个类计算的精度的数组
PerClassRecall	返回一个数组，其中包含为每个类计算的召回率

提醒一下，精度表示模型预测的真实阳性类相对于给定类在数据集中实际阳性总数的百分比。相反，召回率是指模型预测的真实阳性类相对于给定类检测到的阳性总数的百分比。

8.3　聚类任务

聚类是无监督机器学习的主要形式。正如第 3 章中所述，一个聚类算法处理一个数据集并将其划分为一组子集。尽管它目前看起来像多分类，但实际上有巨大的区别。

在多分类中，训练数据集已经提供了输出类的总数，且每一个数据都将被归为其中的一类——更合适的一类。但在聚类中，子集数量不是已知的，尽管某些算法可能会接受返回的最大簇数。

换句话说，聚类算法可以用来确定数据属于哪一类以及如何聚在一起，并返回簇数。让我们看看如何在 ML.NET 中实现聚类。

8.3.1　准备工作数据

Iris 数据集是用于聚类训练的典型数据集。该数据集包含 150 行文字，每一行描述一种鸢尾属植物。可从 https://archive.ics.uci.edu/ml/ datasets/Iris 下载实际的数据文件：iris.data。

1. 快速查看数据

尽管 Iris 数据库非常简单且规模很小，但在 ML 社区，它被认为是学习聚类的一个良好的起点。该文件包含以下的文本行：

```
5.1, 3.5, 1.4, 0.2, Iris-setosa
4.9, 3.0, 1.4, 0.2, Iris-setosa
4.7, 3.2, 1.3, 0.2, Iris-setosa
```

数据列可以映射到一个 C# 类，如下所示：

```
public class IrisData
{
    [LoadColumn(0)]
    public float SepalLength;
```

```
[LoadColumn(1)]
public float SepalWidth;

[LoadColumn(2)]
public float PetalLength;

[LoadColumn(3)]
public float PetalWidth;
}
```

前两列指的是花萼的长度和宽度。(萼片是一种特殊的叶子，它与花瓣一起在花冠下方形成大多数花朵的花萼。) 接下来的两列指的是花瓣的长度和宽度。还有第五列是鸢尾花的名字。

2. 对数据进行转换

在这个聚类场景中，训练阶段需要处理的所有数据都是数字的。因此，无须使用独热编码、特征化或转换。你需要做的就是将这些可学习的特征串接到一个单独的列中，为 ML.NET 管道工作做好准备：

```
var mlContext = new MLContext();
var dataView = mlContext.Data.LoadFromTextFile<IrisData>(irisDataFile);
var pipeline = mlContext
        .Transforms
        .Concatenate("Features", "SepalLength", "SepalWidth", "PetalLength", "PetalWidth")
```

此时，管道被配置为处理 **Features** 列的内容，该列内容由以厘米表示的花瓣和萼片的长度和宽度的串联值构成。

 注意：在 ML.NET 中，如果用字符串表示列名，则区分大小写。不过你可以使用 C# 最新的 **nameof** 运算符来解决此问题。

8.3.2   训练模型

聚类最常用的算法是 K-Means。正如在第 3 章中看到的那样，它并不是唯一已知的聚类算法。但它确实是一个很好的折中方案，也是 ML.NET 提供的唯一现成的训练器。

1. K-Means 算法

如前所述，簇被认为是具有相似性的数据项的集合。该算法要求首先指定一个 K 值，该值表示数据集分割的簇的数量。换句话说，如果设置 $K=5$，则该算法将被训练成为其接收的每个输入返回一个 $1 \sim 5$ 的值。

算法首先选取一组 K 个点，称为质心。假设每个质心都是一个簇的中心。接下来，它迭代地扫描整个数据集，并通过计算每个数据到质心的最小距离对数据进行分组。在每次迭代结束时，算法重新计算每个簇的质心。当质心不再改变或者已经执行了给定次数的迭代时，算法停止。

2. 设置训练器

在 ML.NET 中，使用以下代码选择 K-Means 训练器。请注意，将簇的数量的初始值设置为 $K=5$：

```
// Set the trainer, number of expected clusters, and column(s) to work on
var trainer = mlContext.Clustering.Trainers.KMeans("Features", 5);

// Append the trainer to the pipeline
var pipeline = mlContext.Append(trainer);
// Fit the model
var model = pipeline.Fit(trainingDataSet);
```

一旦开始运行，期望聚类算法返回两个关键信息：预测该数据所属簇的 ID 以及该数据与簇中心的距离。这个距离应该是最小的。

> **注意**：Affinity Propagation 是一种完全不同的聚类算法，该算法无须输入预期的簇数量。它于 2007 年提出，其工作原理是测量数据之间的相关性。测量数据间相关性的函数是算法的超参数之一。而 K-Means 是在 1955 年首次在统计学领域提出来的。

8.3.3　评估模型

对聚类训练器的性能进行评估可能不是显而易见的。在大多数情况下，数据科学家会采用外部评估的方法，这种方法通常使用一个众所周知的数据集（例如 Iris 数据库）来查看特定的数据是否被放在正确的簇中。首先我们通过 ML.NET 来收集一些指标。

1. 收集度量标准

编辑以下代码，将数据集分割为训练集和测试集，并调用训练模型上的评估方法：

```
var split = mlContext.Data.TrainTestSplit(dataView, 0.2);

// Set the trainer and fit the model on 5 clusters
var trainer = mlContext.Clustering.Trainers.KMeans("Features", 5);
var pipeline = mlContext.Append(trainer);
var model = pipeline.Fit(split.TrainSet);

// Collect metrics about the model
var testingDataView = model.Transform(split.TestSet);
var metrics = mlContext.Clustering.Evaluate(testingDataView);
```

这里，`Evaluate` 方法返回一个具有三个属性的 `ClusteringMetrics` 对象，如表 8-7 所示。

表 8-7 ClusteringMetrics 对象的属性

属性	描述
AverageDistance	表示数据与簇质心的接近度
DaviesBouldinIndex	返回 Davies-Bouldin 索引的值，该值测量簇中的分散程度和簇间隔
NormalizedMutualInformation	表示变量相互依存的度量

表中最后两个属性是对算法性能进行内部评估的索引。第一个属性（**AverageDistance**）在这里是最相关的。

2. 如何确定聚类的质量

总体而言，聚类就像布丁：你必须吃掉它才能知道你是否喜欢它。任何聚类分析都是为了理解未知数据。因此，只有当你能够清楚地看到数据之间的区别，且这种区别确实有助于从数据中得出可靠的结论时，聚类才是好的。

聚类的最终目的是提供一个可靠的工具来自动化软件决策，无论是简单的数据分类、欺诈检测、医疗诊断，还是管理决策。当可用数据太多而无法手动处理时，聚类就可以发挥作用了。聚类有助于合理使用可用数据。该算法不一定非要快速有效，但它必须是可靠的，能够提供洞察力和附加价值。

最后，聚类不应该用于进行确认，而应该用于学习新事物。

样本应用程序的外部评估

让我们看看外部评估的工作原理。如前所述，有一个已知的数据库——Iris 数据库，该数据库由三类鸢尾属植物组成。众所周知，数据库是完美平衡的：每个类有 50 个数据行。让我们从训练数据中取出三个数据（每个已知组一个），然后在剩下的数据上训练算法。因为实际数据中的簇数量是已知的，所以现在将所需的簇数量设置为 3：

```
var trainer = mlContext.Clustering.Trainers.KMeans("Features", 3);
var pipeline = mlContext.Append(trainer);
var model = pipeline.Fit(trainingDataView);
```

现在你可以加载测试数据并将其公开为 **IEnumerable** 类型以进行循环：

```
// Load testing data
var testingDataview = mlContext
    .Data
    .LoadFromTextFile<IrisData>(_testDataPath);

// Create the predictor
var predictor = mlContext
    .Model
    .CreatePredictionEngine<IrisData, ClusterPrediction>(model);

// Build an enumerable to loop over and make predictions
var listOfTests = mlContext
    .Data
    .CreateEnumerable<IrisData>(testingDataview, reuseRowObject: true);
```

```
foreach (var item in listOfTests)
{
    var prediction = predictor.Predict(item);
    Console.WriteLine($"Cluster: {prediction.PredictedClusterId}");
    Console.WriteLine($"Distances: {string.Join(" ", prediction.Distances)}");
}
```

用于接收模型响应的类为 `ClusterPrediction`，其定义如下：

```
public class ClusterPrediction
{
    [ColumnName("PredictedLabel")]
    public uint PredictedClusterId;

    [ColumnName("Score")]
    public float[] Distances;
}
```

该类表示你将从模型中获得的响应。`PredictedLabel` 列包含预测簇的 ID，`Score` 列包含一个到簇质心的欧式距离平方的数组。数组长度等于簇的数量。这些列被自动绑定到 C# 类的属性。图 8-5 显示了运行三个测试的控制台应用程序的输出。

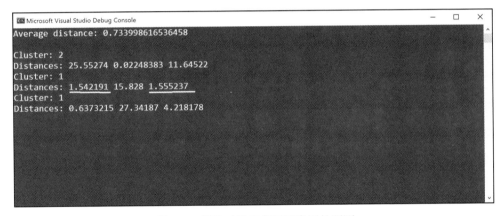

图 8-5　算法对特定鸢尾属类型的预测

测试数据集包含三条 iris 记录，每个已知的簇一条。这些记录不是训练数据的一部分。如你所见，这三条记录被报告仅属于两个不同的簇。但是请注意，第二个测试用例中 cluster #1 和 cluster #3 之间的距离很小。这对于外部评估场景是可以接受的。

8.4　迁移学习

机器学习的最大优点在于，你可以创建自己的模型，使其按照你想要的方式运行。在某种程度上，这让我们想起了过去的软件时代，在那个时代，每一个单独的程序都必须手工制作，而且几乎没有重复使用过。迁移学习与应用于机器学习的软件重用（模块化）概念相同。

迁移学习意味着针对某项任务（由其他人可能使用不同的平台开发）开发的模型被重新用作完成不同任务的新模型的起点。这就像使用现有的专用库（或 Nuget 包）来构建自己的解决方案。

作为 ML.NET 的真实例子，让我们使用一个现有的 TensorFlow 模型来构建一个图像分类器。

8.4.1　建立图像分类器的步骤

一般来说，图像分类器就是一个获取图像并告知其内容的模块，无论图像中包含的是狗、房子还是花朵。要从零开始构建这样的模块，则需要构建并训练一个相当复杂的神经网络，还需要数以百万计的图像以及深度学习技能。此外，还需要相关的计算能力。

通过迁移学习，事情可以变得简单得多。

1. 获得对 Inception 模型库的访问

Inception 模型（IM）是一个用 TensorFlow 编写的通用神经网络，该模型可以从 TensorFlow 网站下载。你可以将获得的模型文件保存在 ML.NET 项目的一个文件夹中。该模型的最新版本的下载 URL 为 https://bit.ly/2ShnXSA。

对下载的文件进行解压缩，可以得到一个序列化模型（二进制文件 Protobuf.pb）以及两个文本文件，其中一个是许可文件，另一个文件是模型可以在提交的图像中识别的 1000 个类别的列表。

2. 新分类器的总体目的

本示例的目的是构建一个更简单的图像分类器，对图像所属类别进行标记。换句话说，你要做的就是创建一个简单的多分类，不同的是你希望它在图像而不是文本上运行。构建自己的神经网络来处理图像是不可行的，并且在任何机器学习平台中都没有内置这种支持。

所以这里的想法是导入 Inception 模型，并对其进行再训练，使其适合较简单的分类目的。你需要指示神经网络将其本地标签映射到新提供的标签。迁移学习主要有两种方式：重新训练网络的所有层，或者仅重新训练网络的倒数第二层。本示例的目的是重写神经网络的输出并添加一个额外的步骤。因此，该方法是属于重新训练倒数第二层的方法。

接下来，你将构建自己的管道，就好像它是一个规范的多分类一样，然后只需构建一个稍微复杂点的训练基础设施，其中包括预先构建的 TensorFlow 模型。

8.4.2　应用必要的数据转换

训练数据集由两个主要信息组成：图像路径及对应标签。你仍然需要在图像上训练最终的模型，因为你希望模型对图像进行分类，并学习如何从 Inception 模型的原始标签转换到自定义标签。

1. 定义图像数据集

以下 C# 类定义了训练数据集中的典型数据行。如前所述，有两个字符串属性：

```
public class ImageData
{
    [LoadColumn(0)]
    public string ImagePath;

    [LoadColumn(1)]
    public string Label;
}
```

由于本次你可以依赖一个完全训练过的模型，因此数据集可以不必那么庞大。举例如下：

```
veggie.jpg          food
pizza.jpg           food
pizza2.jpg          food
teddy2.jpg          toy
teddy3.jpg          toy
teddy4.jpg          toy
toaster.jpg         appliance
toaster2.png        appliance
```

你可以使用数据目录上熟悉的 `LoadFromTextFile` 方法将此文件加载到管道中：

```
var mlContext = new MLContext();
var data = mlContext.Data.LoadFromTextFile<ImageData>(dataLocation);
```

就像如前所示的多分类示例一样，你需要将类别名称映射到独特的预测数字上。像 `ImageData` 类一样，要转换为数字的数据集列为 `Label`，映射的新列名称为 `LabelKey`：

```
// Add new column LabelKey with a numeric value for each distinct value in column Label
mlContext.Transforms.Conversion.MapValueToKey("LabelKey", "Label")
```

这只是数据转换过程的第一步。此步骤最重要的部分是添加所有必要的转换，以使 TensorFlow 模型能够正常工作。

2. 进行必要的图像变换

你正在构建的图像分类器本身无法处理图像，为了能够处理图像，它将依赖 Inception 模型库。但是要做到这一点，训练数据集还必须包含底层神经网络能够理解的格式的图像信息。

通过引用 `Microsoft.ML.ImageAnalytics` Nuget 包，你可以访问为 Inception 模型定制的三个评估器。由 `LoadImages` 方法完成的第一个转换向数据集添加一个名为 `input` 的新特性。然后通过其余估计器的链接操作来迭代地转换此列的内容：

```
// Create dedicated estimators for the Inception Model
var loading = mlContext
    .Transforms
    .LoadImages("input", _trainImagesFolder, "ImagePath");
var resizing = mlContext
    .Transforms
    .ResizeImages("input", InceptionSettings.ImageWidth, InceptionSettings.ImageHeight,  "input");
var extracting = mlContext
    .Transforms
    .ExtractPixels("input", InceptionSettings.ChannelsLast, InceptionSettings.Mean);
pipeline.Append(loading).Append(resizing).Append(extracting);
```

LoadImages 估计器使用 **ImagePath** 列的内容来定位图像，并将其位图加载到新的 **Input** 特征中。**ResizeImages** 估计器调整 **Input** 特征中位图的大小，**ExtractPixels** 估计器提取颜色信息。在链的末尾，最初添加的 **Input** 特征包含有关从 **ImagePath** 列指定的路径加载的图像的像素信息。最终效果如图 8-6 所示。

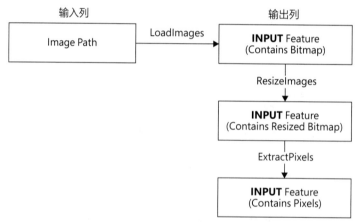

图 8-6   调用 Inception 模型的图像特定转换

8.4.3   模型的构建和训练

数据转换完成后，就可以为分类器构建训练基础设施了。首先需要将 TensorFlow 模型添加到 ML.NET 管道中，然后添加用于多分类的特定训练器。

1. 将 TensorFlow 模型添加到管道中

要导入的 TensorFlow 模型被保存为项目中的某个文件。要将它加载到 ML.NET 管道中，你需要知道路径并从 **Model** 目录中调用 **LoadTensorFlowModel** 方法：

```
mlContext
    .Model
    .LoadTensorFlowModel(inputModelLocation)
    .ScoreTensorFlowModel(new[] { "softmax2_pre_activation" }, new[] { "input" });
```

ScoreTensorFlowModel 方法通过传递输出列数组和一组输入列来调用先前加载

的 TensorFlow 模型。在特定示例中，每个数组由一列组成。输出列是 softmax2_pre_activation。输入列是 input。这两列构成了预先训练好的 TensorFlow 模型的输出和输入。通过 input，模型接收图像以进行处理，通过 softmax2_pre_activation，它返回神经网络的输出。

2. 重新训练 TensorFlow 网络

拥有自定义图像分类器的最后一步是获取 Inception 模型库的输出，并将其进一步用于实现你自己的目标。为此，你需要添加与前面看到的多分类示例相同的操作：

```
var trainer = mlContext
        .MulticlassClassification
        .Trainers
        .LbfgsMaximumEntropy("LabelKey", "softmax2_pre_activation");
var converter = mlContext
        .Transforms
        .Conversion
        .MapKeyToValue("PredictedLabelValue", "PredictedLabel"));

// Configure the pipeline
pipeline.Append(trainer).Append(converter).AppendCacheCheckpoint(mlContext);

// Train the model
var model = pipeline.Fit(dataView)
```

首先，你需要设置多分类训练器。在本例中，使用 LbfgsMaximumEntropy 算法。该算法采用它将用响应填充的列的名称。(它必须是一个键、数字列。) 它也使用将用作输入的特征的名称。在本例中，它将 TensorFlow 模型的输出作为输入。根据文档，该算法返回一个响应，该响应由名为 PredictedLabel 的索引和一个浮点值数组组成，每个浮点值指示任何可能类别的分数。这个属性被命名为 Score。不过只有类的索引是不够的，所以这就是调用 MapKeyToValue 将索引转换为字符串值的原因。最终，模型的响应可以映射到以下 C# 类：

```
public class ImagePrediction : ImageData
{
    public float[] Score;
    public string PredictedLabelValue;
}
```

在调用组合模型时，你将传递一个 ImageData 对象并接收一个 ImagePrediction 对象。

3. 测试模型

模型的评估与多分类遵循相同的规则。如果对模型的度量证明它可以很好地发挥作用，则可以使用以下代码查看它的实际效果：

```
// The variable "model" refers to the model trained on top of the TF model
var predictor = mlContext.Model.CreatePredictionEngine<ImageData, ImagePrediction>(model);
var prediction = predictor.Predict(imageData);
```

预测包含了分类结果和每个定义类别的百分比，如图 8-7 所示。

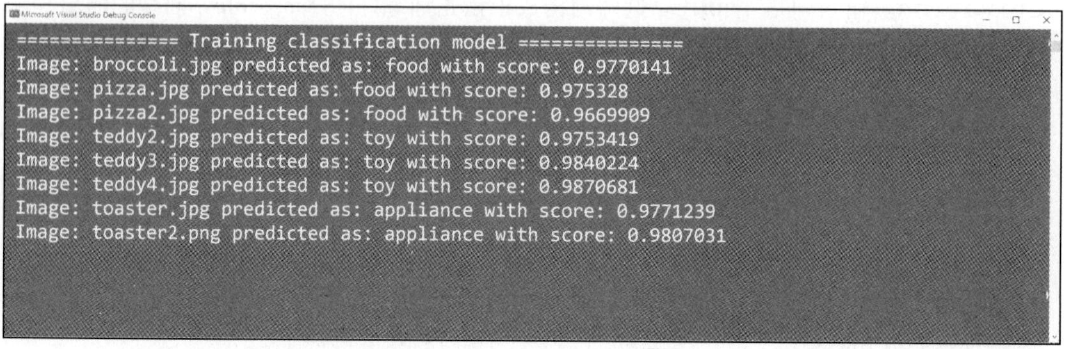

Microsoft Visual Studio Debug Console
=============== Training classification model ===============
Image: broccoli.jpg predicted as: food with score: 0.9770141
Image: pizza.jpg predicted as: food with score: 0.975328
Image: pizza2.jpg predicted as: food with score: 0.9669909
Image: teddy2.jpg predicted as: toy with score: 0.9753419
Image: teddy3.jpg predicted as: toy with score: 0.9840224
Image: teddy4.jpg predicted as: toy with score: 0.9870681
Image: toaster.jpg predicted as: appliance with score: 0.9771239
Image: toaster2.png predicted as: appliance with score: 0.9807031

图 8-7　运行中的图像分类器

8.4.4　关于迁移学习的补充说明

从零开始训练模型是实现目标最有效的方法。但是，对于那些需要神经网络的复杂场景，从零开始训练模型不仅成本高昂，而且还需要出色的技能。如果实际问题有一定的中间立场，那么迁移学习是一条通往成功的有趣且有力的捷径。

此处提供的示例表明，你可以使用一个现有的计算机视觉神经网络，并在其上构建自定义分类器。只需训练完整网络所需时间的一小部分（不需要专用硬件），就可以相当快地构建模型。

最后但绝非不重要的一点是，不管用于构建底层模型的技术是什么，迁移学习都是有效的。这意味着你的团队可以使用 Python 或 TensorFlow 开发任何复杂的模型，并且可以愉快地将其导入 ML.NET 生态系统中，也可以像在 . NET 应用程序中那样平稳地使用它。

8.5　本章小结

ML.NET 允许你向任何 .NET 应用程序添加机器学习。这意味着你可以直接在 .NET 代码中创建机器学习解决方案，并在另一个 .NET 应用程序中使用序列化模型。但是，这也意味着你可以采用一个用 TensorFlow 开发的模型，并将其无缝地合并到 .NET 客户端应用程序中。

在本章中，我们回顾了一些由 ML.NET 支持的机器学习任务示例。任务是为特定问题（如回归、二值分类、异常检测、排名、多分类和聚类）安排学习管道所需的一系列步骤。

学习管道并不局限于模型的准备和训练，它还包括度量和评估。你已经看到，在评估模型的质量和性能时，实际性能取决于需要解决的真正问题的性质。在下一章中，我们将尝试将样本从基本练习扩展到现实生活中的实际问题。

第三部分

浅层学习基础

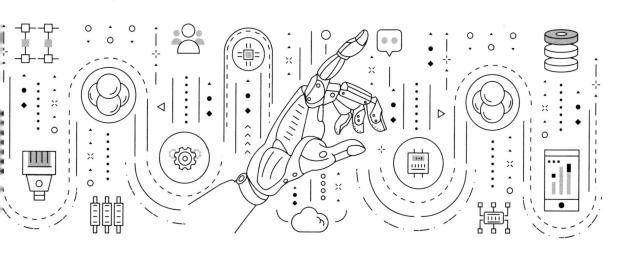

第 9 章

机器学习的数学基础

如果你的实验需要统计数据，那你应该设计一个更好的实验。

——Ernest Rutherford

（1908 年诺贝尔化学奖得主，核物理先驱）

太多的人，不管教育水平高还是技术水平高，都很难弄清机器学习是如何工作的。这种算法常常被想象成"deus ex machina"（拉丁语，意为"机器之神"），它突然出现在舞台上，解决剧情中看似无法解决的问题。在希腊悲剧中，使用机械装置将演员带到舞台上，让他们扮演某种神的角色，这就是"机器之神"这个名字的由来。

对很多人来说，机器学习算法就像魔术。而对于其他人来说，只要训练足够长的时间，机器学习算法就可以完成任何可以想象的魔法。机器学习算法远谈不上神奇或全能，但它们确实有某种超级能力，能让它们毫无来由地挖掘有价值的信息宝藏。

这就是数学尤其是统计学的魅力所在。

为了全面理解机器学习技术的现状，展望其未来的发展，非常有必要学习一些统计学的基础知识，以及一些微积分、数学分析和概率分析知识。

9.1　统计数据

在本章中，我们假设你使用的是数据集，即行和列的结构化集合。在这种情况下，行通常被称为观测值，列被称为特征。将原始数据（例如电子邮件）转化为表格数据集是另一个问题，我们将在第 19 章中通过具体示例进行处理。

特征具有自己独有的（相当高级的）类型系统，如表 9-1 所示。

表 9-1　特征类型系统

类型	说明
连续值	该特征可以接受给定范围内的任何（数）值。例如，一个机械装置的转速是一个连续值
离散值	该特征只能接受给定范围内的几个特定（数）值中的一个。例如，学校的等级是离散值

(续)

类型	说明
分类值	该特征从非数值集获取离散值。在软件术语中，分类值与枚举值相同。布尔值通常通过一对分类值来表示
基于文本的值	该特征采用描述性值。在软件术语中，基于文本的值是一个字符串，和字符串一样，可以表示上下文中任何有意义的信息（例如，颜色、状态、电子邮件、IP 地址）
时间标记	该特征表示一个特定的时间

该表仅仅是参考性的，因为有时必须对逻辑上跨两种类型的信息进行建模。例如，表示温度的特征可以是连续的，也可以是离散的。同样，颜色的准确表示取决于问题以及颜色在特定场景中所扮演的角色。

本章将重点介绍由数值组成的数据集。这是一个相对公平的操作，不会引入相关的一般性损失。分类数据总是可以通过一个简单的映射表用数字表示。相反，将字符串转换为数字稍微复杂一些，实际的解决方案通常会随着具体场景的不同而变化。在最简单的情况下，这是一个编码问题；在其他情况下（例如，情感分析），可能需要计算特定单词和子字符串出现的次数。

现在，让我们回到本章的主题。统计数据的核心是平均值（简称均值）、众数和中位数。

9.1.1 统计平均值

平均值是每个小学生最开始就学的知识。它是一个单一数值，表示一组数字的平均值，并试图对数据集的内容进行综合描述。平均值有三种经典的（也被称为毕达哥拉斯）类型。它们分别是算术平均值（Arithmetic Mean，AM）、几何平均值（Geometric Mean，GM）和调和平均值（Harmonic Mean，HM）。

1. 算术平均值

算术平均值是迄今为止最常用的平均值类型。它由数据集中所有的值的总和除以值的总数量得出：

$$M_a = \frac{1}{N} \sum_{i=1}^{N} x_i$$

对该公式进行重构以避免除法运算，具体方法就是使用系数 f 来表示每个值在数据集中出现的频率。重写后的公式如下：

$$M_a = \sum_{j=1}^{K} f_j x_j$$

注意公式中的符号 K 表示在大小为 N 的数据集中发现的不同值的数量。假设函数 f 表示每个元素的频率，具体计算方式为每个元素出现次数与数据集大小的比值。

加权平均值的概念更为笼统，可以用以下公式计算：

$$M_{aw} = \frac{\sum_{i=1}^{n} w_i x_i}{\sum_{i=1}^{n} w_i}$$

权重是一个用于衡量数据集中一个值的重要性的值，加权平均值是加权值的总和与所有权重的总和之比。加权平均值的主要思想是，通过给予某些值更大的权重同时减小某些值的权重从而计算数据集的平均值。

算术平均值与线性变换联系紧密，值 x 的线性变换 T 表示如下：

$$T(x) = ax + b$$

如果你知道（或计算）数据集中某个数值列的平均值，则只需对平均值应用相同的变换，即可快速获得该列的线性变换版本对应的平均值。换言之，可以用平均值代替该列，并对平均值应用同等有效的转换。

需要注意的一点是，算术平均值对异常值特别敏感，异常值就是与数据集中大多数其他值相比，看起来明显异常的值。较大的异常值会提高平均值，而较小的异常值则会降低平均值。

2. 几何平均值

与基于 N 个数字的和的算术平均值相反，几何平均值试图使用乘积来描述数据集的趋势。几何平均值定义为 N 个数乘积的 n 次方根：

$$M_g = \sqrt[n]{\prod_{i=1}^{N} x_i}$$

几何平均值存在几个小问题。

首先，只要数据集中包含一个 0，则整个数据集的平均值为 0。其次，几何平均值只有在正数情况下才可计算，而且值较小的数要比值较大的数对几何平均值的影响大。例如，一个较小的异常值可以使最终平均值显著下降。

此外，算术平均值始终大于或等于几何平均值，当且仅当值的集合是由重复 N 次的单个数值构成时，两者才相等。

3. 调和平均值

调和平均值定义为单个值的倒数的算术平均值的倒数。听起来似乎很复杂，但它可以简单地表示为以下公式：

$$M_h = \frac{n}{\sum_{i=1}^{n} \frac{1}{x_i}}$$

调和平均值看起来很像算术平均值，但与算术平均值相比，它受小异常值的影响比受大异常值的影响要大得多。

通常，调和平均值是毕达哥拉斯平均值中最小的。实际上，只要数据集中所有正值有一对不相等的值，那么该数据集的调和平均值就是三个中最小的。事实表明，算术平均值通常最大，而几何平均值介于两者之间。

9.1.2　统计众数

在统计学中，众数是指在数据集中出现频率更高的值（或多个值），这也意味着众数是频率最高且被采样的概率最高的值。具有出现频率最高的两个（三个）值的数据集称为双峰（三峰或多峰）。但是请注意，多个众数值可能是值过于稀疏和同质性有限的征兆。

1. 集中趋势度量

类似于平均值和中位数，众数是集中趋势的度量，因此，它不能通过位于数据集开头的值来有效地表示。集中趋势的度量表示数据集的典型值（或中心点），因此，当众数值与数据集中的第一个值（或最后一个值）一致时，通常将其忽略。

人们认为，集中趋势的度量只有将其放在数据分布的中间并给出其数量级时才有意义。

2. 众数的图形表示

例如，考虑以下数据集：

17, 12, 12, 21, 33, 21, 21, 12

数据集中出现频率最高的数字是 12 和 21，出现了三次。因此，数据集是值的双峰分布，两个众数分别为 12 和 21。数据集的算术平均值是 18.625。

即使只有 8 个数据，也很难一下子就找出最常见的值。因此引入数据集的替代表示形式，以快速发现频率更高的值。其中最常用的是直方图，如图 9-1 所示。

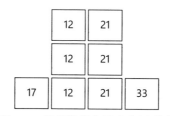

图 9-1　示例数据集的直方图形式

直方图类似于条形图，但在一个关键方面有所不同：条形图是显示数据集中两个变量之间关系的一种方式，直方图显示的则是单一特征的数据。初始值显示在 X 轴上，而不同值的频次显示在 Y 轴上。图 9-2 给出了模态分布和双峰分布的两个样本直方图。

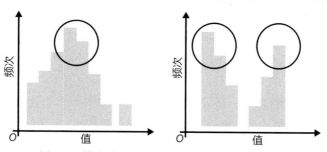

图 9-2　模态分布和双峰分布的两个样本直方图

9.1.3 统计中位数

中位数的定义理解起来很容易，它是将一个特征分成两半的值，这两半是小于中位数的值（左尾）和大于中位数的值（右尾）。

更准确地说，中位数就是一个数，这组特征中的一半数值比这个数小，另一半比这个数大。

1. 累积分布函数

为了理解中位数，我们需要引入累积分布函数（Cumulative Distribution Function，CDF）的概念。函数 CDF(x) 表示特征具有介于最小值和 x 之间的值的概率（从技术上讲，是累积频率）。CDF 用于寻找中位数，当返回值为 50 时就找到了中位数。图 9-3 在特征栏中提供了中位数的图形表示。

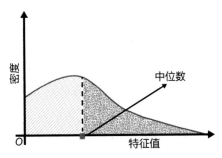

图 9-3   中位数左右的面积相等

中位数是分布的中心，这个概念可能对于纯数字来说很容易表示，但对于特征中可能具有的其他类型的数据就不容易理解了。

数字值更容易计算中位数的原因在于，可以很容易地对数字进行排序。对于数字特征，通过对数字排序，找到能将序列切成两个同等大小的两部分的数值，该数值即为中位数。如果特征总数为偶数，那么中间就会有两个数字。在这种情况下，你只需选取两者并返回它们的算术平均值。例如，假设有以下 8 个数字：

12, 12, 12, 17, 21, 21, 21, 33

中位数是 17 和 21 的算术平均值，即 19。

2. 中位数的性质

中位数比平均值更鲁棒，因为中位数受异常值影响很小。但其不足在于一次只能定义一组特征的中位数，而一次可以为任意数量的特征定义平均值（尤其是几何平均值）。当涉及信息内容及偏斜数据的弹性时，平均值、众数和中位数显示出不同的性质。

- ❏ 众数提供的信息量较少，因为它不是由数学计算产生的。但它对异常值不敏感，因此显示出显著的鲁棒性。

❑ 平均值受异常值影响较为严重，因此鲁棒性欠佳，但它提供的信息量较大。实际上，平均值经常用于填补数据集中的缺失数据（特别是时间序列数据集）。

❑ 就信息量和鲁棒性而言，中位数正好位于平均值和众数的中间。

值得注意的是，在平均值、众数和中位数恰好重合的地方存在一个特定的数据分布，这种数据分布被称为高斯分布或正态分布，如图9-4所示。

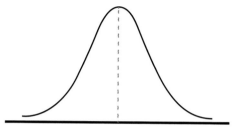

图 9-4 高斯分布的表示

3. 四分位数

中位数将特征分为两部分。另一种常用的分解特征的方法是使用四分位数。四分位数将特征分成三个密度相等的部分。中位数最终是第二个四分位数。

第一个四分位数的值使得特征中某个数字落在其左边的可能性高达25%。第二个四分位数（或中位数）的值使得数据集中某个数字落在它左边的可能性为50%。最后，第三个四分位数的值，使得数据集中的数字正好落在它右边的可能性同样高达25%。如图9-5所示。

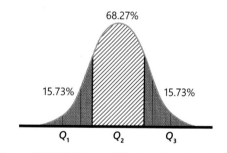

图 9-5 围绕数据正态分布呈现的三个四分位数

四分位数以非常直接的方式传递信息。四分位距通常用来表示第一个四分位数和第三个四分位数之间的差异，该差异对应第二个四分位数或中位数的面积。

9.2 偏差和方差

基本的统计工具（例如平均值、众数和中位数）可以提供特征数量方面的足够信息，但是这些工具都无法说明特征中各个值的分布情况。

一个常见的问题是：实际值与平均值相差多少？这个问题与机器学习建模有关，因为它表明了在用估计值逼近有效值时可能引起的误差值。

处理实际值与平均值之间距离的数学工具是方差。

9.2.1 统计学中的方差

用严格的统计学术语来说，方差是衡量数据集中的实际值与平均值之间差距的值。在更广泛的机器学习范围内，方差度量的是模型基于实际生产数据预测的值与模型基于训练数据预测的值之间的距离。换句话说，方差是评估训练模型优劣的主要工具。

1. 差量的形式

方差是误差的一种度量形式。具体来说，误差表示特征中的值与其平均值之间的距离。接下来了解下测量距离的不同方法。

测量特征差量的第一种方法是计算最大值和最小值之差，然后除以2：

$$D = \frac{X_{\max} - X_{\min}}{2}$$

最小值与最大值之间的简单差值也可以称为值域：

$$R = X_{\max} - X_{\min}$$

这两种差量形式都不是特别精确。一种更好的测量方法是平均绝对偏差：

$$\overline{|X - \tilde{X}|} = \frac{1}{N} \sum_{i=1}^{N} |X_i - \tilde{X}|$$

在公式中，$\tilde{X}$ 表示特征 X 的算术平均值，X_i 表示特征的第 i 个元素。总体而言，该公式计算单个误差绝对值的算术平均值。在这种情况下，误差是实际值与整个特征的平均值之间的距离。需要注意的是，取绝对值对于避免符号平衡不同的误差至关重要，可以避免产生错误的信息。

2. 方差和标准差

方差的概念更进一步，就是用平方值代替误差的绝对值，特征 X 的方差公式如下：

$$\mathrm{Var}(X) = \frac{\sum_{i=1}^{N} (X_i - \tilde{X})^2}{N}$$

特征 X 的方差也称为 σ_x^2。使用误差平方可以带来两个好处。首先，由于小数字的平方较小，因此减少了小误差的影响。其次，从纯数学的角度来看，有利于获得一个更易处理的对象。（函数"绝对值"至少在一个点上不可微，可微性有助于最小化函数。）

此外，通过取方差的平方根，可以得到标准差：

$$\sigma_x = \sqrt{\frac{\sum_{i=1}^{N} (X_i - \tilde{X})^2}{N}}$$

总之，方差是对一列数据与其平均值之间的距离的估计。这个基本定义足以使方差在数据分析中占据中心地位，而机器学习只是数据分析的最终产物。

> **公式之间的差别**
>
> 很多统计学书籍提供的标准差公式可能略有不同，主要区别在于分母上可能为 $N-1$：
>
> $$\sigma_x = \sqrt{\frac{\sum_{i=1}^{N}(X_i - \tilde{X})^2}{N-1}}$$
>
> 使用 $N-1$ 的一个重要原因是：在统计学中，你总是只使用数据样本，而绝不使用所有可能的数据，因此在公式中使用较小的分母会增加标准差，从而增加不确定度。为什么是 −1 而不是 −2 呢？答案需要更深入的统计数据。从技术上讲，最简单的答案是只有 $N-1$ 才能得到无偏估计量。
>
> 此外，值得注意的是，在 $N=1$ 的边缘情况下，由于特征是由单一值构成的，故无法计算标准差。这其实是非常合理的。其原因是，由于数据的严重缺乏，你处于完全不确定的情况下。
>
> 实际上，在数据集非常大的情况下（例如机器学习中的情况），N 或 $N-1$ 没有任何明显差异。

此时，一个有趣的问题是：为什么我们要使用算术平均值来计算差量，而不是使用中位数？算术平均值有一个有趣的特性，可以总结为如下公式：

$$\sum_{i=1}^{N}(X_i - M_a) = 0$$

所有误差的总和（即特征值与平均值之间的差）等于 0。从这里，你可以发现以下函数在 $c=M_a$ 时最小：

$$\sum_{i=1}^{N}(X_i - c)^2$$

换言之，算术平均值使误差之和最小，同时也使标准差最小。

3. 期望值

定义方差的另一种方法是借用期望值的概念。期望值不只是算术平均值。表达式 $\mathbb{E}[X]$ 表示特征 X 的期望值。因此有

$$\mathbb{E}[(X-\mathbb{E}[X])^2]$$

这是一个等效的方差公式，该公式使得方差的计算更加容易。实际上，这个公式也可以写为：

$$\sigma_x^2 = \mathbb{E}[X^2] - \mathbb{E}[X]^2$$

实际上，在这种情况下，可以通过简单地计算特征的平均值并进行几次平方运算而无须计算误差和取平方根来获得方差。

9.2.2　统计学中的偏差

一般来说，偏差指的是在评估过程中有利于或不利于被评估实体的任何不合理因素。事实上，有偏差的判断被认为是不公平的，因为它被认为具有潜在错误。在统计学中，也是如此。

1. 估计量和偏差

特征 X 的估计量 $\hat{X}$ 是能够基于一些观察到的数据来预测特征的值的函数。估计量的偏差是预测值与实际值之间的误差：

$$\text{Bias}[\hat{X}] = \mathbb{E}[\hat{X} - X] = \mathbb{E}[\hat{X}] - X$$

因此，估计量的偏差是预测值和特征值之差的平均值。从理论上讲，这个误差可能为零，但在实际中这永远不会发生。

2. 均方误差

让我们看看另一个概念——估计量的均方误差（Mean Squared Error, MSE），其公式为：

$$\text{MSE}[\hat{X}] = \mathbb{E}[(\hat{X} - X)^2] = \frac{\sum_{i=1}^{N}(\hat{X}_i - X_i)^2}{N}$$

它不是和方差一样吗？估计量的方差用于度量预测值与平均值之间的距离。相反，MSE 测量的是预测值与真实特征值（也称为真实参数）之间的距离。

最后，MSE 取决于方差和偏差。它也可以用以下公式计算：

$$\text{MSE}[\hat{X}] = \text{Var}[\hat{X}] + \text{Bias}^2[\hat{X}]$$

注意，在估计量无偏的情况下，MSE 和方差是一致的。

9.3　数据表示

统计分析的最终结果是提供观察数据的（重要）总结。常见的表示数据的方法有如下几种：
- ❏ 五位数总结
- ❏ 散点图
- ❏ 多维分析

9.3.1　五位数总结

顾名思义，五位数总结就是从特征中收集到的五个相关统计信息的集合。它们分别是：

- ❑ 特征中的最小值
- ❑ 第一个四分位数的值
- ❑ 中位数（第二个四分位数的值）
- ❑ 第三个四分位数的值
- ❑ 特征中的最大值

这五个数字可以让分析人员立即了解两个
数据集，并且可以一目了然地比较两个或多个
数据集。五位数总结通常以图形方式呈现，称
为箱形图。

箱形图如图 9-6 所示。

使用箱形图，可以直观地比较两组特征的
相关情况，无论是同一数据集中两组不同特征
的值，还是同一来源不同数据集在不同时刻的
相同特征值。图 9-7 比较了两个箱形图。

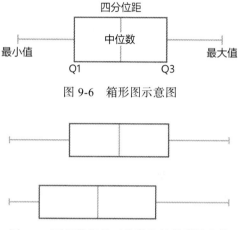

图 9-6 箱形图示意图

图 9-7 两组特征的五位数总结箱形图比较

9.3.2 直方图

直方图是数值数据分布的表示，是不同高度的条形的并集的结果。每个条形代表一个
值的范围，用高度衡量该范围内的值的密度。

直方图通常用于对单个特征的值执行单变量分析，在这种情况下，X 轴表示特征的值，
Y 轴表示每个值的频次。同时直方图也可以用于呈现数据集中两个特征之间的关系，在这种
情况下，X 轴取一个特征的值，Y 轴取另一特征的值，这是多变量分析。例如，在房地产中，
可以使用直方图，其中 X 轴表示面积，而 Y 轴表示价格，如图 9-8 所示。

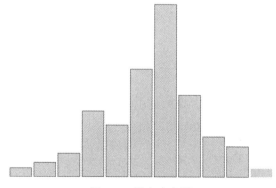

图 9-8 样本直方图

如果表示的变量取连续的值，则直方图将变成一条曲线。如果值是离散值，则直方图
会变成条形图。

最高条形的布局决定了直方图的对称性。直方图中最高的条形越多，则直方图就越平衡，平均值就越接近中位数。这样的直方图是对称的。否则，直方图就会左偏或右偏。如图 9-9 所示。

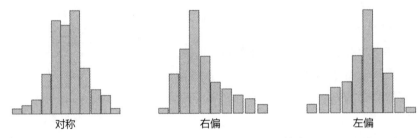

图 9-9　样本直方图的对称性和偏态

直方图具有对称系数，该系数由一个众所周知的公式得出（但在这里我们不对公式进行解释）。有趣的是公式对于给定的直方图可能返回的值。如果值在 −0.5 ~ 0.5 之间，则认为直方图（以及随后表示的特征中值的分布）是对称的。如果系数在 −1 ~ −0.5 之间，则认为右偏，如果系数在 0.5 ~ 1 之间，则认为左偏。在 −1 和 1 之外，该分布被认为是严重偏态的。

9.3.3　散点图

如果笛卡儿平面中的对数不是很大，则直方图是一种有效的选择；否则，最好使用其他类型的图，例如散点图。

散点图在笛卡儿平面中呈现了两个观测变量（即两个特征）同时获得的所有可能值 (x, y) 的组合。在大多数情况下，创建散点图是为了了解呈现的变量是否相关。这种相关性可能是正的，即当一方增长时，另一方也增长，也可能是负的，在这种情况下，一个变量增大时另一个变量减小。这两个变量也可以是独立的，这意味着它们各自的值之间没有相关性。

下式定义了两个特征 X 和 Y 的协方差：

$$\mathrm{Cov}(X, Y) := \sigma_{X,Y} = \frac{\sum_{i=1}^{N}(X_i - \tilde{X})^2(Y_i - \tilde{Y})^2}{N}$$

协方差是特征 X 和特征 Y 的平方误差乘积的均值，这个值给出了两个变量如何组合的概念。以下公式定义了两个特征 X 和 Y 间的相关性：

$$\mathrm{Corr}(X, Y) := \rho_{X,Y} = \frac{\mathrm{Cov}(X, Y)}{\sqrt{\mathrm{Var}(X)\mathrm{Var}(Y)}}$$

协方差度量两个特征值之间（线性）关系的强度和方向。如公式所示，相关性是协方差的函数。结果表明，一个特征与自身的协方差总是为 1，而两个完全独立的特征的协方差等于 0。直观地说，协方差越大，一个特征的值就越有助于预测另一个特征的值。

> **注意：** 两个完全独立的变量的概念并不完全准确。更准确地说，两个随机独立变量的协
> 方差为 0。随机是指一个变量的概率分布可以通过统计数据进行分析但无法被准确预测
> 的属性。

9.3.4　散点图矩阵

从技术上讲，散点图并不局限于一对变量。例如，使用不同颜色的图形，可以在同一个图表中呈现多个变量。但是，如果你想探究三个或更多变量之间的相关性，该怎么办呢？

对于三个变量，你可以尝试借助特别的软件程序在 3D 空间中进行渲染。如果变量超过三个，问题就更复杂一些。一种解决方法是在常规的 3D 空间中呈现出前三个变量。然后将其余变量的值转换为某种标量，从而产生颜色的阴影。颜色被视为第四个维度，其值汇总了所有其他变量的值。

另一种解决方法是使用散点图矩阵。

假设有 K 个变量需要呈现，首先构建一个 $K \times K$ 矩阵，并在第 n 行上放置第 n 个变量与所有其他变量的组合值。对角线上的对被跳过，因为它们绘制的是每个变量与自身的关系，如图 9-10 所示。

变量 V_1 - V_1	变量 V_1 - V_2	变量 V_1 - V_3	变量 V_1 - V_4	变量 V_1 - V_5
变量 V_2 - V_1	变量 V_2 - V_2	变量 V_2 - V_3	变量 V_2 - V_4	变量 V_2 - V_5
变量 V_3 - V_1	变量 V_3 - V_2	变量 V_3 - V_3	变量 V_3 - V_4	变量 V_3 - V_5
变量 V_4 - V_1	变量 V_4 - V_2	变量 V_4 - V_3	变量 V_4 - V_4	变量 V_4 - V_5
变量 V_5 - V_1	变量 V_5 - V_2	变量 V_5 - V_3	变量 V_5 - V_4	变量 V_5 - V_5

图 9-10　5×5 散点图矩阵示例

9.3.5　以适当的比例绘图

所有图表都有助于可视化地发现对称、异常以及隐藏的依赖关系。当然这些关系也可以通过分析得到，但常言道，一图胜千言。

在绘图时，值的比例至关重要。假设一个列中的值间隔非常大，比如 10 000、300 000、

1 000 000，或可能是数亿。最后的图表可能无法适合任何显示器显示，即使它真的能显示，也可能几乎无法理解。

解决这个问题的恰当方法是使用对数或半对数比例。

通常，绘制的图遵循线性比例，这意味着 X 轴或 Y 轴上的点是均匀分布的，也就是 1 和 10 之间的距离与 101 和 110 之间的距离相同。相反，在对数比例中，点跟随对数函数的值，最常见的是 log10 函数。具体地说，x 的值被表示为 log(x)。

值 1 表示为 log(1)，即 0。值 10 表示为 log(10)，即 1。更有趣的是，50 的值被表示为 log(50)，即 1.69，如图 9-11 所示。

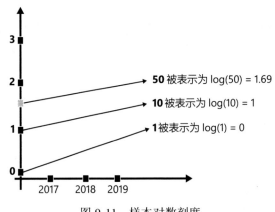

图 9-11 样本对数刻度

简而言之，对数刻度将大范围的数值映射到很小的范围，从而使绘图更加容易和可操作。

9.4 本章小结

机器学习没有任何魔力，只是利用了统计学背后的力量。在本章中，我们仅仅介绍了数学（和统计学）的基础知识，它为机器学习和数据分析提供了基础。

我们首先回顾了一些基本工具，如各种平均值、众数和中位数。接着讨论了方差和偏差，并介绍了以可视化方式表示数据集内容的工具：五位数总结、箱形图、散点图和散点图矩阵等。

下一章将介绍对评估机器学习模型有用的一些度量标准，比如数据归一化、正则化和混淆矩阵。

第 10 章

机器学习的度量

年轻人，在数学里你从来不是试图理解东西。你只需要习惯它们就好了。

——约翰·冯·诺依曼

机器学习的核心是设计并建立一个软件模型，该模型可以在给定输入数据的情况下预测结果。与其他经典软件的关键区别在于，机器学习模型背后的软件不会遵循一套预先确定的逻辑路线。机器学习模型背后的软件在给出结果的意义上是不透明的，而且生成结果所采取的步骤也是不可见的，并且不能解释为规范例程的源代码。

你可以将机器学习模型视为一个数学函数，它将输出作为预测，并且你希望生成的输出与预期输出之间的距离最小。因此，机器学习的主要挑战是建立一个能产生最小误差输出的模型（即数学函数）。

在前一章中，我们介绍了一些与机器学习相关的统计工具和技术。大多数所谓机器学习的"魔力"是基于统计学的。但是统计学和机器学习之间的界限在哪里呢？它们是同一件事吗？一个包含另一个吗？

让我们进一步了解从统计学到机器学习模型的步骤，以及如何最终评估模型的优点。

10.1　统计学与机器学习

首先最重要的一点是，虽然统计学和机器学习严格相关，但它们不是同一件事，就像数学和物理不是同一件事，但却紧密相连一样。在大多数情况下，机器学习源于统计学，但是机器学习的进一步发展也为统计学注入了新的能量，这与过去从物理学（具体来说，是对热传导的研究）的一些观测发展为数学研究的一个全新领域（具体来说，是傅里叶分析）的方式非常相似。

尽管如此，统计学和机器学习在各自的最终目标上是截然不同的。

10.1.1　机器学习的最终目标

统计学的最终目标是学习一些输入数据的属性。统计推断实际上就是数据分析的过程，其目的是找出现有数据段之间隐藏的关系。理解这些关系是统计学的真正目标。尽管预测未来数据并不是统计学声明的公开目标，但一旦推断出潜在的模型，未来数据的预测也就顺理成章了。

机器学习则有着另一个不同的最终目标。

1. 充分理解数据的有效预测

机器学习的最终目标是做出预测。预测必须尽可能准确，并且只能在现有数据的基础上进行。那么这与统计学有什么区别呢？在某种程度上，理论和实践的区别是一样的。

统计学是关于建立解释现有数据的理论模型的。机器学习则是建立一个实用的能够做出足够好的预测的模型。模型不一定是完美的理论模型，它只需要足够好地进行预测即可。

在统计学中，研究人员对具有许多特征的源数据集进行研究。对整个数据集进行剖析，找出特征之间的关系。研究人员只是偶尔对源数据集之外的数据进行测试。在机器学习中，事物以一种截然不同的方式运行。

在机器学习中，模型是基于源数据集的一个被称为训练集的子集进行训练的。对创建的模型进行训练，根据从训练集推导出的关系进行预测。源数据集的其余部分（测试集）用于验证模型的有效性。因此，机器学习的最终目标是在训练集（简单的）和测试集（不那么简单的）上做出好的预测。

2. 足够好的预测

机器学习模型是一个接收数据并返回预测值的黑盒。它不像统计学那样是一个开放且透明的数学盒子，而是一个不透明的、复杂的（在某种程度上，甚至是不可理解的）并最终能够学会做出足够好的预测的盒子。有时机器学习模型是有效的。当它工作得不够好时，可以通过参数微调对其进行修复。这意味着在不清楚为什么增加（或减少）给定值会产生给定结果的情况下，实际上是在黑暗中尝试。

本章的重点是通过综合实践来衡量机器学习模型的性能。换言之，在本章中，我们将通过综合实践来确定你从模型中得到的预测是否足够好。

一般来说，我们将使用机器学习算法这一术语来表示生成预测模型的步骤序列。在这方面，模型是特征估计器概念的实现，正如你在上一章中看到的那样。需要注意的是，特征的估计器是能够根据一些观测数据预测特征值的函数。

> **注意**：机器学习的现状是它能够起作用，不过它为什么起作用还不完全清楚。但这并不是纯粹的魔术，也不需要一个连贯的、完全确定的统计模型。也许，机器学习的真正理论基础更多地是混沌理论，而不是统计学，但还没有人为这一推测找到具体的证据。

10.1.2 从统计模型到机器学习模型

机器学习模型用数学函数表示。此函数从训练集中获取输入值，返回的结果必须与测试集的预期值（在监督学习的情况下）一致，在无监督学习的情况下必须与用户的预期一致。

为了进一步了解这个数学函数的性质，让我们从训练集中特征之间的关系开始。有两类关系：简单的和不那么简单的。

1. 简单的关系

在一个完美的世界中，两个特征 X 和 Y 之间的关系是恒定的，没有不可控的因素，也不会产生误差。这种关系用函数 f 表示：

$$Y=f(X)$$

函数 f 是应用于 X 的数学变换。但在现实世界中，情况是不同的。首先，也是最重要的一点是，在现实世界中，几乎没有只有两个特性的简单关系。事实上，大多数情况下，一个适当的问题解决方案所涉及的特性数量远远大于两个。

因此我们必须猜测 f 的正确公式，于是可以使用统计方法逐步逼近它。（这就是通过类似下一章开始讨论的那些算法所做的事情。）此外，在现实世界中，f 的方程中还有一个附加项 E 表示误差。误差由可约误差和不可约误差两部分组成：

$$Y=f(X)+E$$

因此，机器学习提供的并不是完全描述数据集中特征之间关系的理想函数 f，而是对它的估计。可约误差是理想函数 f 与其估计值不匹配而产生的误差。通过改进估计器函数的组成，可以减小理想函数返回的值与其近似值之间的差距。

2. 不可约误差

不可约误差的来源很微妙。不可约误差是由于 X 不能完全决定 Y，也就是说，特征 Y 主要由 X 决定，但也有一些其他变量（在 X 之外并且独立于 X）仍然影响着 Y。不可约误差不能通过模型的逐次逼近来减少，而只能通过识别这些影响因素并使其成为训练集的一部分来减少。

让我们通过一个具体的场景来说明不可约误差的影响。

假设你正在开发一个模型来估计某些药物的不同剂量对患者的影响。数据集将包含不同药物的不同剂量对应的患者健康参数的预期特征。那么，特定病人的健康指标是绝对可靠的吗？如果病人的测量参数被不可控的情况（如过敏）改变了呢？记录的健康参数是可靠的，但它们可能不能完全由所服用的药物决定。正如你所看到的，在真实世界的关系中隐藏着许多不确定性：测量误差、对多个特征的依赖、无法控制的条件。

一个不可约误差只有在它的来源被清楚地识别并作为一个特征合并到数据集中时才能被消除。除此之外，你能做的最好的事情就是专注于可约误差。

3. 复杂的关系

如前所述，永远不会有只有两个特性的关系。大多数情况下，关系用下面的公式表示：

$$Y \approx f(X1) + f(X2) + f(X3) + f(X4) + \cdots$$

注意公式中使用符号≈代替更常见的等式符号=。按照惯例，符号≈已经是某些非零误差的指示器。换句话说，Y 几乎完全由作用于 $X1$ 和许多其他特性的函数 f 决定：

$$Y \approx \alpha X1 + \beta X2 + \gamma X3 + \delta X4 + K$$

如你所见，在本例中，特征 $X1$ 到 $X4$ 均乘以一个系数（用希腊字母表示）。此外，公式中还有一个常数项 K，可以为零，但不是误差。为了简单起见（并具有良好的图形呈现），让我们考虑两个特性之间的线性关系。用一条直线表示：

$$Y \approx \alpha X1 + K$$

图 10-1 展示了前面函数的一个示例图表。

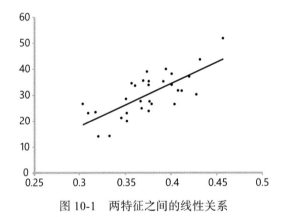

图 10-1　两特征之间的线性关系

很容易发现误差，因为并非所有由 X 和 Y 之间的关系产生的点都在直线上。不过这条直线清晰地显示了 X 和 Y 之间关系的发展趋势。因此，为了减少误差，你需要找到一条更好的拟合线（通常是一个不同的函数），它收集了最多的点。在此过程中，你甚至可以对公式的常量元素（α 和 K）进行操作并修改直线的斜率。

然而，并不是所有的关系都像上面那个关系那样是线性的。

实际上，在很多实际情况中，你需要处理多项式关系甚至指数关系。例如，贷款复利的动态用指数关系表示。再比如有些关系取决于角度，依赖于某些三角函数，如正弦和余弦。

10.2　机器学习模型的评价

如果精心设计的机器学习模型并没有你想的那么精确呢？精确到底是什么意思？对于图 10-1 而言，"精确"的自然定义就是使直线尽可能接近所有绘制点。但是能否把这条直线弯曲成一条与所有绘制点接触的曲线呢?

10.2.1 从数据集到预测

一般来说,上述问题的答案是肯定的,但是扭曲模型(示例中的直线)使其盲目地与给定的训练数据集(示例中的点集)拟合并不是一个好主意。

> **注意**:直线就是一条至少连接两点的简单直线。能把这条线画的更复杂些,使它接触到给定集合中的所有点吗?你可以使用多项式插值并生成一个接触固定数目的不同点的多项式。例如,拉格朗日多项式是给定特征 X 的最低阶多项式。

1. 线性和非线性模型

机器学习的最终目的是研究一种通过观察其他特征来预测感兴趣特征的值的方式。可能你还希望最终的模型能够有效地从以前从未见过的输入特征中预测一个结果。

用直线表示的线性模型是一个简单的模型,只适用于少数情况。实际应用中所涉及的特征的数量通常比你在一条直线或一个多项式中看到的两个相关特征要多。你无法仅仅根据照射或温度准确地预测降雨量。对于一个能够准确预测降雨的模型来说,还需要考虑更多的变量。

很多时候,因为要处理的问题本质上是复杂的,取决于多个变量和(线性和非线性)变量的多种组合,所以采用线性模型并不合适。

2. 处理数据集中的噪声

为了评估机器学习模型的性能,必须仔细考虑隐藏在用于训练模型的数据中的噪声。我们必须面对这个现实:所有来自真实世界的数据都是脏的。在这种情况下,"脏"意味着数据包含来自随机源的不可约的错误,例如测量误差和不可避免的影响因素。

有时,改进模型使其更好地拟合可用的数据只是使其能更好地拟合数据集内嵌的固有噪声。这一点才是你体验统计学和机器学习之间真正区别的地方。在机器学习中,你只需要做出可靠的预测。为了实现这一点,你需要一个模型,以某种方式,从提供的示例中学习。但是在实际生产中,该模型可能永远不会在它所训练的相同数据集上工作。为了使模型更拟合训练集(不可避免地填充了脏数据),对其进行不断的调整,调整越多,就越能了解特定数据集中的噪声。但这样得到的模型并不能在实际生产中表现良好,因为噪声在不同的数据集上是不同的。

换句话说,数据中的噪声不属于理想情况下希望模型捕获的特征间的内在关系。

> **注意**:请记住,机器学习模型只能捕获数据中存在的关系。与此同时,在某种程度上它还可以识别不存在但能给出可靠预测的数据之间的关系。

10.2.2　测量模型的精度

机器学习模型的精度指的是模型生成的结果与预期结果之间的距离。数据集被分为两个子集。一部分数据用于训练模型，另一部分用于测试模型的性能。模型的精度取决于模型在测试集上的工作方式。问题是，如果在训练数据集上对模型进行过多的调整，就可能会面临模型无法对以前从未见过的数据进行可靠预测的风险。

为了测量模型预测结果与预期结果之间的距离，可以使用 MSE。MSE 越小，模型越精确。如前所述，MSE 取决于方差和偏差。

1. 偏差和方差的权衡

当使用一个模型对真实关系进行近似时，就会引入偏差。模型的偏差是在应用数据集中发现的预测值和实际值之间的误差的平均值。相反，模型的方差度量的是预测与应用数据集中的平均值相差有多远。为了测量精度，首先计算训练集上模型的 MSE。如果它足够小，则继续评估模型，测量它在测试数据集上的精度。期望测试数据集上的 MSE 与训练数据集上的 MSE 尽可能相似，并尽可能接近 0。

实际上，根本不能保证一个在训练数据上具有较低 MSE 的模型在测试数据集上也具有较低的 MSE。如果一个模型吸收了太多的训练数据集（及其噪声），则该模型可能无法在新的数据集（如测试数据集）上泛化其行为。图 10-2 展示了偏差和方差是如何随模型的复杂性（或灵活性）的增长而变化的。

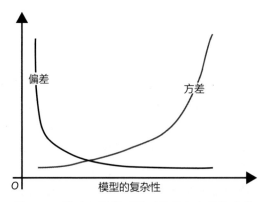

图 10-2　描述机器学习模型偏差和方差的曲线

为了减少偏差，可以增加模型的复杂性（或灵活性）。从本质上讲，这意味着你向模型添加了细节，使其更接近训练集。但是这样做会增加模型的方差，因为模型吸收了太多训练数据集的细节，而且在对不同数据集（如测试数据集）进行预测时可能会失败。

图 10-2 显示，在不增加方差的情况下，仍有增加灵活性的空间。训练的本质是让模型了解数据。然而在某种程度上，过多的灵活性会使方差增大，导致爆炸。所以最终需要在偏差和方差之间找到一种平衡。MSE 图可以反映这一点（如图 10-3 所示）。

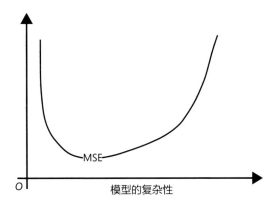

图 10-3　由先前的偏差和方差曲线所产生的 MSE

如前所述，MSE 可以计算为方差和偏差平方之和。鉴于此，图 10-3 展示了 MSE 曲线。你主要对测试数据集的 MSE 感兴趣。实际上，可以假设训练数据集的 MSE 足够好；否则，你也不会继续测试模型。找到偏差和方差之间的平衡点在于最小化 MSE 函数。

2. 欠拟合和过拟合

如果模型在训练数据集上返回的偏差过高，那么这个模型并不是一个拟合的模型。只要预测的结果是错误的，就意味着这个模型也是错误的，大多数情况下，是由于模型过于简单。你需要更改特征或更改算法。在文献中，这种情况被称为欠拟合。

如果模型在训练数据集上具有良好偏差但方差较大，则该模型是一个不够通用的且拟合了过多训练数据的模型。由于无法捕获数据之间的潜在关系，算法也不是一个拟合的算法。文献中，这种情况被称为过拟合。当模型的测试 MSE 远高于训练 MSE 时，就会发生过拟合。

简而言之，只要你能控制方差，就可以增加复杂性。当方差爆炸时，模型不再可靠。欠拟合和过拟合之间理想的平衡就是良好的偏差和方差的权衡。如图 10-4 所示。

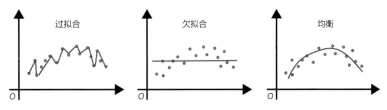

图 10-4　过拟合、欠拟合和均衡情况的对比

3. 分类与混淆矩阵

当你期望从模型预测一个基于连续范围的值的特征时，权衡偏差和方差是非常有效的。相反，如果你的问题是分类问题，所需要的只是确定一个给定的样本属于哪个类别，在这种情况下，可以使用一个不同的工具——混淆矩阵，来评估模型的精度。

让我们看看混淆矩阵是如何在一个简单的场景中工作的，以二进制分类为例。在本例中，希望模型进行二值预测：真（True）或假（False）。总体来说，有四种可能性：

❑ 模型正确地将样本分类为阳性，这是一个真阳性（True Positive，TP）情景。

❑ 模型错误地将样本分类为阳性，这是一个假阳性（False Positive，FP）场景。

❑ 模型错误地将样本分类为阴性，这是一个假阴性（False Negative，FN）场景。

❑ 模型正确地将样本分类为阴性，这是一个真阴性（True Negative，TN）情景。

可以将结果表示为一个 2×2 混淆矩阵，如图 10-5 所示。从这里开始就生成了能估计模型精度的指标。

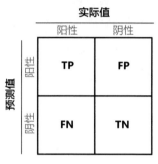

图 10-5 样本混淆矩阵

矩阵的行包含预测值，而列中包含实际值。因此从这个矩阵就可以生成三个关键性能指标：准确度、召回率和精度（见表 10-1）。

表 10-1 从混淆矩阵中提取的性能指标

指标	公式	说明
准确度	$\dfrac{TP + TN}{总数}$	表示模型做出正确预测的频率，包括阳性和阴性
召回率	$\dfrac{TP}{TP + FN}$	表示模型预测的真实阳性相对于数据集中实际阳性总数的比值
精度	$\dfrac{TP}{TP + FP}$	表示模型预测的真实阳性与检测到的阳性总数的比值

准确度是一个精确的指标，但如果单独使用，可能并不真正有用。准确度衡量的是正确预测的比值，即阳性样本被认为是阳性的，以及阴性样本被认为是阴性的。想象一下，现在你正在对电子邮件进行分类以识别垃圾邮件。再想象一下，假设数据集中包含 10% 的真的垃圾邮件。那么模型在不识别单个垃圾邮件的情况下就可以提供 90% 的准确度。

这就是为什么还需要看召回率。召回率衡量模型识别真正阳性样本（即真正的垃圾邮件）的能力。注意，召回率的分母包含真阳性和假阴性之和，即数据集中的阳性样本总数。

表 10-2 展示了从混淆矩阵中提取的其他性能指标。

表 10-2 从混淆矩阵中提取的阳性率和阴性率

指标	公式	说明
真阳性率（TPR）	$\dfrac{TP}{TP+FN}$	测量被正确分类的实际阳性样本的比例。这与召回率一致
真阴性率（TNR）	$\dfrac{TN}{TN+FP}$	测量被正确分类的实际阴性样本的比例
假阳性率（FPR）	$\dfrac{FP}{FP+TN}$	测量被错误地分类为阳性的阴性样本的比例
假阴性率（FNR）	$\dfrac{FN}{FN+TP}$	测量被错误地分类为阴性的阳性样本的比例

没有一个指标是以同样的方式与一个问题相关。对于用于识别垃圾邮件的模型，假阳性（垃圾邮件被检测为常规邮件）比假阴性（常规邮件被检测为垃圾邮件）更可取。对于一个用来评估信用评级的模型来说，假阴性比假阳性更可取。而对银行来说，拒绝向一位可靠的客户提供贷款，要比向一位有潜在风险的客户提供贷款更好。

1. 交叉验证

机器学习模型的成功取决于它对未见过的数据做出良好预测的能力。但是要训练模型，你只有一个源数据集。如何更有效地使用源数据集来训练模型呢？

在本章的前面，我们曾提到要将源数据集分成两个部分，一个用于训练（大约三分之二），另一个用于测试。这与基本的交叉验证技术相对应，被称为holdout。但这项技术的局限性在于它的两个缺点。首先，训练模型使用的数据是可用数据的一个子集。其次，测试模型使用的数据也是可用数据的一个子集，更糟的是，这个数据子集可能一点都不重要。一个更好的方法是多次应用holdout技术。这就是k-fold技术的精髓。

在 k-fold 中，将源数据集划分为 k 个子集，然后重复 k 次holdout验证，每次使用其中一个子集作为测试数据集。在每次迭代中，剩余的 $k-1$ 个子集被组合在一起以提供训练数据。最终评估是在平均 MSE 上进行的。

只要算法拟合了需要处理的问题，k-fold 技术就不会受到欠拟合的影响，因为模型是用所有可用的数据训练的。此外，由于使用了整个数据集来测试模型，因此模型的方差最小。请注意，当数据集中包含一定比例的异常值时，对其采用 k-fold 技术，异常值会均匀地分布在各个子集中，因此异常值在数据中产生的噪声也会被分散。

k 值的设置没有严格的规则，但常用的值为 5 和 10。k-fold 技术的极端情况被称为 leave-p-out。leave-p-out 技术首先设置一个 p 值，接着从源数据集中删除 p 个样本。这 p 个样本构成测试数据集。这个方法的价值在于这样一个事实：源数据集中 p 个样本的所有可能子集都被处理。正如你所猜测的，当 p 值大于 1 时，该技术的计算成本较高。而当 $p=1$ 时，该技术具有较低的成本（N 阶），因此通常被实现（留一交叉验证（leave-one-out）技术）。

2. 正则化

交叉验证并不是避免过拟合的唯一方法。另一种常用的方法是正则化。正则化就是每当往模型中添加新特征时添加一些惩罚。当结果并不令人信服并且你试图向模型添加更多的特征以获得更好结果的时候，正则化会干预训练。这样做的风险是过度拟合，即模型过于接近源数据集。

为了避免这种情况，正则化建议为每个新特征添加一个惩罚。不过添加惩罚会自动增加误差，因此最终只需添加能带来内在价值并减少误差的特征。正则化可以防止模型变得无用地复杂。

10.3　准备处理数据

算法的实际性能还取决于它们所使用的数据的格式。考虑一下如排序算法，对于其中某些算法，性能取决于输入数据序列的特性。最著名的例子是快速排序算法，如果处理已经被排序的数据，它的性能会更差！

在机器学习中，情况也是如此。如果在特征具有一个给定平均值、少数或多个异常值、给定范围内的值等的数据上进行训练，则某些算法就可以很好地工作。因此，准备数据以获得最佳性能至关重要。可以对数据执行的三个主要操作为：缩放、标准化和归一化。

10.3.1　缩放

缩放的目的是在不改变值分布的情况下改变特征的值的范围。例如，假设一个特征的值在 [0,100] 范围内。在这种情况下，缩放操作可以将每个值除以 100，从而将特征的值的范围改变至 0 ～ 1 区间。此外，使用 [0,1] 间隔还可以减少计算所需的内存量。缩放数据有两种主要算法。

1. MinMax 缩放

MinMax 缩放是更改数值尺度的核心算法。对于特征中的每个值，转换将经历以下步骤：
❑ 减去数据集中特征的最小值。
❑ 结果值除以数据集中特征的最大值和最小值之间的差值。
MinMax 缩放不会改变值的分布，并能保持值之间的相对距离。

2. 鲁棒缩放

鲁棒缩放算法旨在降低异常值的重要性。首先特征中的每个值减去中位数，然后结果除以四分位距（第三个四分位数和第一个四分位数之间的差）。这样，减小了缩放后的特征之间的距离，并且当异常值移近中位数时，异常值的相关性减小。

但是，这样做会改变特性中位数的分布，并且特征的值范围会比使用 MinMax 缩放获得的值范围更大。值得注意的是，一些算法倾向于扁平的异常值，而另一些算法则受值的范围的影响较大。例如，回归算法在较小的范围内工作得更好（我们将在下一章讨论回归）。

10.3.2 标准化

标准化是另一种算法，有时也被归类为缩放。标准化过程旨在建立一个平均值等于 0，方差等于 1 的特征。同样，采用标准化也是为了简化某些算法的操作。

对于特征中的每个值，标准缩放首先减去特征的平均值，然后将结果值除以标准差。此操作完成后，68% 的值落在范围 [-1, 1] 内，值的范围大于使用 MinMax 缩放获得的取值范围。

10.3.3 归一化

缩放和标准化是处理特征值（即数据集中的列）的算法。相反，归一化对数据集的行进行处理。有两种归一化类型：L2 和 L1。

对于数据集中的每一行，L2 归一化的工作方式如下：

❏ 计算特征值平方和。

❏ 取结果的平方根。

得到的值称为 L2 范数。最后一步，将行中的每个特征值除以该范数。所有操作完成后，每一行特征值的平方和等于 1。

L1 归一化遵循相同的步骤，但有一个关键的区别：不求特征值的平方之和，而是考虑绝对值。

如果对出现的频率而不是出现的绝对计数感兴趣的所有情况下，归一化的行都很有用。例如，考虑一个基于句子的数据集，其中每个特征都指一个给定的单词。特征的值是单词在相应句子中出现的次数。你对这个词出现的绝对次数感兴趣吗？或者对它出现的相对频率感兴趣吗？当你感兴趣的是频率时，则需要对数据集的行进行归一化。

10.4 本章小结

在本章中，我们讨论了如何评估机器学习模型的性能，以及如何处理源数据集以最大化所选算法的性能。机器学习模型是一个进行预测的函数。你要做的就是确保得到可靠和精确的预测。模型的精度受偏差和方差的影响。本章内容可归纳如下：

❏ 如果你面临高方差，模型可能面临过拟合；也就是说，模型太接近训练数据集。为了减少方差，可以扩大训练集，减少计算中涉及的特征数，并应用正则化。如果你已经应用了正则化，那就增加惩罚。

❏ 如果你面临高偏差，你可以添加更多的特征来增加复杂性（灵活性），其目标是使模型更通用。如果这还不够，而且你正在应用正则化，你可以减少惩罚。如果这种方法仍然不起作用，可能需要考虑更改实际的算法。

在下面的章节中，我们将开始深入研究机器学习算法。

第 11 章

如何进行简单预测：线性回归

前识者，道之华而愚之始。（有知识和能力的人是不会去预测的，没知识和能力的人才去预测。）

——老子

（中国古代哲学家和道家学派创始人，公元前 6 世纪）

在机器学习中，回归借鉴了统计学中的技术来预测输出值。与分类一样，回归是从一些输入预测输出的典型解决方案。分类和回归功能相同，但有一个重要的区别。回归的输出是连续范围内的数值，而分类的输出是分类结果，是基于离散集合的值。

在第三部分中，我们将尽量遵循固定的组织结构。首先，描述提出的算法所要解决的问题。其次，介绍一些关于算法步骤的细节。

注意，回归并不是一个明确定义的算法，而更多的是一类不同算法的总称。在本章中，我们将介绍线性、多线性和多项式算法。在某种程度上，整个监督学习领域属于回归和分类的范畴，其他部分属于非线性回归。

让我们从线性回归开始。

11.1 问题

回归适用于与预测相关的任何事情，例如，估算给定区域中的房地产价格。在类似情况下，线性（或者多线性、多项式）回归算法可能是一个较好的出发点。然而，这并不是最完美的选择。

11.1.1 根据数据指导预测结果

回归就是确定提供的数据样本之间存在的某种关系，以便在传递其他类似数据时，算法可以返回可靠的结果。不要害怕听到或使用猜测、直觉甚至是瞎猜之类的词。正如上一章所述，统计学是关于从固定数据中提取精确模型的，而机器学习就是通过学习一些永远不会在实际生产中处理的数据来做出可靠的预测。机器学习背后有很多数学（主要是统计学）知识，但还有直觉、经验甚至单纯的运气等难以形式化的因素。

然而，回归（以及机器学习算法）的坚实基础是数据集。在房地产示例中，你所在地区的房产价格的历史记录越多、越详细越好。

1. 数据中隐藏的函数关系

线性回归算法的最终目标是确定一个数学函数，该函数的曲线与特定业务领域及有界上下文中的数据（当前和将来）的分布非常接近。从这个简单的描述中，你应该能够看到一个复杂问题的内在的简单性。

它主要涉及可用数据、业务领域的基础科学知识，以及你处理数据以减少噪声并扩展到更深层的能力。当前正在处理的数据映射的是一些过去的事实，但是调用算法是为了处理将来的数据。上下文的限制越多，你就越可能提出可靠的预测机制。同时，支持科学家进行研究的企业并不希望研究局限于该领域的相对较小的一部分。

2. 上下文的大小

为了对业务领域和回归中的有界上下文间的相关性形成一个清晰的概念，请思考一下当今制造业中一个非常热门的话题：发动机和工业机器中的机械和电子零件的预测分析。

假设一个区域的所有风力涡轮机都以同样的方式面临物理磨损，这就足够了吗？假设该区域内的每台涡轮机的风力都是完全相同的，湿度、温度和空气密度也相同，这就足够了吗？

那么，你能找到一个模型来预测风电场里涡轮机的变速箱什么时候会出故障吗？或者，期望预测单个涡轮机的某个零部件何时会出现故障是否更加现实？在前一种情况下，你需要为整个风电场找到一个回归函数。而在后一种情况下，你将问题限制在一个有界上下文中，并专注于为风电场中的每个涡轮机（几十个甚至几百个）找到一个回归函数。

11.1.2　对关系进行假设

由于回归是用数学函数来表示的，所以要问（和回答）的关键问题是：函数是什么形式？它是一条直线吗？还是一个多项式？尽管可能听起来有一个固定答案，但这是一种简单明了的试错类问题。你首先进行一次猜测，然后就从这个猜测开始。

但是也有一些高级的指导方案。

1. 线性和多线性关系

过去的经验和领域的统计知识都可以告诉你，你正在寻找的模型是否真的是线性的。事实上，线性回归是一种可能的方案，但它不是唯一的。线性模型是通过一条直线呈现的，这意味着所有的数据（现在和将来）都将围绕这条直线绘制。如果这个假设是正确的，那所要做的就是求直线的公式。

然而，线性回归的概念比它起初看起来要更通用一些。

大多数文献都给出了二维笛卡儿平面上线性回归的例子，这主要是为了便于学习而做的简化。让我们面对现实：二维平面上的线性回归只适用于玩具应用程序，因为它意味着这是一个只有一个特征直接作用于（仅有的）另一个特征的函数。这是完全可能的，但不能解决现实世界的问题。

一般来说，线性关系是一种多线性关系，形式如下：

$$f = c_1 \cdot X_1 + \cdots + C_n \cdot X_n + k$$

公式中，X_i 表示特征，c_i 表示系数。因此，上面这个线性函数表示一条存在于 n 维空间中的直线。现在再来看房地产价格预测问题，多线性回归将涉及诸如面积、地段、房间数量等特征，可能还有许多其他特征。出租车费的预测是另一个直观的多线性问题，该问题与多个特征有关，主要是距离，但也包括一天中的时间、交通状况、城市面积、星期几等。

多线性回归是一种常见的情况，但绝大多数预测问题都需要一个非线性模型。如果你直觉上认为线性模型可行，那么可能有必要首先研究一下线性回归方法。

> **注意**：在本书的其余部分中，我们将线性与关系、回归和模型等术语相关联，实际上指的是多线性关系、回归或模型。

2. 线性模型适合吗

假设一个关系为线性关系，这是什么意思呢？这意味着误差（或残差）无非是直线周围的随机波动。换句话说，当预测器处理值时，方差基本上保持恒定。

如果线性模型行得通，那么误差方差几乎为常数，均值为零，这意味着它们的值将近似地呈正态分布。如果模型拟合，通过绘制误差，应该可以得到如图 11-1 所示的图像。

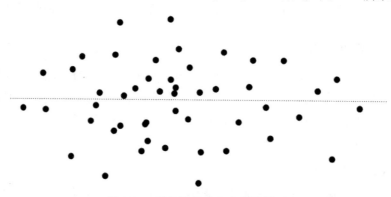

图 11-1   误差随机散布在零线附近

图 11-1 中绘制的每个点都表示一个误差，而距中心线（误差为零）的垂直距离表示与预期输出之间的距离。正态分布的点越多，线性模型拟合得就越好。现在来看图 11-2。

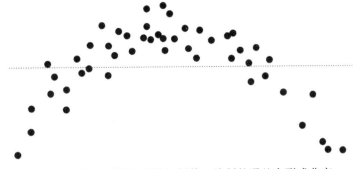

图 11-2　由于系统的高估和低估，绘制的误差会形成曲率

绘制的点跨过误差为零的直线形成一条曲线。这表明一些值被线性模型系统性地高估了，而另外一些值又被模型系统性地低估了。这说明线性模型无法很好地对问题进行描述。

在另一种情况下，误差的分布会形成大量的点，当预测器继续使用这些点时会扇出。（这称为异方差性。）

因此，一般来说，任何不同于正态分布的误差都是对线性回归模型有效性的警报。

3. 非线性关系

一种情况可能是显而易见的，而且听起来确实也很简单：如果关系不是线性的，那么它就是非线性的。因此，非线性回归可以拟合很多种曲线，无论是特征指数曲线或三角曲线，还是 S 形曲线或威布尔生长曲线。（而多项式属于线性情况。）

另一种有趣的情况是逻辑回归。在这种情况下，函数接受 N 个输入值，但只返回一个二值结果（例如，是 / 否），从而将输入数据本质上分类到一个预定义的类别中。逻辑回归的一个典型示例是确定电子邮件是不是垃圾邮件。（我们已经在第 8 章中看到了逻辑回归的作用，它可以确定餐厅评论的情感。）

11.2　线性算法

从根本上讲，线性回归就是寻找最拟合数据的曲线方程。为此，你首先需要确定一个代价函数，然后再确定最小化代价函数的最佳方法。一开始，代价函数中有未表示的系数，找到这些系数的理想值是最小化步骤的目的。

11.2.1　总体思路

为了更好地了解接下来的步骤，让我们从一个简单的场景（二维空间中的线性回归）开始。在这种情况下，将有一个特征来确定要预测的值。这显然是一种不切实际的设想，就好比在预测一所房子的价格时，你只考虑面积因素，而忽略其他方面，比如房间数量和社区。图 11-3 给出了线性回归算法在二维空间中的概念。

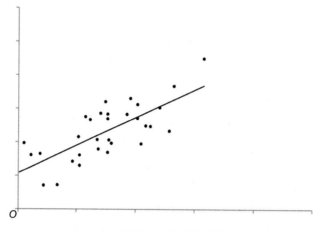

图 11-3 只有两个维度的线性回归

简而言之，回归算法寻找最拟合给定数据的直线。直线可以表示为：

$$y = mx + b$$

系数 m 表示直线的斜率，b 称为 y- 截距，表示对应于 $x = 0$ 点的直线的初始跳变。

> **注意**：回归线在简单的二维情况下是唯一的，但在更复杂的情况下（如多线性和多项式）不一定是唯一的。

11.2.2 确定代价函数

为了找到最佳拟合线的方程，首先需要确定一个函数，该函数定义了算法最小化的代价。代价是直线计算的值（预测）与给定数据中设定的期望值之间的距离。

1. 二维情况

为了正式表示代价，可以使用平方误差来构建这个函数，并将其称为平方误差和（Sum of Squared Error，SSE）或残差平方和（Residual Sum of Squares，RSS）。定义如下（其中 N 是数据集中的样本数）：

$$\text{SSE} = \sum_{1}^{N} [y_i - (mx_i + b)]^2$$

展开二项式的平方，上式可以重写为：

$$\sum_{1}^{N} y_i^2 - 2mx_i y_i - 2by_i + (mx_i + b)^2$$

此外，还可以表示为如下形式：

$$\sum_{1}^{N} y_i^2 - 2mx_i y_i - 2by_i + m^2 x_i^2 + b^2 + 2mbx_i$$

请注意，SSE 等于 MSE 乘以数据集的大小 N。这与下式相同：

$$SSE = (y_1^2 + \cdots + y_N^2) - 2m(x_1 y_1 + \cdots + x_N y_N) - 2b(y_1 + \cdots + y_N) +$$
$$m^2(x_1^2 + \cdots + x_N^2) + 2mb(x_1 + \cdots + x_N) + N \cdot b^2$$

上式表示在二维情况下要最小化的函数。

2. 多线性情况

在更现实的多线性回归场景中，SSE 公式是目前为止所看到的较为通用的公式：

$$SSE = \sum_1^N [y_i - (\beta_1 x_{1i} + \beta_2 x_{2i} + \cdots + \beta_k x_{ki} + b)]^2$$

现在，需要考虑的不是单个特征值，而是一个包含 K 个特征的向量。换句话说，从笛卡儿平面 R^2 转换为 n 维平面 R^n。为了使代价函数最小化而需要找到的系数是 $\beta_1 \cdots \beta_k$ 和 b。

无论你考虑线性方案还是多线性方案，接下来的一步都是最小化代价函数。在确定表达式达到最小值时的 m（或 $\beta_1 \cdots \beta_k$）和 b 的值之后，你将找到最拟合原始数据集的直线（在所考虑的空间中）。

11.2.3　普通的最小二乘算法

这里要考虑的第一个最小化算法是卡尔·弗里德里希·高斯（Carl Friedrich Gauss）早在 1801 年提出的用于计算小行星轨道的普通最小二乘（Ordinary Least Squre，OLS）方法。

1. 最小化线性代价函数

让我们回顾一下第 3 章中算术平均值的定义。$\tilde{Y}$ 表示一组期望值 Y 的平均值：

$$\tilde{Y} = \frac{y_1 + \cdots + y_N}{N}$$

上面这个等式可以重写为：

$$y_1 + \cdots + y_N = N \cdot \tilde{Y}$$

进一步，将特征 X 中的每个值乘以 Y 中的值，可以得到一个新的特征 Z 的均值：

$$x_1 y_1 + \cdots + x_N y_N = N \cdot \tilde{Z} = N \cdot \text{Mean}()$$

最终的目标仍然是给出一个能更易找到最小值的代价函数。巧合的是，前面的等式与先前代价函数中的一部分匹配。此外，以下等式也非常有用：

$$y_1^2 + \cdots + y_N^2 = N \cdot \widetilde{Y^2}$$
$$x_1^2 + \cdots + x_N^2 = N \cdot \widetilde{X^2}$$
$$x_1 + \cdots + x_N = N \cdot \tilde{X}$$

有了上述这些信息，就可以重新构建代价函数，如下所示：

$$SSE = N \cdot \widetilde{Y^2} - 2m \cdot N\tilde{Z} - 2b \cdot N \cdot \tilde{Y} + m^2 \cdot N \cdot \widetilde{X^2} + 2mb \cdot \tilde{X} + N \cdot b^2$$

这就是你要最小化的最终函数。

现在它是一个只有两个变量 m 和 b 的函数。实际上，X、Y、Z、X^2 和 Y^2 的均值一开始就会计算出来，然后将其视为恒定值。在大多数情况下，当在三维空间中呈现一个函数时，函数是一个抛物面，如图 11-4 中的示例所示。

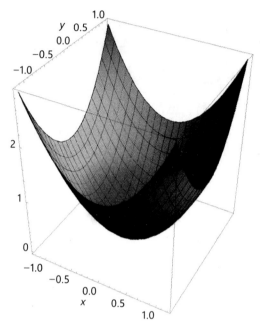

图 11-4   像大多数代价函数一样的抛物面函数

你的任务就是找到这样一个三维曲面的最低点。为此回顾一些分析，尤其是费马定理，费马定理可以保证像这样的凸函数的最小（和最大）点就是其导数为零的地方。因此，让我们计算 SSE 对 m 和 b 的偏导数，并将其设置为零。以下是关于 m 的偏导数：

$$\frac{\partial \text{SSE}}{\partial m} = -2N \cdot \tilde{Z} - 2m \cdot N \cdot \widetilde{X^2} + 2b \cdot N \cdot \tilde{X}$$

这是关于 b 的偏导数：

$$\frac{\partial \text{SSE}}{\partial b} = 2m \cdot N \cdot \tilde{X} - 2N \cdot \tilde{Y} + 2N \cdot b$$

接下来，设它们等于 0，然后除以 $2N$，得到以下结果：

$$m \cdot \widetilde{X^2} = \tilde{Z} - b \cdot \tilde{X}$$
$$b = \tilde{Y} - m \cdot \tilde{X}$$

你得到了 b，如果将第二个表达式代入第一个表达式中，还会得到 m：

$$m = \frac{\tilde{Z} - \tilde{X}\tilde{Y}}{\widetilde{X^2} - (\tilde{X})^2}$$

你已经完成了！实际的算法将获取数据集，计算所有必要的平均值，然后求出最小代价函数的斜率 m 和 y-截距 b。最小代价函数就是那条最拟合训练数据集的直线。

2. 最小化多线性代价函数

让我们看看如果考虑更现实的情况，即特征和期望值之间的多线性关系，情况会如何变化。代价函数的形式如下：

$$Y \approx \beta_1 X_1 + \beta_2 X_2 + \cdots + \beta_k X_k + \theta$$

其中，X_i 是特征值（共 K 个特征），β_i 表示斜率的多维对应项，而 θ 对应于 y-截距。在这种多线性情况下，采用算术平均值无法在形式上获得一个直观的代价函数。相反，可以使用向量和矩阵来表示代价函数。

$$Y \approx \begin{pmatrix} X_1 \\ \vdots \\ X_k \end{pmatrix} \cdot (\beta_1 \cdots \beta_k) + \begin{pmatrix} \theta_1 \\ \vdots \\ \theta_k \end{pmatrix}$$

假设你有一个 N 行和 K 个特征（即列）的数据集，则可以定义一个矩阵，其中，$X_{i,j}$ 表示第 j 行的第 i 个特征的值：

$$A = \begin{pmatrix} X_{1,1} & \cdots & X_{1,K} \\ \vdots & & \vdots \\ X_{N,1} & \cdots & X_{N,K} \end{pmatrix}$$

就系数 β_i 而言，你可以将它们组成一个向量 $\beta^{\ominus}$。你也可以对期望值执行相同的操作，组成一个 Y 向量。

$$\beta = \begin{pmatrix} \beta_1 \\ \vdots \\ \beta_K \end{pmatrix} \quad Y = \begin{pmatrix} y_1 \\ \vdots \\ y_N \end{pmatrix}$$

现在，总代价函数可以用向量和矩阵表示如下：

$$A\beta \approx Y$$

为了使关于 β 的平方误差最小，你需要考虑以下限制：

$$r^2 = \| A\beta - Y \|^2$$

从这里开始，使用导数和线性代数，就可以最终得到使代价函数最小化的 β 值：

$$\beta = (A^{\mathrm{T}} A)^{-1} A^{\mathrm{T}} \cdot Y$$

如你所见，β 是由一些矩阵运算生成的，如乘法、逆（找到相乘的能返回单位矩阵的矩阵）和转置（交换行和列）。

⊖ 原书中向量和矩阵采用白体字母，字体按原书。

11.2.4   梯度下降算法

对于多变量数学函数，梯度是一种显示曲线方向的指南针，可以看作是导数概念的进一步推广。三变量函数的梯度如下所示：

$$\text{Gradient}(f(x,y,z)) = \frac{\partial f}{\partial x}\hat{x} + \frac{\partial f}{\partial y}\hat{y} + \frac{\partial f}{\partial z}\hat{z}$$

在前面的定义中，$\hat{x}$、$\hat{y}$、$\hat{z}$ 将笛卡儿轴表示成向量，每个轴绘制一个变量的值。在同一公式中，$\frac{\partial f}{\partial x}$、$\frac{\partial f}{\partial y}$ 和 $\frac{\partial f}{\partial z}$ 分别是关于特征 X、Y 和 Z 的偏导数。梯度是一个向量，因此，计算梯度和寻找向量是一样的。

注意： 偏导数是针对特定变量（即特征）计算的导数，其他所有变量都被视为常量。

1. 三变量的例子

梯度是由导数组成的，而导数可以表明函数相对于给定变量的增长幅度。因此，梯度总是沿着函数最大增长的方向移动。但在我们的例子中，我们感兴趣的是函数的最小化，而不是最大化。因此，我们沿着与梯度完全相反的方向调整函数。

梯度下降法是一种寻找函数最小值的算法。这是一种迭代算法，反复迭代直到误差达到固定阈值，或梯度足够接近零，又或者是当前迭代计算的误差大于前次检测到的误差。

例如，我们用两个特征（X_1 和 X_2）来预测用 Y 表示的第三个特征。多线性模型如下：

$$f = m \cdot X_1 + n \cdot X_2 + b \approx Y$$

你需要使用梯度下降算法来找到 m、n 和 b 的理想值，以使 MSE 最小。为此，你必须能够计算 MSE 代价函数对 m、n 和 b 的偏导数。MSE 代价函数定义如下：

$$\text{MSE} = \frac{1}{N}\sum_{i=1}^{N}(y_i - (m \cdot X_{1i} + n \cdot X_{2i} + b))^2$$

注意 X_{1i} 和 X_{2i} 分别表示特征 X_1 和 X_2 的第 i 个元素。对应的偏导数如下：

$$\frac{\partial \text{MSE}}{\partial m} = \frac{2}{N}\sum_{i=1}^{N} -X_{1i} \cdot (y_i - (m \cdot X_{1i} + n \cdot X_{2i} + b))$$

$$\frac{\partial \text{MSE}}{\partial n} = \frac{2}{N}\sum_{i=1}^{N} -X_{2i} \cdot (y_i - (m \cdot X_{1i} + n \cdot X_{2i} + b))$$

$$\frac{\partial \text{MSE}}{\partial b} = \frac{2}{N}\sum_{i=1}^{N} -(y_i - (m \cdot X_{1i} + n \cdot X_{2i} + b))$$

最开始，梯度下降算法给三个变量 m、n 和 b 赋一个给定的值，还需设置一个称为学习率的值，此处用 α 表示。学习率表明你在每次迭代中沿着梯度方向移动了多少。通常，α 的值在 0 到 1 之间，而且往往很小。

2. 实际算法步骤

在每次迭代中，都需要重新计算 MSE 函数对变量 m、n 和 b 的偏导数，然后确定新的 m、n 和 b 的值，如下所示：

$$m = m - \alpha \frac{\partial \text{MSE}}{\partial m}$$

$$n = n - \alpha \frac{\partial \text{MSE}}{\partial n}$$

$$b = b - \alpha \frac{\partial \text{MSE}}{\partial b}$$

根据新的 m、n 和 b 值，重新计算 MSE 函数，并确认是否满足迭代停止条件。如果不满足，则继续迭代。梯度下降算法可以通过以下代码描述：

```
var dataset = ...;
var next_m = 1;   // We start the search at a random point
var next_n = 2;   // We start the search at a random point
var next_b = 3;   // We start the search at a random point

var alpha = 0.01;           // Learning rate
var precision = 0.00001;    // Desired precision
var max_iterations = 10000; // Maximum number of interations

var cost = MSE(m, n, b);

for(var i=0; i<max_iterations; i++)
{
    // Set the current point
    var current_m = next_m;
    var current_n = next_n;
    var current_b = next_b;

    // MSE cost function in the current point
    var mse = cost(current_m, current_n, current_b);

    // Get the gradient and procceed in the direction to the next point
    next_m = current_m - alpha * partial_derivative_m(mse, dataset);
    next_n = current_n - alpha * partial_derivative_n(mse, dataset);
    next_b = current_b - alpha * partial_derivative_b(mse, dataset);

    // Calculate the distance between current and previous point
    var step_m = next_m - current_m;
    var step_n = next_n - current_n;
    var step_b = next_b - current_b;

    // Check precision
    if (stop_condition(precision, step_m, step_n, step_b))
        break;
}
```

本质上，算法沿着 MSE 函数的曲线逐点进行。到达某个点后，梯度会指示前进的方向（与函数值增大的方向相反），并且算法会获得该方向的下一个点。在此过程中，它使用学习率的值来确定要走多远。评估精度，如果精度足够好，则算法结束。

3. 学习率

学习率 α 的值至关重要。如果学习率太小，则算法达到最小值的速度可能会很慢，并且可能无法在给定的迭代次数中得到一个可接受的值。另外，如果学习率太大，又面临跳过最小 MSE 函数值的风险。这是一个很糟糕的问题，因为如果跳过最小值，就永远无法得到可接受的精度，这将迫使你使用不同的参数重复该算法（如图 11-5 所示。）

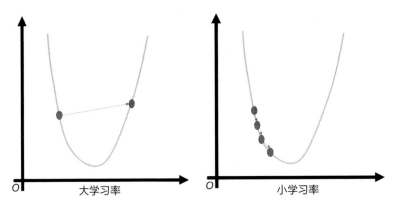

图 11-5　寻找正确的学习率

4. 批量梯度和小批量梯度

如算法中所述，梯度下降的每次迭代都会在整个数据集上计算 MSE 函数的偏导数。这是我们目前考虑的情况。适用于整个数据集的梯度下降算法称为批量梯度。如果数据集相当大，由于计算大型数据集上每个变量的导数都需要大量计算，因此可能会出现性能问题。

梯度算法的另一种形式是随机梯度，它在每次迭代时在数据集的随机元素上进行操作。参考之前的脚本，以下几行会受到影响：

```
next_m = current_m - alpha * partial_derivative_m(mse, dataset);
next_n = current_n - alpha * partial_derivative_m(mse, dataset);
next_b = current_b - alpha * partial_derivative_m(mse, dataset);
```

不是使用整个数据集，随机梯度下降使用从数据集中随机选择的一行。MSE 也将受到影响，不需要进行求和及除以 N 的运算。

最后，还有小批量梯度。在这种情况下，仍然不使用整个数据集，而是在每次迭代中使用一个由 K 个随机选择的行组成的较小的数据集。

 重点：在实用的机器学习解决方案中，大多数时候你不需要编写任何算法。你只需使用所选语言（大多数是 Python，最近也使用 .NET）现成的库，并通过参数指示库算法以某种方式运行即可。最后，整个线性回归方法就简化为从链接库中调用单个函数。

注意：最小二乘和梯度下降并不是仅有的回归算法。其他流行的算法还有随机双坐标上升（Stochastic Dual Coordinate Ascent，SDCA）和泊松回归。

11.2.5　算法有多好

要评估线性回归算法的性能优势，需要一个指标来说明是如何捕获要预测的特征的方差的。常用指标为 R- 平方，定义如下：

$$R\text{-}平方 = \frac{可解释方差}{Y的总方差} = \frac{\sum_{i=1}^{N}(y_i - (m \cdot X_{1i} + n \cdot X_{2i} + b))^2}{\sum_{i=1}^{N}(y_i - \tilde{Y})^2} = \frac{N \cdot \text{MSE}}{\text{Var}(Y)}$$

式中，可解释方差是指模型的 MSE，总方差就是特征的方差。在 MSE 较低的情况下，R- 平方的最佳值应尽可能接近 1。

11.3　改进解决方案

在现实世界中，线性回归当然可以解决一些问题，尽管可能涉及多个变量。但是，大多数可以转换为预测问题的问题需要比线性模型更为有效的模型框架。这里我们从多项式方法开始介绍。

11.3.1　多项式方法

R- 平方和上一章中介绍的技术（偏差 / 方差权衡、混淆矩阵等）都有助于评估模型。但是，如果它们的性能都不够好，则要考虑线性模型是否适用于该问题。图 11-6 中有一堆点，这些点甚至可以用一条直线来近似，不过这样做所产生的模型的精度虽然可能可以接受，却不会那么好。

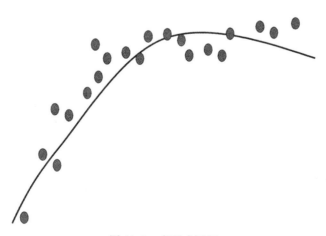

图 11-6　多项式回归

考虑到数据的分布，很难找到一条更好的直线。在这种情况下，可以考虑多项式回归。在多项式回归中，模型的函数不是简单的线性，而是某些特征的平方或更高次项的线性函数。图 11-6 中的模型在系数 m、n 和 b 上仍然是线性的，但在特征上不是线性的。在具有单个特征 X_1 的示例场景中，模型具有以下形式：

$$Y \approx m \cdot X_1^2 + n \cdot X_1 + b$$

最终，就好像向源数据集中添加了一个新特征，其中包含了特征 X_1 的平方。在这个修改过的数据集上，可以应用相同的线性回归技术来最小化代价函数。添加新特征意味着增加了模型的复杂性。

11.3.2   正则化

在上一章中，我们讨论了正则化，即在添加新特征时向模型添加惩罚的过程，这会增加复杂性。实际上，我们的目标是拥有能够生成良好预测所需的最小数量的特征。可以使用正则化来减少过度拟合并使复杂性降至最低。

让我们看看如果使用 L2 正则化会发生什么。将 L2 正则化应用于线性回归算法，就是所谓的岭回归。在 L2 中，惩罚是通过你希望最小化的误差函数返回值的增加来确定的。平方误差通常由以下公式给出：

$$SSE = \sum_{i=1}^{N} \left(y_i - \left(\sum_{j=1}^{K} \beta_j x_{ij} + b \right) \right)^2$$

式中，b 是 $y-$ 截距，β_j 值表示 K 个特征对应的斜率。应用 L2 正则化之后，最终需要对如下误差函数进行最小化：

$$\sum_{i=1}^{N} \left(y_i - \left(\sum_{j=1}^{K} \beta_j x_{ij} + b \right) \right)^2 + \lambda \sum_{j=1}^{K} \beta_j^2$$

上式中包含一个依赖于 λ 的附加项——正则项。正则项对 β 的平方求和，然后总和乘以 λ。如果 λ 等于零，则回到之前的典型情况。当模型的 β 系数值较高时，λ 的净效应就是惩罚 SSE 函数。最终目标是建立一个尽可能简单、特征尽可能少的模型。通过正则化，还可以向误差函数中添加保证 β 值最小的约束。这主要取决于所选择的正则化类型。

重要的是要注意，L2 正则化强制将 β 系数降低，但不能使其为零。因此，L2 正则化可以很好地避免过拟合，但不能进行特征选择。实际上，该技术并不能识别不相关的特征（β 系数为零的特征），而只是将其对最终模型的影响最小化。如果没有工具来确定哪些特征是真正相关的，那么最终可能会得到一些相关性较低的特征。

还应注意，过高的 λ 值反而可能会给 β 系数增加过多的相关性，最终导致拟合不足和模型不佳。

如果你认为特征过多，想要删除其中一些特征，那么就必须研究 L1 正则化，也称为

lasso 回归。应用 L1 的最小化函数如下所示：

$$\sum_{i=1}^{N}\left(y_i - \left(\sum_{j=1}^{K}\beta_j x_{ij} + b\right)\right)^2 + \lambda\sum_{j=1}^{J}|\beta_j|$$

有趣的是 L1 正则化使用的是绝对值。与 L2 正则化相比，这种差异对从回归中学到的特征有很大的影响。尤其是，用绝对值的和最小化误差函数会使得其中一些值归零。因此，L1 正则化不仅惩罚过高的 β 系数，而且在不相关的情况下将系数设置为零。与 L2 正则化不同，L1 正则化是进行特征选择以简化模型的理想选择。

11.4 本章小结

在字典中，浅一词等同于不深，有时等同于肤浅或不严重，这取决于上下文。而在这一部分的描述中，浅层学习只表示相对于深度学习而言的非深度学习，我们将在下一部分重点介绍深度学习的神经网络。

本章讨论了回归预测方法。只要可以将复杂问题简化为根据已经发生的事情来猜测可能发生的事情，那么回归通常是一个很好的解决方法。回归有很多方面，本章主要介绍了线性回归、多线性回归和多项式回归，以及通过正则化进一步优化结果的方法。

下一章的内容是关于树的。

第 12 章

如何做出复杂的预测与决定：决策树

给定问题的解决方案如果以树的叶子的形式呈现，那么每个节点代表一个考虑和决策。

——Niklaus Wirth

（Pascal 编程语言的创建者，并于 1984 年获得图灵奖）

在上一章中，我们讨论了一种推断依赖特征之间隐藏关系的方法——回归，并使用它来构建有效的预测引擎。回归使用统计工具来实现"魔术"。其实这并没有多神奇，只是一个单纯的使测量误差函数值最小化的数学问题。但是有时候，从纯粹的数学定理中难以获得准确的预测，这使得回归看起来确实像魔术一样巧妙地解决了问题。

上一章主要介绍了连续值的线性和多线性关系。如果使用像树这样流行的数据结构，则可以解决分类问题及非线性关系建模。

从概念上讲，基于树的算法非常容易理解，并且没有任何隐含的复杂性。它看起来像一个基于流程图的决策支持工具，你可以在每个步骤中进行选择，然后重复给定步骤直到得出结果。在某种程度上，基于树的算法非常接近人类推理的感知方式。

本章将重点介绍两类基于树的元算法：分类树和回归树，并讨论一些特殊的算法。

12.1 问题

通过构建决策树，可以解决分类问题，例如，估计一个人是否易患某种疾病。在典型的分类问题中，你需要通过一些给定的输入值（即特征），做出最终的决定（即输出标签）。决策树的工作原理类似于流程图。从输入特征开始，根据特定的逻辑在树中进行搜索和访问，直到到达树的叶子节点。决策树的原理之所以简单是因为任何输出都取决于在每个步骤中做出的决策。

决策树也很适合用来解决非线性回归问题。基于决策树的算法在训练时会迭代地将数据集的空间划分为多个区域，以确保每个区域中的所有元素尽可能相似且同质。基于树的算法可以轻松有效地捕获数据行之间的非线性关系，因为它不是去推测函数，而是最大化数据集分区中可能的同质性。同质性是通过误差函数实现的，因此具有相似值的行将位于同一区域。这样，任何可能的非线性关系都被封装在分组中。在实际情况中，不需要知道回归函数的公式，只需要一条基于树的路径就可以进行预测。

但是到底什么是树呢？

> **注意：** 在机器学习中，树作为弱学习器也被用于多级决策算法中。树易于训练，可以捕获非线性关系。但它的精度有时可能不高，不过这正是组合模型所适合的地方。实际上，随机森林和梯度增强算法通过将弱学习器（如树）创建的模型组合成强学习模型来工作。（我们将在下一章介绍强学习算法。）

12.1.1　什么是树

在数学中，特别是在图论中，图是节点和连接它们的（有向或无向）链接的集合。术语边是指连接在一起的一对节点。在图中，路径表示从一个节点到另一个节点的路线。

树是一种只有一个根节点的特殊图。根节点是唯一没有父节点的节点。所有其他节点都有一个输入路径和零个或多个输出路径。没有子节点的节点被称为叶节点。而且，树的节点之间永远不会形成循环连接。树的高度称为深度，通过计算垂直方向的节点数得到。图 12-1 为一个二叉树示例。因为每个节点（叶节点除外）都有两个孩子，所以称之为二叉树。图中树的深度为 3。

如图 12-1 所示，树从一个节点（根节点）开始，发展多个分支，每个分支都是子树的根。

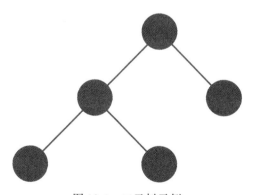

图 12-1　二叉树示例

12.1.2　机器学习中的树

在机器学习中，树可以看作是从一个输入特征得出一个可能的结论的过程。

基于树的算法是这样实现的，首先从根节点开始访问，然后继续沿着树的深度访问，直至叶节点。所有中间节点都代表一种决策规则，其答案决定了当前节点的哪个子节点是下一个要访问的节点。到达叶节点后，停止访问。树的每个节点都针对特定值查询特征，然后根据输入的值来选择一个子节点。

那么，如何在每个步骤中选择要查询的特征，以及如何选择要分支的值？下面的示例展示了基于树的算法的工作原理。

12.1.3　基于树的算法示例

让我们通过一个基于树的决策过程的示例来巩固一些概念知识。假设你要外出，但是外面的天气并不稳定，因此你需要决定是否带外套。

至少你需要回答一些问题。尽管问题列表有点随意，但只要问对了问题就可以建立更好的模型。下面是一个示例：

- 第一个问题可能是"正在下雨吗？"
- 如果答案是肯定的，那么你就需要穿一件外套出去。
- 如果答案是否定的，那么你可能需要更多的信息才能做出决定。另一个需要回答的问题可能是"外面的温度是多少？"
- 如果答案是低于15℃（59°F），那么你就需要穿一件外套出去。
- 如果答案是至少15℃，则需要更多详细信息。例如，你可能需要问，未来两小时内温度是否低于15℃。
- 如果答案是肯定的，那么你就需要穿一件外套出去。
- 如果答案是否定的，那么你不穿外套就可以出去。

这个过程相当简单。最重要的是，它接近于人对事物的推理方式。这样的决策过程可以以图形方式呈现（至少在这种简单情况下），如图12-2所示。

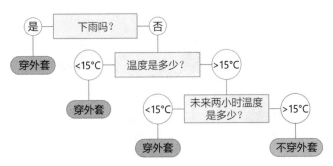

图 12-2　树状决策过程

在机器学习场景使用的树中，每个节点都是一个特征，并且访问的每一步（称为分支）都是一个需要回答的问题。来自节点的每个分支都是一个答案，而树的每个叶节点都是一个预测结果。该预测可以是分类结果（例如穿外套/不穿外套）也可以是连续值。

　　每个分支都将数据集划分为不同的区域，以便在每个步骤中都可以做出明确的决定。例如，温度＜15℃或≥15℃会将数据集分割成两个不重叠的区域。分区（即非重叠区域）之所以重要的原因在于，通过这种方式每个叶节点都有一个不同且唯一的要达到的条件集。图 12-3 提供了对此的图形解释。

　　图 12-3 所表达的思想是，所有呈现的点都是源数据集中的行，而分区是树的叶节点。换句话说，每一行都被分类到一个可识别的分区中。

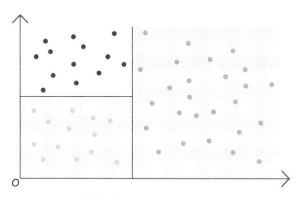

图 12-3　划分数据集区域以反映所有可能的最终决策

12.2　基于树的算法的设计原理

　　基于树的算法本质上是仅包含条件语句的算法，可以看作是简单的 IF 语句序列。在这一点上，它与人脑的工作方式有明显的相似之处。

　　另外一个可能与之有相似之处的是专家系统，专家系统是第一次尝试用一组（固定且硬编码）的参数来做决策的智能软件。

12.2.1　决策树与专家系统

　　基于树的分类决策算法不同于专家系统。主要的区别在于，专家系统是由人编写的，并且对于预测什么以及如何预测是确定的。换句话说，专家系统的学习路径是硬编码的。

　　而在基于树的算法中，决策树是在训练阶段构建的。它是一种确定如何实现分割以及在哪个值上实现分割的算法。继续考虑之前是否穿外套的例子，该算法可以预测出分支的理想温度和天气预报需要提前多长时间。如果你想对这些数字进行硬编码（如前面的例子所示），那么将会得到一个专家系统，而不是一个机器学习决策树模型。

12.2.2　树算法的种类

　　所有基于树的算法都是通过构建决策树来处理从根到叶的输入数据。使用树的算法主要有两类，它们在一些关键参数（如同质性和信息增益）的计算方式上有所不同。这两类算法是：

- ❑ 分类树
- ❑ 回归树

在每一类中，都有一些具体的算法可供选择。为了给分类树的行为原则提供一些实质性内容，让我们设计一个示例场景，并了解更多有关性能指标的信息。

1. 分类树示例场景

假设想设计一个推荐引擎来预测是否会喜欢一部新上映的电影。源数据集中将包含一长串你过去看过的电影的列表，其中包含大量的电影特征，比如主角和配角、类型、导演、长度、语言、票房收入、获奖情况等。数据集还包含一个输出特征，表示想要预测的内容。

如果预测结果可以通过一个离散、明确的值来表示（例如，如果你不喜欢它，可以用 1 表示，如果你喜欢它，可以用 5 表示），那么分类树是理想的选择。相反，如果预测结果是用连续的值来表示，则回归树更为合适。

以上述电影推荐为例，（分类）算法将计算出如何通过连续的决策点来路由一个示例电影的信息，以便使所有具有相似特征的电影最终出现在具有相同标签（等级）的叶节点上。因此，在训练过程中，该算法在概念上将样本数据集分割成同类组。换言之，绝大多数等级为 3 的电影都应该归入同一组。

要做到这一点，算法必须在某种程度上找出，为什么给一部电影评级为 1。通过结果可以发现，可能是由于不喜欢某个导演拍的电影，或某些演员演的电影。一个好的算法必须能够判断出你是否对伍迪·艾伦指导的电影不感兴趣。

> **注意：** 如果你建立了一个决策系统，明确地告诉它把伍迪·艾伦执导的所有电影都评为烂片，那这就不是机器学习，而只是一个专家系统。

2. 同质性

信息增益和不纯度等概念对于帮助算法决定如何定义分割条件以及在哪些特征上进行分割至关重要。该算法的目标是确保训练数据集按同质组进行分割。

同质性指的是同一组中的所有行具有同等级别的信息增益水平。不纯度用来度量每次迭代结束时获得的组是否足够均匀。

3. 误差函数

如何度量分组的不纯度？与上一章一样，需要对误差进行正式的定义。

在这里，不能使用平方误差函数（如上一章所述），因为考虑到输出的离散性质，最终得到的误差函数不能描述连续曲线，而是通过离散跳跃方式来进行。这时需要一个不同的方法。

最后，你希望获得标记为 1 ～ 5 的电影组（示例数据集的行），并且希望这些电影的实际标签非常接近 1 ～ 5 的分配值。最终的同质性来自算法进行分割时在每一个中间步骤的同质性。换言之，你希望每个分割都将数据集分成两组，每组由电影（行）组成，并且每部分中评估特征（例如导演）的值几乎相同。不纯度是指对错误分组的定义。

基于树的算法有两类。让我们首先介绍分类树。

12.3　分类树

分类树可以得到离散、明确的预测输出（不是连续的输出值）。简而言之，分类树算法回答了诸如"给定当前数据，预测下列 N（> 0）个事实中的一个"的问题。为了回答这个问题，该算法构建了一个决策树，树的根和叶都是已知的。该算法的强大之处在于它如何填充根和叶之间的逻辑空间，即如何将数据集分割为同质组。

各种分类算法的主要区别在于它们计算不纯度和信息增益的方式。下面是两种主要算法：

❏ CART（Classification And Regression Trees，分类回归树）
❏ ID3（Iterative Dichotomiser 3，迭代二叉树 3 代）

两种算法步骤相同，但对不纯度的定义不同。

12.3.1　CART 算法的实现

构建完全同质组是不现实的，因此，我们的目标是尽可能地降低每次分割的不纯度。在每次分割中得到同质性的增加被称为信息增益。在讨论算法如何计算信息增益和不纯度之前，让我们快速浏览一些描述分类树算法背后的整个过程的脚本。最终得到的分类结果是一个二叉树。

1. 逐步构建树

当算法开始时，树是空的，通过一次次地分割来逐步构建树。无论节点是根节点、叶节点还是内部节点，向树中添加节点的步骤实际都是相同的。下面是其工作原理的高级语言描述：

```
var max_depth = 4;
var min_number_of_leaves = 5;
var max_number_of_leaves = 10;
var homegeneity_threshold = 0.97;

var tree = new Tree();
var canStop = false;
while(!canStop)
{
    var root_impurity = calculate_impurity(dataset);
```

```
    if (should_stop_based_on(
            tree,
            min_number_of_leaves,
            max_number_of_leaves,
            homegeneity_threshold))
    {
       break;
    }

    var feature_impurity_table = new Dictionary<object, object, object>();
    foreach(var feature in dataset)
    {
        var feasible_values = extract_distinct_values_for(feature);
        foreach(var value in feasible_values)
        {
            var value_impurity_table = new Dictionary<object, object, object>();

            var child_datasets = split_on(feature, value);
            var impurity_node1 = calculate_impurity(child_datasets[0]);
            var impurity_node2 = calculate_impurity(child_datasets[1]);
            var combined_impurity = combine_impurity(impurity_node1, impurity_node2);
            value_impurity_table.Add(feature, value, combined_impurity, child_datasets);
        }

        var best_feature_value_pair = value_impurity_table.Min();
        feature_impurity_table.Add(best_feature_value_pair);
    }

    // Here we have a dictionary with one entry for each feature
    // that relates to the best value for splitting
    var ideal_feature_value = feature_impurity_table.Min();
    // Split on the feature/value pair with the best homogeneity
    // and recursively repeat the procedure on the two split datasets
    tree.AddNode(ideal_feature_value);
    repeat_procedure(ideal_feature_value.child_datasets[0]);
    repeat_procedure(ideal_feature_value.child_datasets[1]);
}
```

构建树从一个空树和整个数据集开始，其本质是递归的。请注意，前面的示例脚本是以深度优先、贪婪的方式构建树的，并不是一定要这样做，也可以使用广度优先方法。

注意：深度优先算法和广度优先算法的主要区别在于，前者一次只能处理一个（子）数据集，并且贪婪地试图优化它，更快地添加叶节点。相反，广度优先算法可以同时处理左节点和右节点这两个子数据集。

2. 实际步骤

该算法设置了几个超参数，以便更好地控制学习过程并决定何时停止。通常，超参数为叶节点的最小和最大数量、树的最大深度，以及分割数据集中可接受的同质性水平。

在每个步骤中，算法必须从给定数据集的一部分中选择最相关的特征（和相关的值），初始值就是整个数据集。首先，算法计算数据集中行的同质性水平。不纯度越低，同质性越高。接下来，对于每个特征，获取其在数据集中假定的所有已知值并尝试分割。换句话说，该算法尝试将特征值小于或等于所考虑的值的数据集行与取值较高的数据集行分割开。注意，如果特征的值为连续的（而不是明确的分类值），那么算法将使用平均值，而不是遍历特征的所有可能值。

进一步，该算法测量子数据集的不纯度，并挑选出最大化信息增益的特征（和值）。信息增益是两个子数据集产生的加权值。数据集被分割成一对特征/值，然后这两个数据集被递归处理。

循环一开始就需要进行算法停止检查，以防树的深度过深（这会使你面临过拟合的风险），或者已达到最大叶节点数，或者已达到了足够好的同质性水平。一般来说，由于树太深，算法不可避免地会更多地去拟合训练数据。与此同时，深度还取决于预测的精确度。树越深，预测就越精确。这就需要在过拟合和精确度之间权衡。

> **重点**：基于 Ronald Rivest 和 Laurent Hyafil（1976）的工作，构造最优决策树问题是一个已知的 NP 完全问题。如果一个问题不能在多项式时间内得到解决，那么它就属于 NP 问题。一个 NP 问题也被称为 NP 完全问题，当（且仅当）其他所有 NP 问题都可以在多项式时间内约化为该 NP 问题时。然而，存在一些（贪婪的）优化算法，可以在相对较快的（多项式）时间内构建一棵可接受的决策树。

3. 信息增益与不纯度

分类树通过吉尼（Gini）指数来度量数据集中数据分布的不均匀程度（不纯度），这个指标出自意大利统计学家 Corrado Gini。一个（子）数据集的吉尼指数由以下公式给出：

$$Gini(S) = 1 - \sum_{i=1}^{K} P_i^2$$

式中，K 为可能的分类数，P_i 为给定值在数据集中出现的频率。在电影评级的例子中，K 等于 5，为可分的分类数。例如，如果数据集有 20 部电影，其中 8 部为 1 级，3 部为 2 级，9 部为 4 级，那么吉尼指数如下：

$$Gini(S) = 1 - \left(\frac{8}{20}\right)^2 - \left(\frac{3}{20}\right)^2 - \left(\frac{9}{20}\right)^2 = 1 - 0.385 = 0.615$$

让我们试着用一个简单的二值分类的场景来分析这个公式的原理。预测结果只能是两个值：0 或 1。在一个完整的划分中，所有频率的和是 1，因为分区的完整性涵盖所有可能的情况。以下为二值分类的情况：

$$（假阳率）+（假阴率）+（真阳率）+（真阴率）= 1$$

同样的概念可以等价地表示为：

$$P(实际 = 0) \cdot P(预测 = 1) +$$

$$P(实际=1) \cdot P(预测=0)+$$
$$P(实际=1) \cdot P(预测=1)+$$
$$P(实际=0) \cdot P(预测=0)=1$$

式中，P 表示特定情况的概率。上式也可以写为：

$$P(实际=0) \cdot P(预测=1)+P(实际=1) \cdot P(预测=0)=$$
$$1-P(实际=1) \cdot P(预测=1)+P(实际=0) \cdot P(预测=0)$$

在二值分类场景中，方程右边的元素可以进一步变换。如果将元素取 0 和 1 的概率命名为 P_0 和 P_1，则得到

$$P(实际=0) \cdot P(预测=1)+P(实际=1) \cdot P(预测=0)=1-(P_0^2+P_1^2)$$

上式等号右边的项与吉尼指数非常相似。不过等号左边的项依然是自描述。吉尼指数度量错误预测的概率，即数据集元素被错误分类（实际值与预测值不同）的概率。因此，吉尼指数是同质性的指标。

下式用来计算吉尼增益（Gini Gain，GG），即由数据集 S 中对特征 A 的分割获得的信息增益：

$$GG(S,A)=Gini(S)-\sum_{i=1}^{T_A} P_i \cdot Gini(i)$$

式中，T_A 指特征 A 在数据集中可能获得的所有可能值。P_i 是数据集中特征第 i 个值的概率。最后，$Gini(i)$ 是在由所有元素组成的数据集子集上计算的吉尼指数，其中特征 A 取值 i。大多数情况下，分割是二值分类的，所以 2 是 T_A 的典型值。

整个信息公式也可以看作是分组的吉尼指数的加权平均值。权重由特征 A 中 i 值的频率给出，因此信息增益度量了分割前后不纯度的减少程度。

12.3.2 ID3 算法的实现

ID3 是另一种用于构建分类树的算法，它使用了一种不同的同质性度量——熵。由于熵的不确定性，ID3 比 CART 更容易受到异常值的影响。（我们稍后会更详细地讨论这个问题）。

在最初的设计中，ID3 算法不能处理缺失值和数字（非分类）值。不过其最新版本 C45 解决了这个问题。所以现在 CART 和 ID3/C45 之间唯一的关键区别是对同质性的定义（熵与吉尼指数）。具体来说就是用平均值代替缺失值。新版本 C45 修复的 ID3 的另一个地方是降低了过拟合的风险，因此增加了一个称为剪枝的操作步骤。我们将在介绍回归树时描述剪枝操作。

1. 算法的实现

ID3 与 CART 都以自顶向下的方式构建分类树。从一个空树和完整的数据集开始，在每个步骤中，循环遍历特征列表（在前面的步骤中没有被选择的特征）及其可行值。

　　算法选择熵最小的一对特征 / 值。然后向树中添加一个新节点，并将数据集分成两个区域：值小于或等于所选特征值的行和值更高的行。最后，在生成的两个（子）数据集进行递归。

> **重点**：一个很重要的问题是，CART 和 ID3/C45 之间有什么区别。值得注意的一点是，ID3/C45 系列算法更加"贪婪"，并且会在对一个特征进行分割后停止使用该特征。另一方面，CART 可以在多个分割中重用相同的特征。这种差异导致 CART 生成更大的树，也有更多的机会得到更好的分割。除了大小（以及 CART 的性能）之外，CART 的另一个缺点是不支持剪枝，也就是说，规则集被当作超参数用于在每次分割迭代做出决策。

2. 信息增益与熵

　　如前所述，ID3 对不纯度的定义与 CART 不同，ID3 基于熵的概念度量不纯度。数据集 S 的熵定义如下：

$$H(S) = \sum_{i=1}^{K} - P \cdot \log_2(P_i)$$

　　式中，K 是要预测的分类数（即电影可能的等级），P_i 是分类值为 i 的元素在数据集中的频率（即在训练数据集中以给定方式评级的电影数）。注意，频率值不大于 1；因此，对数（底为 2）为负。求和之后的值总是为正。

　　在 ID3 中，我们的目标是得到一个非常低的趋近于 0 的熵值。如此低的熵意味着高度均匀的分割。例如，如果数据集有 20 部电影，其中 8 部为 1 级，3 部为 2 级，9 部为 4 级，那么总熵如下：

$$H(S) = -0.4 \cdot \log_2(0.4) + (-0.15 \cdot \log_2(0.15)) + (-0.45 \cdot \log_2(0.45))$$

　　在数据集 S 中对特征 A 进行分割产生的信息增益（IG）如下所示：

$$IG(S, A) = H(S) - \sum_{i=1}^{T_A} P_i \cdot H(i)$$

　　式中，$H(i)$ 表示由特征 A 取 i 值的所有元素构成的数据集子集的熵。

3. 异常值的影响

　　CART 和 ID3/C4.5 之间最相关的区别之一是异常值的影响，在 ID3/C4.5 中，异常值的影响要比 CART 中的高很多，其原因在于吉尼指数和熵的数学定义。吉尼指数为特征的频率平方和，而熵是由频率与特征值的对数相乘得到的。

　　图 12-4 显示了由对数（熵公式中乘以 −1）函数和平方（x^2）函数生成的曲线。X 轴表示特征值的频率。如图所示，频率值在 [0,1] 区间内。但是，请注意，频率是不可能为 0 的，因为 0 没有对数。

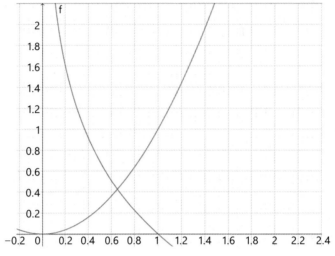

图 12-4 （负）对数函数和平方函数的增长比较

异常值的频率值非常接近 0。

从图 12-4 中可以看到输入值越接近 0，熵的值越高（垂直渐近线）。相比之下，平方函数的增长更为线性，甚至是次线性。因此，当使用熵代替吉尼指数时，异常值的影响要高得多（无穷与 0）。

12.4 回归树

回归树被用来预测连续值，而不是像分类那样预测离散值。回归树算法通过我们之间在 CART 和 ID3/C45 中讨论过的相同的二类递归分区来构建树。但与分类树相比，回归树使用另一个指标来决定分割操作。

通常使用被称为"回归树算法"的特定算法来构建回归树。

12.4.1 算法的实现

该算法的高级描述类似于 CART 和 ID3，以数据集对特征值的（重复的）分割为中心。每次分割都会将数据集分成两部分，然后递归地处理每一部分。与 CART 和 ID3 相比，有两个关键的区别：

- ❏ 如果预测的是连续值，那么不纯度和熵都不能起很好的作用，所以需要继续使用平方误差的概念。
- ❏ 要分割的特征值不是特征所取的特定值，必须预测一个连续值，它是特征在所考虑数据集区域中所取值的平均值。

在每个分割步骤中，数据集被划分为两个不同的区域 R_1 和 R_2，SSE 计算如下：

$$SSE(S, R_1, R_2) = \sum_{i=1}^{K_1} \left(y_i - \tilde{Y}_{R1}\right)^2 + \sum_{i=1}^{K_2} \left(y_i - \tilde{Y}_{R2}\right)^2$$

式中，K_1 和 K_2 表示分割区域的元素个数。$\tilde{Y}_{R1}$ 和 $\tilde{Y}_{R2}$ 表示特征 Y 在该区域的均值。在每一步中所需要做的就是找到使误差最小化的区域 R_1 和 R_2。但是，因为 R_1 和 R_2 是由分割产生的，所以真正需要确定的是特征 A 和分割的值。下面是算法可重复部分的伪代码。

```
var sse = calculate_sse_for(dataset);
foreach(feature in features)
{
    // Calculate the mean for the current feature
    var mean = calculate_mean(feature);

    // Obtain regions R1 and R2 for the feature
    var regions = split_on(feature, mean);

    // Calculate SSE for split regions R1 and R2
    var sse_r1 = calculate_sse_for(regions[0]);
    var sse_r2 = calculate_sse_for(regions[1]);
    features_sse_list.Add(combine_sse(sse_r1, sse_r2));
}
// Best SSE of all features
var best_sse = features_sse_list.Min();

if (best_sse >= sse)
{
    // Best result reached
    break;
}
```

对于每个数据集，递归地重复伪代码中的过程。函数的退出点可以设定为达到 SSE 的极限、树的深度或叶节点数，这与我们在 CART 和 ID3 中看到的情况非常相似。

12.4.2　剪枝

对于回归树，过拟合的风险要高于分类树。这点可以通过数学原理解释。要预测的连续值（相对于分类值）为计算提供了更大的空间。总有一个值可以通过一次迭代变得更小。如果处理不当，这种情况很容易恶化为过拟合。

降低过拟合风险的一种方法是引入一个阈值，这样，只有当分割至少在给定阈值下改善了 SSE 时，算法才会继续。这种方法很有效，但也比较基础。一种更好的解决方法是采用与上一章介绍的 L2 正则化类似的方法，对叶子的生长进行惩罚。这个过程被称为剪枝。其思想是让树生长到最少的叶子数，通常不少于 5 片。接下来，实行剪枝。剪枝意味着从计算出的决策树 T 中删除一些叶节点。由于不能改变树的二元结构，所以只能删除偶数个叶节点，记为 $2p$，剪枝之后将得到一个节点数为 $T-2p$ 的树。

总体来说，我们的目标是在不降低树的预测精度的情况下缩小树的大小。因此，剪枝还附带一个成本复杂度函数，如下所示：

$$R_a(T-2p) = \sum_{i=1}^{\#T} \text{SSE}(T-2p) + \alpha \cdot \#(T-2p)$$

式中，$\#T$ 是指树上的叶节点数。从数学的角度看，剪枝就是最小化函数 $R_a(T-2p)$，优化的参数为 $2p$，指的是要移除的叶节点数。除了 $2p$ 参数外，还可以通过优化学习系数 α 来获得更好的结果。α 越大，树就修剪得越小，也越有可能降低准确度。为了评估系数 α 的性能，可以使用 k 倍交叉验证，其中 k 值通常为 5 或 10。

12.5　本章小结

当涉及分类和决策问题时，机器学习中树算法表现得很好，也为回归提供了一种非线性的方法，扩展了在上一章介绍的线性和多线性回归。

基于树的算法分为两类：分类树和回归树。然而，这两类的所有算法都基于相同的原理和逻辑进行工作。特别是 CART 和 ID3/C45 这两种主要算法都属于分类。所有的树算法的工作方式几乎是一样的，本质上是通过对特征集及其值进行循环，试图找到能将数据集分割为两个同类区域的最优特征 / 值组合。最后，在训练阶段建立一个决策树，该决策树能够对生产中的测试数据进行分类和预测。确定最优分割的方式决定了各种树算法之间的差异。

值得注意的是，本章并没有涵盖机器学习中所有与树相关的知识。在下一章，我们将扩展到其他基于树的算法，比如随机森林和梯度增强。

第 13 章

如何做出更好的决策：集成方法

在我们考虑真正的人工智能之前，需要首先解决无监督学习问题。

——Yann LeCun

（Facebook 副总裁兼首席人工智能科学家）

至今为止，机器学习一直面临着同样的问题：如何建立越来越准确的预测模型。用于构建解决方案的基本工具是我们在前几章中提到的数学工具，用于评估模型质量的工具有偏差、方差和误差。基于树的算法有利于解决分类问题（在一些已知的标签中，是描述观察数据项的最佳方式），但前一章提出的算法总体上很简单，在某些方面是弱学习器。

本章讨论的集成方法（ensemble method）是指结合多种学习技术生成预测模型的几类算法。从本质上说，它们把弱学习器集成起来形成一个强学习器。

两类主要的集成方法关注点不同。一类是专注于减少方差的装袋方法（bagging method），另一类则是致力于减少偏差的提升方法（boosting method）。

13.1 问题

上一章描述了如何在分类和回归问题中构建决策树。看起来并不是一件超级复杂的事情，在某种程度上，我们人类甚至可以遵循算法的推理并解释其步骤。这表明该模型在整体简单性方面不一定强大。这种认识引出了弱学习器的概念。

弱学习器是一种算法，总是能从训练数据中学习到一些东西，总比猜测表现得更好。换句话说，当要为观察到的数据项分配标签（也就是分类）时，在检测输入和目标之间的关系方面，上一章所示的任何决策树都有很好的但不是很大的机会达到预期的准确度。

这个问题自 20 世纪 90 年代中期以来就得到了认真的解决，并导致了集成方法在未来几年的发展。

集成方法的核心思想是将简单的模型组合在一起工作，然后评估响应，以协调来自统一模型的最终响应。换句话说，如果只有一棵好树，它就可能不能发挥最好的作用（没有足够的木材，没有足够的树荫，没有足够的果实），而拥有一片树林效果会好得多。正是这种隐喻导致了集成方法的诞生。

如上所述，集成算法主要有两类。一个叫作装袋聚合，这个名字常被简称为装袋。另一个被称为提升。

- **装袋**（bagging）。在这种技术中，弱学习模型是相互独立的，而且加权方式相同。组合起来的学习模型可以是相同的类型，甚至可以是异构的。具体的 bagging 算法是让弱学习器工作，然后返回它们结果的加权平均值作为最终评分。bagging 可以提高模型的稳定性并减少方差，使得模型对训练数据的敏感度大大降低。
- **提升**（boosting）。在这种技术中，弱学习模型是顺序应用的，而不是并行应用的（如 bagging）。在 boosting 算法的每次迭代中，都会新建一个模型来预测使用的学习器的误差。因此，在后续步骤中，应用学习器会合并在上一次迭代中捕获的误差。boosting 可以减少偏差，但与此同时，它更容易过拟合。

让我们详细看看这两类算法的细节。

13.2　bagging 技术

有一种快速而直接的方法可以进行 bagging：选择一个分类算法，并在数据集的几个小子集上运行它。完成后，取平均值，然后将该值与整个数据集上使用相同算法得到的结果进行比较。如果这个方法奏效，那就太好了！否则，可能应该考虑一个更大的子集。

不过需要注意的一点是，更大的数据子集并不能保证更好的结果。

如果训练数据集较小，可以通过组合及重复，从原始数据集生成额外的数据集用于训练。这样，就等于放大了原始数据集的大小，并通过聚合多个子集的分数获得更好的分数。如果从传统分类器获得的结果足够好，就不能期望有显著的改进。

13.2.1　随机森林算法

你可能已经从本书前面的内容中知道了，在机器学习中，重要的不是一个特定算法的名称或实现，而是解决方案的类或一般方法。因此，今天要讲的随机森林（random forest）或随机决策森林（random decision forest）已不再是指特定算法，而是一种集成方法的总称，它适用于围绕数据项的分类或特定标签预测的决策任务。

1. 它们是做什么用的

在我们进一步了解随机森林算法细节之前，一个很重要的问题就是清楚它们是做什么用的。随机森林算法非常流行是有原因的，因为它使你能够在可接受的时间内做出更有洞察力的决策。顾名思义，随机森林是由树组成的（不过，通常也可以使用其他类型的基本模型），其输出是由组成模型获得的结果的聚合。特别是，当需要建模的数据中存在非线性关系时，随机树比回归树更准确。

非线性关系的一个很好的具体例子是电子商务在线商店的推荐引擎。一般来说，所有属于建议范畴内的内容都非常适合随机森林，比如医学分析、金融交易中的欺诈检测分析以及对贷款或投资的财务评估。

2. 总体构想

与单一的（分类树或回归树）树不同，随机决策森林在训练时是由大量的单个决策树组成的，在分类的情况中，最终得分由各个树检测到的类的模式给出，在回归的情况下，最终分数是各个树预测的值的平均值。随机决策森林的第一个算法是由 Tin Kam Ho 在 1995 年提出的。

图 13-1 呈现了随机森林背后总体思想的图形表示。

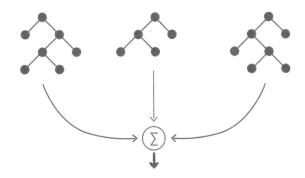

图 13-1　随机森林算法的架构

随机森林算法主要使用决策树（基于实际问题的分类或回归）作为弱学习器，并且并行运行它们。但是，由于它们是基于相同的数据集和相同的（固定的）超参数集（即决定何时停止）构建的，因此期望每个学习器都产生几乎相同的输出也是合理的。

那么，构建森林有什么意义呢？这就是随机集成算法的作用。

3. 随机性至关重要

在随机森林中，每棵学习树都是基于随机选择的特征构建的。在标准决策树中，为了使信息增益最大化，每个分割步骤都来自精心挑选的特征（和值），而与标准决策树不同，在随机森林场景中，每个学习器都对特征的一个随机子集进行操作。

此外，利用自举（bootstrap）法得到的原始数据集的子集训练单个学习器。在统计中，bootstrap 是一种通过对多个小数据样本（在小数据集的情况下复制行）进行平均估计来估计数量的技术。随机森林从原始数据集中获取大量自举数据集，并根据随机选择的特征对每个数据集进行训练。换句话说，标准决策树对原始训练数据集的行和列进行随机选择。

每个学习器采用不同的停止参数，这些参数是随机森林算法整体配置的一部分。对于这些值有一些指导原则，但在一开始，它们可能只是随机的。

13.2.2 算法步骤

随机森林和上一章中讨论的所有算法（以及将在后续各章中讨论的算法），可以在 Python 和 .NET 库（例如 Scikit-learn、ML.NET）中找到一个或多个有效的实现。开发人员和数据科学家不太可能从头开始写算法，通常情况下，他们只是调用库函数。

不过知道解决问题的步骤也非常有趣。下面是随机森林算法的工作原理：

```
var forest = CreateRandomTrees(100);
var m = NumberOfFeaturesToConsider;
var results = new List<TreeResult>();
foreach(var tree in forest)
{
    // Select the given number of (random) features to use
    var features = select_features_randomly(m, dataset)

    // Extract a subsample of the dataset
    var bootstrap = select_bootstrap(dataset);
    // Train the model
    results.Add(tree.Fit(bootstrap, features, /* other hyperparameters */));
}

// Jump to conclusions
var score = pick_best(results);
```

循环的末尾给出了经过训练并准备好进行预测的树的数量（本例中为 100）。最终结果来自一个投票机制，该机制从各树做出的所有预测的集合中选择最佳预测。如果该算法用于分类问题，则投票机制将选择最能预测的标签（模式）。在回归的情况下，它将选择所有预测的均值。

1. 森林中树的数量

当生成随机森林时，并没有具体的关于在森林中生长的树的最佳数量的指示。由于该算法永远不会过拟合，因此我们可以使用任意（大）数量的树来达到所需的精度和计算能力。

然而，情况发生了变化。在 2004 年的一篇文章中，研究员 Mark Segal 展示了在低质量数据集（包含不完整、不一致甚至毫无意义的数据）的情况下，随机森林算法有过拟合的倾向。因此，树的数量成为该算法的关键超参数。如今，一个被广泛接受的观点是，树的最佳数量应该介于 64 ～ 128 之间。此范围内的任何数字都可以确保在准确度、处理时间和资源消耗之间实现良好的平衡。

除非有一个强大而精密的计算环境可用，否则超过 128 棵树的阈值会按比例降低准确度增益。随机森林训练起来相当快，但是如果使用大量树，那么它的预测速度可能会很慢。

2. 其他超参数

除了树（有时也称为估算器，主要是在统计文献中）的数量，随机森林算法的行为也会受到其他参数的影响，例如在各种 bootstrap 中选择的特征的最大数量。

　　另一个重要的超参数是寻找最佳分支数时要考虑的特征数量，常用的值（例如，scikit-learn 实现使用的值）是数据集中特征总数的平方根。

　　此外，对算法速度（在训练和预测时）影响最大的参数是树的最大深度。如果未设置此参数，则算法将继续进行，直到没有可用的分支。该算法的一些实现也会在达到给定的最大叶节点数时停止运行。

　　当我们谈到算法时，我们还需要考虑用于训练各种随机树的数据子集。数据子集的数目应该明显小于数据集的大小，且不应该涉及分区，这意味着两个子集可能包含相同的数据行。一个可接受的值是数据集大小的平方根。

13.2.3　优点与不足

　　与传统的决策树相比，随机森林的引入使得做出更好的决策更加简单。不过使用它们有利也有弊。主要的优点有：

- ❏ **对非线性关系建模**。尽管 bagging 算法也可以组合不同的学习器，但随机森林是指树的组合。因此，随机森林算法保留了树的主要价值——管理非线性关系的能力。此外，随机森林对过拟合的敏感性较低。
- ❏ **支持特征选择**。在复杂的问题中，当必须准备和构造大型数据集时，一个常见的问题是特征的实际相关性。随机森林擅长于判断数据集中哪些特征最相关。一个经过微调的算法可以执行 bagging 并探索哪些特征在随机选择中被分类得最多。这些信息可以用来微调数据集，甚至可以用来解决随机森林不能直接解决的问题。
- ❏ **缓解数据集不平衡**。算法的随机性有助于减轻训练数据集可能的不平衡。在监督学习中，当训练数据集每个类不包含相对相等的一组数据点时，训练数据集被定义为不平衡。严格来说，它并不一定是严格的平均分割，但是当两个极端之间的距离太大（即 90/10）时，就需要进行一些操作。但如果使用随机森林，则对不平衡数据集并不严格需要进行数据操作。原因在于数据是在 bootstrap 中采样的，这有助于吸收和减轻不平衡。

　　因为随机森林是一个森林，所以它的大小至关重要。参与的学习器越多，最终的统一模型训练得越慢，生成结果就越慢。总体来说，随机森林必须在花费时间和准确性之间进行折中。如果给定模型提供的结果不足以解决当前的问题，可以采用其他方法，例如神经网络（我们将在几章中介绍神经网络）。

　　最后需要考虑的问题是，随机森林模型很难解释。在机器学习中，模型的可解释性是指最终用户对接收到的答案的正确性的感知。无论做出准确的分类和预测的最终目的是什么，最终用户都需要根据预测做出决定，而且他们总是倾向于选择易于理解的建议。在经典的决策树中，整个过程更简单，并且在某种程度上，最终用户（该领域的专家）可以有更好地验证响应。

　　一方面，随机森林模型并不容易解释，因为它是由大量随机构建的不同决策树的预测组合而成的。而另一方面，经验证明随机森林非常成功。

> **注意**：模型的可解释性有限并不一定是一个负面的观点。事实上，你甚至可以把它看作是在人类感知水平之外进行更深入分析的标志。因此，一个对人类来说难以解释的模型可能更具洞察力，在实践中更有用。

13.3　boosting 技术

　　boost 这个词的意思是指循序渐进，逐步增加，缓慢但稳定地取得更好的结果。这正是我们试图在机器学习中使用 boosting 技术来解决分类和回归问题时要实现的目标。

13.3.1　boosting 的能力

　　与 bagging（随机森林是典型的例子）不同，boosting 按顺序进行，并在多次迭代后结束。为了比较这两种技术，来看一个常见的选择餐厅的过程。

　　在 bagging 中，你可以向部分朋友询问相同的问题，然后根据选票最多的建议做出最终决定。相反，在 boosting 中，你每次只询问一位朋友，并根据前一位朋友的反馈调整你问下一位朋友的问题。然后，当你对所得到的答案足够自信时，停止问问题。

1. 理想的不平衡数据

　　像随机森林一样，boosting 也适用于分类和回归。然而，boosting 算法的内部特性使它们特别适合于异常检测和在信息检索系统中构建排名模型。异常检测是一个热门领域，因为它具体涉及如欺诈性的金融交易，甚至可以跟踪网络安全上可疑的活动。

　　一个非常重要的事实是，boosting 算法在不平衡数据上运行良好。如果你正在寻找异常值（如在异常检测场景中），那么该算法在高度不平衡的数据上也表现良好。一般来说，它可以很好地处理线性方法（即多线性回归）无法处理的异构数据。如果你正在处理一个包含太多异构数据的分类问题，那么神经网络可能是一个更好的选择。

2. 快速分类 boosting 算法

　　总体来说，我们有两大类 boosting 算法：自适应提升（adaptive boosting）和梯度提升（gradient boosting）。前者是继承自第一个 boosting 算法，即 AdaBoost 算法。AdaBoost 算法是 1997 年由 Yoav Freund 和 Robert Schapire 提出的，是其应用领域的一个里程碑，并在 2003 年获得哥德尔奖。

> **注意：** 哥德尔奖每年颁给理论计算机科学方面最杰出的论文。它是由欧洲理论计算机科学协会和美国计算机学会基础理论专业组织共同指派的。有趣的是，2019 年该奖项颁发给了 Irit Dinur，以表彰她对概率可验证明定理（Probabilistically Checkable Proof，PCP）的新证明。PCP 定理指出，在 NP 难问题类中的任何决策问题都有一个多项式证明，该证明可以用对数复杂度的随机化算法来检验。PCP 定理被认为是自 20 世纪 70 年代初以来在理论计算机科学中最相关的进步，那时由于库克定理，NP 完全性的定义被确定。

后来，来自加州大学伯克利分校的 Leo Breiman 利用梯度下降工具将 boosting 问题重新表述为一个优化问题，一种用于函数分析中求最小值的优化算法。Breiman 的这项工作为进一步的研究和优化提供了灵感，这导致了现在的算法（如 XGBoost）被硬编码在许多机器学习开发工具包中。

除了问题的不同表示方式之外，自适应提升和梯度提升遵循相同的概念步骤。接下来让我们快速了解下自适应提升。

3. 原始自适应提升算法

第一步，自适应提升算法构建并训练一棵树，其中数据集（观察）中的每一行数据都具有相同的相关性。第一棵树建好后，评估阶段将确定数据集中的哪些行已被正确分类。接着创建第二棵树并进行训练，在上一步中分类不正确的行被赋予更高的相关性。对前两棵树者串接得到的模型的预测性能进行评估，并用来创建第三棵树，对数据集进行训练，更新行上的权重。

这个过程不断重复，直到第 n 个弱学习器的分类误差达到可接受的水平。此时，整体（更强的）模型的最终预测是通过各种弱学习器产生的结果的组合给出的。让我们看一个图形示例。图 13-2 表示最初用于训练的样本数据集。

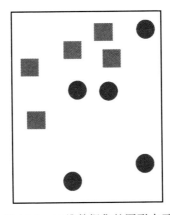

图 13-2　二维数据集的图形表示

　　boosting 算法的第一次运行将构建一个弱决策树，该决策树只能识别左边缘附近的方框。在第二次运行中，未被识别的方框将被赋予更高的权重，第二个学习器在这些变化的值上进行训练，将数据集分为两半，其中较大的区域中可能包括所有方形以及一些圆形。第三步将提高圆形之间的相关性，第三个决策树将画出一条包含大部分圆形的水平线，如图 13-3 所示。

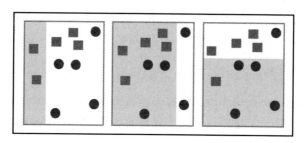

图 13-3　boosting 算法的三个步骤示意

　　从图 13-3 上看，弱学习器的概念非常清晰。该模型训练了三棵决策树，虽然每一棵都不是很有效，但是它们的综合作用教会了最终的强学习器如何正确识别几乎所有情况（如图 13-4 所示）。尽管仍然存在一些错误，但这主要取决于算法的超参数设置。

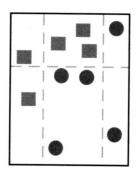

图 13-4　利用 boosting 算法构建的强学习器对原始数据集进行分类

　　图 13-4 中虚线分隔的区域表示树的实际叶子，该树是由沿途构建的所有（弱）决策树组合而成的。

13.3.2　梯度提升

　　如前所述，梯度提升将训练过的模型视为寻找最优结果的步骤序列。梯度提升不是通过在数据点上应用不同的权重来改进每一步得到的结果，而是在每一次迭代中增加一个代表预测误差的新特征。最后，最终的预测值为原始预测值与后续每一步的修正值之和。

　　在梯度提升中，每次迭代都会确定损失函数的新系数，称为训练损失函数。这个函数通过梯度下降技术最终被最小化。每次迭代后训练损失函数的梯度用于调整目标函数的系数。

1. 梯度提升算法的主要步骤

让我们尝试以一种较为正式的方式来表达梯度提升算法的步骤。在梯度提升算法中，弱学习器可以是任何类型的（例如，线性回归算法、贝叶斯树）。不过大多数情况下，它们只是决策树，因为决策树训练起来简单快捷，并且可以捕获非线性关系。总体来说，最终模型具有以下形式：

$$F(X) = f_0(X) + f_1(X) + \cdots + f_m(X)$$

在公式中，任何 $f_i(X)$ 成员都代表弱学习器。其中 X 为数据集，m 为树的数量。步骤如下：

- ❑ 创建和训练决策树，在这个阶段，只要模型适合数据集即可，无须过多考虑。将此模型称为 $f_0(X)$。
- ❑ 计算模型的残差，并训练另一个决策树 $f_1(X)$ 来预测这些误差。然后就会得到一个新的模型 $F(X) = f_0(X) + f_1(X)$。
- ❑ 重复计算当前模型 $F(X)$ 残差的过程，并训练一个新的弱学习器添加到列表中，得到一个新的 $F(X)$ 定义，$F(X) = f_0(X) + f_1(X) + \cdots + f_m(X)$。
- ❑ 当误差足够低或达到一个对当前问题来说可接受的水平时，就停止迭代。

从本质上讲，该算法允许在每步中添加一个新的由已设置的超参数（如损失函数）确定的黑盒。在某种程度上，你可以指导算法如何构建黑盒，但一旦构建完毕就只能按原样使用它。因此，也可以说这些附加的弱学习器的工作方式并不完全在你的控制之下。图 13-5 提供了梯度提升算法的图形表示。

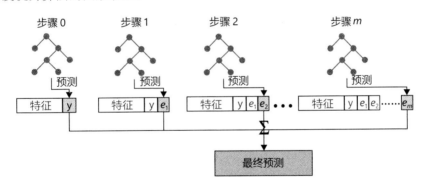

图 13-5　梯度提升算法的步骤

2. 梯度黑盒内部

图 13-5 中的关键之处在于，在每个步骤的最后，向数据集添加了一个新列，并训练了一个新的弱学习器来预测新添加列的值，其中新添加的列度量的是实际预测值与期望值之间的误差。

算法第一步定义了一个初始的弱学习器，这个初始学习器无论输入值如何变化都会返回一个恒定值。换句话说，如果算法停留在第一步，则无论输入值是什么，模型返回的输出值都固定为一个常数。常数值被定义为 α，α 使得函数 L 在期望值 y_i 和 α 上计算的误差总和最小。函数 L 也是算法的超参数之一。符号 $\arg_{\alpha}\min$ 表示使求和最小化的 α 值。常用的 L 函数是 MSE 函数：

$$F_0(X) = \arg_{\alpha} \min \sum_{i=1}^{N}(y_i, \alpha)$$

式中，X 表示训练数据集，N 是数据集的行数，y_i 是第 i 行的期望值。该算法的迭代次数为固定的 M。对于任意次迭代，完成以下步骤，假设当前在第 m 次迭代中。

对于数据集中的每一行 x_i，计算函数 L 相对于函数参数 $F(x_i)$ 的偏导数：

$$g_{i,m} = -\frac{\partial L(y_i, F(x_i))}{\partial F(x_i)}$$

注意，函数 F 表示应用先前计算的所有弱学习器的最终学习器。在第 m 步，函数 F 如下所示，其中 f_i 是链中的第 i 个弱学习器：

$$F(X) = \sum_{i=0}^{m-1} f_i(x)$$

计算值 $g_{i,m}$ 是添加到数据集中的新列的值。在这个扩展的数据集上，训练一个新的弱学习器 f_m。最后，通过计算步长提高梯度。步长并不是一个固定的值，而是随每次迭代而变化。算法第 m 步计算 α 的公式：

$$\alpha_m = \arg_{\alpha} \min \sum_{i=1}^{N} L(y_i, F_{m-1}(x_i) + \alpha f_m(x_i))$$

这个值使期望值与已有的总函数加新训练的弱学习器计算出的实际值之间的误差总和最小。计算得到的 α 值最终成为新学习器在强学习链中的权重系数。第 m 次迭代的输出是一个新模型，如下所示：

$$F_m(X) = F_{m-1}(X) + \alpha_m f_m(X)$$

这就是梯度提升算法背后的数学原理。此外，为了减轻解决方案过拟合的程度，还采用了一些别的技术，其中之一为收缩，它会将上式更改为：

$$F_m(X) = F_{m-1}(X) + \gamma \alpha_m f_m(X)$$

使用一个 (0, 1] 范围内的系数 γ 来乘以 α_i 权重。这样做可以减慢下降速度，留出更多时间来理解数据。启发式方法表明，小的收缩率（<0.1）可以生成更通用的模型，但同时会增加训练时间和查询模型所需的时间。

3. 常见的超参数

梯度提升算法支持许多调优参数，这些参数在不同的实现中可能略有不同。其中最常见的参数是学习率，就像我们在线性回归中遇到的梯度下降一样，它有助于确定下一轮损失函数的系数的变化，以及每棵决策树允许达到的最大深度。

其他参数还包括每棵树训练和实际使用的数据集的百分比和特征的百分比。请注意，只取数据集的一小部分可能会导致欠拟合，但是选择大量特征又可能会导致过拟合。树的数量对于 boosting 算法也是非常重要的，不过通常将其设置为 100。

最后，大多数实际算法都允许你根据手头的问题是回归、分类还是有概率的分类问题来选择要使用的损失函数。

4. 流行的实际算法

最流行的梯度提升技术的两个实现是 XGBoost 和 LightGBM。两者都使用决策树作为弱学习器，出于性能原因，两者都引入了变体。这两种算法都是在近几年提出的。

XGBoost 算法对第一步之后计算分割的方式进行了改进。特别是，增加了更多数据以帮助后续模型做出更好的决策。此外，该算法能够跳过正在处理的特征的缺少条目的行。这样在稀疏数据集上，算法在没有缺失值的情况下对特征产生近似线性的性能。

LightGBM 是微软 2017 年提出的一种算法，并得到 ML.NET 框架的完全支持。它以XGBoost 为起点，进行了进一步的优化，因此在训练速度方面，它的表现优于 XGBoost，此外可以处理更大的数据集。两种算法的准确度几乎相同。

13.3.3　优点与不足

梯度提升算法不可避免地比随机森林更容易过拟合。此外，它们在配置方面存在更多问题。除了决定每次接近可接受误差水平的程度的学习率之外，还要创建大量的弱学习器以及对应的所有参数集。

尽管 XGBoost 和 LightGBM 很擅长寻找捷径来提供出色的平均性能，但是由于梯度提升是按顺序工作的，所以其本质上比随机森林慢。

与此同时，梯度提升算法比随机森林更加准确，可以处理任意具有足够数学特性的损失函数来生成梯度（损失函数必须是可微的）。这使得梯度提升算法成为某些问题的唯一解决方法，例如信息的排序和事件的预期计数（泊松回归）。

13.4　本章小结

集成方法是指一类算法，这些算法不仅试图解决决策问题，还试图以更好、更快、更准确的方式做出决策。听起来很不可思议？

好吧，不完全是！它听起来更像是数学。

集成方法将机器学习模型（主要但不一定是决策树）组合起来形成一个可以在准确性方面提供更好性能的单一预测模型。诀窍就是将多个弱学习器连接起来，让它们组合成一个整体。

集成方法有两种主要形式：随机森林和梯度提升算法。

随机森林不仅训练速度快，而且简单到很难建立一个效果差的随机森林！原因在于它是并行工作的，运行的速度也很快，最重要的是，它还返回了一个能表明数据集中每个特征可能具有的相关性的指示。

梯度提升算法在如何对其进行编程以搜索最佳结果方面更灵活，这使得它们非常（快速）适用于某些特定类问题，而其他算法很难解决这些问题，其中最明显的是异常检测问题。

在下一章中，我们将继续探讨浅层学习的主要算法，讨论朴素贝叶斯（Naïve Bayes）和贝叶斯分类器（Bayesian classifier）。与其他分类算法相比，它们可以非常快速地进行分类，并在贝叶斯定理的基础上预测未知数据点的类别。

第 14 章

概率方法：朴素贝叶斯

数学理论只有在你可以给一个路人都能解释清楚的时候，才能被认为是完整的。

——大卫·希尔伯特，元数学之父

一个经过训练的模型只能给出一个绝对肯定的答案，而不能给出任何概率。这是不是一个问题？通常，答案取决于你想用机器学习解决的问题的性质。为了得出一个结论，需要回答这个问题：你是否能接受一个用同样的算法可能会得到完全不同得分的预测？

科学家认为有必要为分类（和回归）问题增加一个概率维度。因此，在本章中，我们将进入贝叶斯统计的世界，并关注一种新的分类器，称为朴素贝叶斯分类器。

14.1 贝叶斯统计简介

20世纪60年代后期，诞生了一种新的统计方法，为经典的分类（和回归）问题增加了一个全新的概率维度。因此，出现了基于词频度量的新分类器，专门来进行文本分析及制作目录文件。由于这些分类器的工作原理是基于贝叶斯统计的，因此被命名为贝叶斯分类器。

如今，贝叶斯分类器被广泛应用于医疗诊断、天气预报、情感分析以及文档的快速分类（如垃圾邮件/非垃圾邮件）。为了更好地理解贝叶斯分类器，有必要快速浏览一下贝叶斯统计。

> **注意**：天气预报算法采用数值模型，每天输入信息，对温度、湿度、风力和压强等变量进行预测，把这些变量放在一起，就可以定义一个特定时期的气象模型。问题在于这个模型通常只适用于几平方公里内的区域。更细粒度的预测需要结合观测数据和历史数据才能获得。最新的天气预报研究的进展是已经开始使用贝叶斯统计来识别与预测相关的可能性最高的历史数据片段。

14.1.1 引入贝叶斯概率

贝叶斯定理是托马斯·贝叶斯（Thomas Bayes）的研究成果。他是 18 世纪初叶英国统计学家和哲学家。尽管这个名字在文献中随处可见，其实还有很多人也为贝叶斯定理做出了重大贡献。

事实是，托马斯·贝叶斯将他的研究成果记录在他未出版的手稿中。1761 年他去世后，他的同事，数学家理查德·普莱斯（Richard Price），得到了他的这个手稿，对手稿内容做了一些重大的修改，然后仍然用贝叶斯的名字发表了这个手稿。所以，很明显，理查德·普莱斯也为这项工作做出了重大贡献。

此外，10 年后，法国科学家皮埃尔 - 西蒙·拉普拉斯（Pierre-Simon Laplace）在完全不了解贝叶斯和普莱斯工作的情况下提出了一个类似的理论。不过拉普拉斯提出的理论远远超出了贝叶斯理论阐明的要点，如今他被一致认为是（贝叶斯）概率解释的开发者。

根据贝叶斯的观点，事件的概率被定义为知识状态的结果，而不是事件发生频率的结果。因此，概率就是人们相信某一事件会发生的程度。这是贝叶斯统计的关键事实，贝叶斯分类器（和回归器）利用的正是这一点。

重点：首先要注意的是，虽然贝叶斯统计可以应用于分类和回归问题，但从纯计算的角度来看，概率回归方法的代价很大。我们将在本章后面进行介绍。

14.1.2 一些初步的符号

在掌握这个定理之前，先介绍一些关于贝叶斯公式的基本符号。第一个概念是条件概率。

1. 条件概率

条件概率被定义为事件 A 在事件 B 已经发生的情况下发生的概率。函数 P 表示概率函数。条件概率的符号是 $P(A|B)$，记作"给定 B 时 A 的概率"。

$$P(A|B) = \frac{P(A \bigcap B)}{P(B)}$$

简单地说，A 的条件概率是 A、B 同时发生的概率和 B 发生的概率的比值。显而易见，条件概率公式只有在 $P(B)$ 大于 0 时才有意义。

2. 两个事件的交集

在条件概率公式中，符号 $P(A \bigcap B)$ 表示事件 A 和 B 同时发生的概率。这也称为事件的交集。事件的交集也可以表示为：

$$P(A \bigcap B) = P(A) \cdot P(B|A)$$

前一个事件发生的概率乘以后一个事件发生的概率，得到两个事件发生的概率。上式假设事件 A 和 B 是相互关联的，也就是它们互相影响。还有一种情况是两个事件是独立的，这就意味着它们不会互相影响。在后一种情况下，公式 $P(A \cap B)$ 具有更简单的形式。

3. 多个事件的交集

使用链式法则，就可以将表示事件交集的公式很容易地推广到任意数量的事件。例如，如果考虑三个事件 A、B 和 C，则有

$$P(A \cap B \cap C) = P(A) \cdot P(B \mid A) \cdot P(C \mid A \cap B)$$

对于任意数目的 N 个事件 $A_1, \cdots, A_n$，公式变成

$$P(A_1 \cap \cdots \cap A_n) = \prod_{i=1}^{n} P\left(A_i \Big| \bigcap_{j=1}^{i-1} A_j \right)$$

如上所述，假定所有事件都是相互关联的。现在，要引入的另一个关键概念是独立事件的概念。

4. 独立事件

如果一个事件的发生不影响另一个事件的发生，那么这两个事件被称为是独立的。在独立事件的情况下，两个事件 A 和 B 的交集形式更简单：

$$P(A \cap B) = P(A) \cdot P(B)$$

两个独立事件的交集就是各自概率的乘积，这种情况下，条件概率公式简化为：

$$P(A \mid B) = \frac{P(A \cap B)}{P(B)} = \frac{P(A) \cdot P(B)}{P(B)} = P(A)$$

它可以这样理解："在事件 B 发生的情况下事件 A 发生的概率，等于事件 A 发生的概率。"

5. 事件划分

事件划分是形成贝叶斯定理的最后一步。一般来说，集合的划分就是子集的集合，这样原始集合的每个元素都只属于其中一个子集。这里把划分的概念应用到概率空间。

你要划分的集合是某个随机实验的所有可能结果的空间。这个集合的划分是一个事件的集合 $A_1, \cdots, A_n$，完全描述了可能发生的事情。每个事件 A_i 的概率都大于 0，所有事件的概率之和为 1：

$$\sum_{i=1}^{n} P(A_i) = 1$$

如果已知 $A_1, \cdots, A_n$ 中只有部分事件可能发生，那么给定事件 B 发生的概率是多少？你可以把 $P(B)$ 的计算划分到概率空间的不同区域上，然后把它们都加起来：

$$P(B) = \sum_{i=1}^{n} P(B \cap A_i) = \sum_{i=1}^{n} P(A_i) P(B \mid A_i)$$

B 的概率是 B 与所有 $A_1, \cdots, A_n$ 交集事件的概率之和。这是很直观的，因为一个特定事件 B 与所有可能事件空间的交集的概率就是 B。稍后，我们会看到这个在给定许多其他事件的情况下得到事件 B 概率的公式非常有用。

14.1.3 贝叶斯定理

贝叶斯定理提供了一个公式，可以根据给定的其他（相关）事件的发生来计算事件的概率。这个定理的关键在于，它关注的是事件发生的原因，而不仅仅是观测到的事件的频率。事件的原因表示对已发生条件的先验认识。这后一点对于机器学习场景来说很有趣。已发生事件的先验知识正是你希望从训练数据集中获得的。

该定理的标准公式为：

$$P(A \mid B) = \frac{P(B \mid A) \cdot P(A)}{P(B)}$$

该公式表述为："事件 A 在事件 B 发生后再次发生的概率是用已知的过去 B 发生的概率乘以 A 发生的总概率。得到的值除以 B 发生的总概率。"

可以简单地概括为：

$$P(因 \mid 果) = \frac{P(果 \mid 因) \cdot P(因)}{P(果)}$$

实际上在许多现实场景中，你知道结果的概率和原因的概率。从历史数据中，你还可以获得一个较好的对给定原因的结果的概率估计。贝叶斯定理可以让你得到：给定结果的原因的概率！

下面是另一种简单的语言表述：

$$后验概率 = \frac{先验知识 \cdot 似然函数}{归一化因子}$$

听起来很抽象，感觉离现实世界很远？让我们看一个例子！

14.1.4 一个实用的代码审查示例

假设由四名开发人员组成的团队将代码导入一个项目中。从使用中的源代码管理工具的统计数据中，项目经理接收到表 14-1 中的数据。

表 14-1 项目经理可用的历史数据示例

开发者	所贡献代码的百分比	错误百分比
开发者1	30	4
开发者2	23	1
开发者3	27	3
开发者4	20	2

项目经理决定进行代码审查，并在代码库中随机选择一个代码示例。假设选中的代码样本发现了错误，那么由开发者 2 造成错误的概率是多少？

表 14-1 提供了很多信息，但不是全部信息，借助于事件划分和贝叶斯定理就可以找到答案。让我们称 D_i 为第 i 个开发人员将代码贡献到代码库中的事件，称 B 为随机选择的一段代码中包含错误的事件。表 14-2 以概率的形式给出了与表 14-1 相同的信息。

表 14-2　每个开发人员贡献代码和错误的概率

每个开发人员贡献代码的概率		每个开发人员出现错误的概率	
$P(D_1)$	0.3	$P(B|D_1)$	0.04
$P(D_2)$	0.23	$P(B|D_2)$	0.01
$P(D_3)$	0.27	$P(B|D_3)$	0.03
$P(D_4)$	0.2	$P(B|D_4)$	0.02

回想一下要回答的问题：如果选中的代码样本中发现一个错误，那么它是由开发者 2 造成的概率是多少？根据前面的表示法，答案可以表示为：

$$P(D_2 \mid B)$$

根据事件划分公式有：

$$P(B) = \sum_{i=1}^{4} P(D_i) \cdot P(B \mid D_i)$$

根据表 14-2 中的数值，所选代码包含至少一个错误的概率 $P(B)$ 为：

$$0.30 \times 0.04 +$$
$$0.23 \times 0.01 +$$
$$0.27 \times 0.03 +$$
$$0.20 \times 0.03 = 0.0284$$

这意味着总代码至少包含一个错误的概率为 2.84%。这只是一个中间步骤，要得到最终的答案，需要应用贝叶斯定理：

$$P(D_2 \mid B) = \frac{P(B \mid D_2) \cdot P(D_2)}{P(B)}$$

代入所需数值，得到：

$$P(D_2 \mid B) = \frac{0.01 \times 0.23}{0.0284} = 0.08$$

现在你就知道了：当项目经理进行代码审查时，由开发者 2 造成错误的可能性为 8%。

14.2　贝叶斯统计在分类中的应用

在开始讨论贝叶斯分类器和相关算法之前，我们来看一下分类问题的概率表述。

14.2.1   问题的初始公式

给定一组特征 $X_1, \cdots, X_n$，你想计算每个可能的已知结果（即类别）$C_1, \cdots, C_k$ 的（后验）概率。

换句话说，你不仅想知道给定数据项属于哪个预定义类（如在规范分类算法中一样），还想知道数据项为该预定义类的概率。这组类构成了概率空间的一个分区，所有概率的总和仍为 1。

贝叶斯定理提供了一个很好的公式来计算数据项 X（特征集）属于 C_j 类的概率：

$$P(C_j \mid X_1, \cdots, X_n) = \frac{P(X_1, \cdots, X_n \mid C_j) P(C_j)}{P(X_1, \cdots, X_n)}$$

我们先不管分母，把注意力放在分子上。原因在于分母不依赖于 $C_1, \cdots, C_k$，而且 X_i 的值（特征）是已知的，因此分母是恒定的。

分子表达式 $P(X_1, \cdots, X_n \mid C_j)$ 只是前面讨论的链式法则的简化符号，它表示所有 X_i 值（特征）都属于 C_j 类的联合概率。根据链式法则，$X_1, \cdots, X_n$ 相交的概率如下：

$$\prod_{i=1}^{n} P\left(X_i \mid \bigcap_{j=1}^{i-1} X_j \right)$$

这个公式计算起来相当复杂，因为它需要多次应用条件概率公式。有什么方法可以简化它吗？

答案是没有，除非你放宽一些约束并选择一种朴素的方法。

14.2.2   简化的（有效的）公式

为了简化计算，我们假设所有 X_i 特征都是相互独立的。在这个假设下，使用独立事件的公式可以简化贝叶斯定理，如下所示。最终的结果通常称为后验概率。

$$P(C_j \mid X_1, \cdots, X_n) = P(C_j) \cdot \prod_{i=1}^{n} P(X_i \mid C_j) \cdot \frac{1}{P(X_1, \cdots, X_n)}$$

在这个公式中，条件概率必须针对每个特征单独计算，而不考虑其他特征。这就把多维问题的复杂性降低为重复解决一维问题的复杂性。

特征相互独立的（朴素的）假设使得将贝叶斯定理应用于分类变得相当简单。随后，在这种简化形式下，贝叶斯分类器成为许多需要给出实时响应的应用程序的首选算法。

> **注意**：在大多数朴素贝叶斯公式中，省略了分母，同时引入了比例性。结果，公式中的等号（=）被比例符号（α）取代。

1. 朴素在哪里

在文献中，贝叶斯分类器被称为朴素分类器。其原因在于假设了所有的特征是相互独立的。事实上，从纯粹统计的角度来看，这个假设非常强，并不能很好地模拟现实世界。

这样的分类器被认为是朴素的，因为尽管众所周知，特征几乎不可能是真正独立的，但是仍然做出这样的假设并继续进行。不过，算法中如此朴素的行为会影响结果吗？

这个事的有趣部分就在于：尽管这是一个客观朴素的假设，所涉及的特征并不是真正独立的，但该算法在大多数分类任务中工作得出奇地好。

2. 为什么朴素分类器仍然有效

分类是统计领域以及机器学习领域中的一个问题。不过，统计和机器学习之间存在核心差异。统计是对数据进行事后分析，旨在对其进行剖析并建立模型以进行准确的估算。相反，机器学习利用数据来变得善于进行预测和分类。

只要机器学习算法擅长做出预测并给出响应，它就不必做精确的估计。这正是朴素分类器会发生的情况。它们非常擅长预测数据项所属的类（而且非常快）。

这怎么可能？利用贝叶斯定理，分类器可以得到数据项属于任何给定类别的可能性。在收集了所有的概率后，分类器返回的响应服从一个决策规则，每个特定的算法可能会实现不同的决策规则。最后，每个分类器都会选择得分最高的类别，不管这个得分代表着什么，总之概率是最高的。

因此，朴素分类器计算出的概率很差，但分类却相当好。另一方面，正确的估计（如在统计中）意味着准确的预测，但准确的预测（如在机器学习中）并不严格要求正确的估算。实际情况是，概率上的错误几乎不会改变排名最高的类的名称。

14.2.3 贝叶斯分类器的实践

仅仅应用贝叶斯定理不足以得到一个（朴素的）分类器。贝叶斯分类算法由三部分组成：

- ❏ 一个决策规则引擎
- ❏ 一个用于计算任何先验概率 $P(C_j)$ 的模块
- ❏ 一个用于计算条件概率 $P(X_i|C_j)$ 的模块

决策规则用于决定应该使用哪个类对具有所提供特性的数据项进行分类。经常使用的规则包括选择概率最高的类别。这就是所谓的最大后验（Maximum A Posteriori MAP）规则。

为了计算先验概率 $P(C_j)$，分类器遵循两种常见的策略。一种策略认为所有的类都是等可能的，因此将先验概率设置为 $1/n$，即类别总数的倒数。另一种策略考虑了训练数据集中每个类的分布，然后，概率由数据集中属于该类的数据项数量与数据集中数据项总数的比值给出。

最后，为了计算条件概率，不同的方法直接导致了朴素分类算法的不同实现：多项式和伯努利。

14.3   朴素贝叶斯分类器

朴素贝叶斯分类器是一种主要用于分类任务的概率机器学习算法。分类器的基础是贝叶斯定理和特征相互独立的假设。基于朴素贝叶斯分类器的模型易于构建，响应速度也相当快。因此，它在用于扫描和分类大量数据时特别有用。尽管贝叶斯分类器宣称算法朴素，但其性能却优于其他更复杂的分类模型。

朴素分类器有两种主要形式：能够处理离散特征的分类器和能够处理连续特征的分类器。第一种形式主要有两个算法系列：多项式和伯努利分类器。而要处理连续特征，就必须研究高斯分类器。

 注意：离散特征是指仅假设在任意类型（数字、字符串、日期）的有限或无限可枚举区间内已定义好的特征。连续特征是可以采用给定区间内任何值的特征。例如，表示度量（例如高度、宽度、温度、压力）的特征很可能是连续特征。

14.3.1   通用算法

多项式朴素贝叶斯（Multinomial Naïve Bayes，MNB）分类器和伯努利朴素贝叶斯（Bernoulli Naïve Bayes，BNB）分类器共享相同的核心算法。在这里用 C# 伪代码描述这些步骤：

```
string NaiveBayes(string[] classes, object[] features)
{
    // Holder of the probability for each class
    Dictionary<string, float> probability = new Dictionary<string, float>();

    // Holder of posterior (final) probability for each class
    Dictionary<string, float> posterior = new Dictionary<string, float>();
    // Calculate the probability for all classes
    probability = CalculateProbabilitiesForAllClasses(classes);
    // Loop over classes
    foreach(var class in classes)
    {
        // Gets the prior conditional probability
        var prior = CalculatePriorProbabilityForClass(features, class);

        // Get the posterior probability based on conditional probability
        posterior[class] = CalculaterPosterior(probability[class], prior);
    }

    // Make the final decision
    return BestOf(posterior);
}
```

本质上，该算法遵循贝叶斯定理的步骤。首先，得到类和特征的列表，计算所有类的

先验概率 $P(C_j)$。其次，针对每个类，得到给定类的单个特征的所有条件概率的乘积。公式为 $\prod_{i=1}^{n} P(X_i | C_j)$。注意，因为分母是常数，所以可以省略。然后，该算法根据前几个值的乘积得到后验概率：$P(C_j)$ 乘以条件概率的乘积。最后，该算法应用决策规则，从计算的后验概率列表中获取要返回的值。

如前所述，在离散特征值的假设下，可以区分两个主要的朴素分类器：多项式和伯努利。它们在条件概率的计算方式上有所不同。

 重点：多项式分类器和伯努利分类器都完成了对数据项的分类工作，但它们计算先验（条件）概率的方法有所不同。实际上，"先验"概率的概念（以及随后使用的概率分布）反映的都是业务领域的知识。因此，多项式和二项式适用于不同的业务场景。

14.3.2 多项式朴素贝叶斯

多项式朴素贝叶斯（MNB）主要用于文本分析和随后的文档分类。例如，它最终被用来给一篇文章贴上新闻、体育、经济或者政治的标签，而这个标签就是通过分析文本中的词语而得出的。当算法接收的输入特征对应的就是文本中找到的单词而且特征的值是该单词在文本中出现的频率时，算法就特别有效。

1. 多项式分布

在统计学中，多项分布被用来确定可能有两个以上结果的实验的概率，实验是独立的（一次实验的结果不影响连续实验的结果），并且每次实验的每个结果的概率都是恒定的。

用来解释多项式分布的典型例子是投掷 k 边的骰子：每次投掷都是独立的，而且每次投掷 k 边都有自己独特且恒定的投掷概率。

MNB 分类器假设特征满足多项式分布。具体来说，这意味着什么？

2. 单词的分布

映射到文本分析场景，特征的多项式分布仅意味着在文本中找到的每个单词（特征）在给定类别的文档（例如新闻、体育、政治）中都有其自己独特且恒定的出现概率。

要应用朴素贝叶斯定理，你需要计算出假定属于某个 C_j 类的情况下单词 X_i 出现在文本中的概率，也就是公式 $P(X_i | C_j)$。怎么做呢？

在 MNB 中，这个概率可以表示为含有单词 X_i 的 C_j 类文档数与 C_j 类文档数的比值：

$$P(X_i | C_j) = \frac{\text{含有单词 } X_i \text{ 的 } C_j \text{ 类文档数}}{C_j \text{ 类文档数}}$$

有了可用的训练数据集，确定这些概率显然不是什么难事。

3. 零概率问题

有时，应用上述公式可能会带来一个可怕的问题。假设你训练了一个朴素分类器，并使用它来分析传入的文章并对文章所属类别做出预测。

如果文章中包含一个在与给定类相关的训练数据集中从未见过的单词，该怎么办？在这种情况下，与给定类相关的单词计算出的概率为0。这引发了一个严重的问题。事实上，在概率的乘积中，某一概率为0会使最后的乘积变成0。因此，文章被标记为给定类的概率为0。

零概率最终会影响整体响应的准确性。这可能意味着，在体育术语中使用"unusual but still legitimate"等字眼可能会使整篇文章被视为与体育无关！更准确地说，如果不采取对策，即使整体文章有99%的概率是指体育，但一个概率为0的单词也会使最终的降为0。

为避免这种情况，可以在前面的 $P(X_i|C_j)$ 公式中为分子和分母添加一个小的非零系数 α。这个操作称为拉普拉斯平滑：

$$P(X_i|C_j) = \frac{\text{含有单词} X_i + \alpha \text{ 的 } C_j \text{ 类文档数}}{C_j + (\alpha \cdot n) \text{ 类文档数}}$$

式中，n 为要考虑的特征数。

如果 α 为零，则不应用任何平滑处理。通常，平滑因子是一个0.001左右的小数。不过在某些情况下，特别是在数据集非常大的情况下，它可能接近1。

4. 最终表达式

该算法的 MNB 变体设置了一个计算给定类别的特征的条件概率的公式，如下所示：

$$P(C_j) \cdot \prod_{i=1}^{N} P(X_i|C_j)^{f_i}$$

式中，$P(C_j)$ 是该类别的先验概率，f_i 是单词 X_i 在文本中出现的频率。N 是要考虑的单词数。

注意：有时由上述公式得到的值很小。这种现象称为下溢。要解决此问题并使用可管理的数字，可以将其转换为对数刻度，并仅返回找到的数字的对数。

为了成功地将 MNB 应用于现实生活中的应用，通常需要一些良好的特征工程。特别是，你可能需要对特征进行预处理以删除停用词（stop-word）。在自然语言处理中，停用词是为了语义表达清晰并避免误解而从文本中删除的任意单词。停用词是指在分类时被认为实质上没有意义的词。没有通用的停用词列表，因此任何应用程序都可以定义自己的停用词。但一般而言，连接词、冠词和动词形式都是很好的停用词选择。例如，文本"The game is over"可以被视为"Game over"，删除"the"和"is"并不改变原来的意思。

其他的可以使 MNB 分类器更有效的特征工程的形式是词形化（将单词的不同变体组合

在一起，例如单数、复数、过去分词）和 n-gram。n-gram 由一组单词组成，而不是单个单词。

 注意：MNB 是分析长文本的理想选择，因为它可以处理值的频率。它是否也适用于非文本分类呢？答案是当然适合。它对非文本数据也同样有效吗？答案要看情况而定。这个算法总是使用数据的频率，如果使用非文本数据的频率仍然与当前问题相关，那么 MNB 算法对非文本数据也仍然有效。

14.3.3 伯努利朴素贝叶斯

伯努利朴素贝叶斯（Bernoulli Naïve Bayes，BNB）分类器可以看作是多项式贝叶斯分类器的简化版本，只是假设了不同的概率分布。BNB 可用在与 MNB 相同的场景中，但特征不同。

1. 二项分布

在统计学中，二项分布（或伯努利分布）用于确定只有两个可能结果的实验的概率，实验是独立的，每个结果在每次实验中的概率都是恒定的。换句话说，二项式是多项式的简化版本，其中结果空间只计算两个选项。

抛硬币是一个典型的二项分布的例子。硬币是双面的，每次抛掷都是独立的，并且硬币的每个面都有其独特的抛掷概率。

BNB 分类器假定特征服从二项分布。实际上它的工作方式与 MNB 几乎相同，不同之处在于，它所处理的特征被假定为布尔值。

2. 单词的分布

映射到文本分析场景，特征的二项分布意味着在文本中发现的每个单词（特征）仍然具有自己独特且恒定的概率出现在给定类别（例如新闻、体育、政治）的文档中。该单词在给定类别文档中存在与不存在的概率均为 50%。在训练数据集中，单词对应的列的值不再是该单词在文本中出现的频率，而是一个更简单的布尔值：存在 / 不存在。

要应用朴素贝叶斯定理，你需要能够计算概率：$P(X_i \,|\, C_j)$。怎么做呢？在 BNB 中，为不同的类和特征建立伯努利分布模型：

$$P(X_i \,|\, C_j) = \theta^{x_i}(1-\theta)^{1-x_i}$$

 注意，X_i 只能取 0 或 1 作为其值。θ 表示在 C_j 类中发现词 X_i 的概率。在文献中，有时会用带下标的 θ_{ij} 标记 θ，表示第 j 类中找到第 i 个特征的概率。

3. 最终表达式

该算法的 BNB 变体会设置一个计算给定类别的特征的条件概率公式，如下所示：

$$P(C_j) \cdot \prod_{i=1}^{n} \theta^{x_i}(1-\theta)^{1-x_i}$$

式中，$P(C_j)$ 是这个类的先验概率。如上所述，给定伯努利分布，X_i 只能为 0 或 1。这意味着概率相乘的两个可能值为 θ（当 $X_i = 1$ 时）和 $1-\theta$（当 $X_i = 0$ 时）。

因此，BNB 分类器特别适合分析短文，在这些短文中，单词的缺失（或存在）是属于某一类别的强烈信号。

注意：具有伯努利事件模型的朴素贝叶斯分类器与频率设为 1 的多项式分类器有很大的不同。区别在于伯努利分类器使用不同的概率分布，以更具体的方式来解决不同的业务问题。BNB 特别适合分析短文本。

14.3.4 高斯朴素贝叶斯分类器

当所有特征都取连续值并服从正态（高斯）分布时，高斯朴素贝叶斯分类器就开始发挥作用了。由于中心极限定理是数学基础，因此关于正态分布的假设并不严格，这在统计学中相当普遍。

1. 高斯分布

高斯分布也被称为钟形曲线，它是一个连续函数，提供了随机变量（如特征）连续值发生的概率。这些值最终会分布在具有一些关键特性的曲线上：

❑ 曲线的形状是对称的。
❑ 曲线的中间有一个凸起。
❑ 均值和中位数相同，都位于分布的正中间。

典型的钟形曲线如图 14-1 所示。

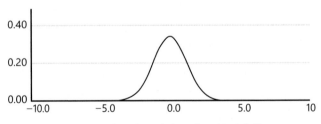

图 14-1 代表高斯分布的典型钟形曲线

观察曲线可以看出，值的概率（在连续区间内）往往集中在均值附近。

注意：概率的高斯分布只是最常用的一种，而且它能处理大多数问题中遇到的连续特征。但是，对于某些问题，其他的分布（例如泊松分布）可能更有用。具体来说，泊松分布是一个离散的（非连续的）分布，它很好地表达了一定数量的事件在某一固定时间间隔内发生的概率。

2. 概率密度与概率

直觉上，概率是正样本与样本总数之间的比率。但是，当涉及连续值时，前面概率的概念就变得毫无意义。在连续场景中，一个特征可以取一定数量的值，因此，它取一个特定值的概率始终为 0。原因是分母（可能的值的数量）趋于无穷大，而分子是个有限值，最后结果是 0。

在连续场景中，你需要假设概率分布。任何分布都有自己的密度函数。因此，一个特征的概率被计算为一个取值范围内位于密度函数下的横轴上方的面积，包括该取值范围的最小值和最大值（如图 14-2 所示）。

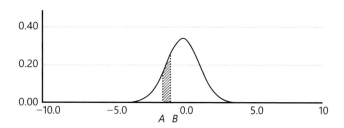

图 14-2　虚线区域表示特征落在 [*A*,*B*] 区间内的概率

值得注意的是，密度函数总是非负的，由密度函数和包含特征域的 *X* 轴部分所界定的整个区域的面积为 1。

> **注意**：连续变量在给定范围内取值的概率是密度函数在同一范围内的积分。与之相同的数学原理为密度函数是概率函数的导数。

3. 高斯朴素分类器

高斯分布的密度函数如下：

$$P(X_i \mid C_j) = \frac{1}{\sqrt{2\pi\sigma_j^2}} e^{\frac{(i-\mu_j)^2}{2\sigma_j^2}}$$

式中，σ_j 是特征 X_j 相对于类 C_j 的方差。同时，μ_j 是特征 X_j 相对于类 C_j 的均值。要计算该值，需遍历数据集，获取标记为 C_j 的行，然后计算各个特征的均值和方差。

整个朴素分类算法保持不变，只是进行了一些小的调整。首先，计算所有类的概率。接下来，对于每个已知的类，计算特征的均值和方差，然后使用前述的指数函数来计算条件概率。最后，计算各个类别的所有条件概率的乘积，并返回得分最高的类别。

高斯朴素分类器常用于有连续值的非文本分类问题。医疗诊断正好是这种情况。高斯分类器仅适用于连续特征。那么，如果只有几个特征是连续的呢？在这种情况下，需要进行一些特征工程，使用四分位值破坏连续性，从而将连续值转换为离散值。反之，将离散值转换为连续值在技术上是可行的，但这是毫无意义的，因为它将对存在明显差距的数据进行"连续"计算。

14.4 朴素贝叶斯回归

本章主要关注贝叶斯分类器，仅对贝叶斯回归器的存在做简单的介绍。尽管要付出一些额外的计算代价，将朴素贝叶斯定理应用于回归是完全可能的。

14.4.1 贝叶斯线性回归基础

与传统的线性回归（有时也称为频繁回归）相比，贝叶斯回归具有两个主要优点：

❏ 任何预测的不确定性都是明确的。

❏ 有可能将先验知识纳入模型中。

特别是第二点值得进一步思考。

1. 先验知识的好处

正如你先前所见，贝叶斯模型构建的后验概率正比于数据的固有概率与参数先验概率的乘积。向模型添加的先验知识越多，可以在模型中进行硬编码的信息就越多。这带来了另外两个好处。

首先，它可以有效地对抗过拟合，即使在可用数据集有限的情况下。其次，它可以将实际运行过程中算法的计算工作量保持在最低限度，因为可以将某些计算成本较高的数字视为先验假设。

2. 增量学习

贝叶斯学习的机制是建立在对事实的先验知识和将其纳入公式的能力之上的，它也允许逐步建立训练有素的模型。

问题越复杂，数据集就越大，训练阶段的计算成本就越昂贵。相反，贝叶斯学习可以允许在新观测值可用时更改先验知识，并将先前在较小数据集上的训练结果作为"已知"事实。

因此，可以每次用一个较小的数据集进行增量训练，只需根据"已知"事实更改对应的概率和先验概率的公式。

3. 重新审视线性回归

让我们试着从贝叶斯场景重新审视我们在第 11 章讨论的线性回归。这是一个经典的频率主义表达式：

$$y_i = \alpha + \beta x_i + \varepsilon$$

一旦以概率的形式进行考虑，上式就变成以下形式的正态分布：

$$y_i \approx N(\mu_i, \sigma^2)$$

式中，N 表示正态分布，$\mu_i = \alpha + \beta x_i$ 是特征值，σ^2 是方差加误差。与经典回归的基本区别在于，训练的目的不是要猜测 α 和 β 的单个最佳值，而是尝试猜测分布，由先验知识和证据（可能性）得出 α 和 β 的值。

 注意：要注意的一件有趣的事是，你对观测值（即数据集）了解得越多，分布的选择就变得越不相关。实际上，对于非常大的数据集（可能是无限的），结果往往与频率方法得到的结果相同。

14.4.2 贝叶斯线性回归的应用

贝叶斯线性回归的应用领域是什么？首先，贝叶斯方法适用于只有有限数据量的回归问题，这些数据量可能不足以用经典方法产生良好的响应。其次，在某些先验领域知识可用时，它将这些知识纳入模型中工作。

贝叶斯模型的使用对不确定性给出了明确的度量：你得到的不仅是一个预测，而且还得到了模型估计的预测的可能性。因此，当可用数据太少或数据太大而无法一次处理时，贝叶斯回归就能发挥作用。在这两种情况下，该方法都允许你构建初始评估，并在获得更多数据或提供更多可用数据时对其进行改进。虽然贝叶斯方法也适用于回归，但它仍然是主要用于分类的方法。不过在实践中，神经网络往往比贝叶斯回归更可取。

14.5 本章小结

在一些现实生活中的预测和分类中，了解响应的可能性有助于做出更好、更有洞察力的决策。有些问题是经典的回归和分类算法就可以很好地处理的，而在有些问题中，在没有严格要求的情况下，概率维度是非常有价值的。

贝叶斯算法主要用于情感分析和推荐系统，在这两个应用中，对数据进行快速而有效的筛选是至关重要的。

贝叶斯统计在现实生活中的所有应用都有一个关键点：不仅预测值很重要，预测的可能性也很重要。例如，考虑对一种重要疾病的诊断：你希望知道患者是否患有（或将患上）某种给定的疾病，还要知道其可能性。换句话说，你想知道算法对其响应的确定程度。两个世纪以后，贝叶斯定理仍然是整个统计领域的基础，也是许多机器学习技术的基础。

在本章中，我们概述了概率论中的一些关键概念，然后讨论了贝叶斯定理对分类的影响。探讨了各种元算法，如多项式、伯努利和高斯分类器，并简要地介绍了贝叶斯回归。

在下一章中，我们将讨论聚类和数据分组。下一章将完成我们对浅层学习算法的概述。

第 **15** 章

对数据进行分组：分类与聚类

如果希望机器万无一失，那么它不能同时智能化。

——艾伦·图灵，《计算机器与智能》，1950 年

在前几章中，已经多次遇到分类这个术语。分类是机器学习中最常见的问题之一，它可以用多种方法来解决，包括决策树、贝叶斯分类和逻辑回归等。

本章将介绍两种更复杂的分类算法，然后介绍一个跟分类十分相似的问题——聚类。根据大多数词典的解释，分类是指根据事物的特征，将同一特征的事物为同一类。而聚类指将许多同类事物集合在一起。分类和聚类之间的界限很小。奇怪的是，当查找同义词时，cluster 和 classify set 很少被视为同义词，但两者通常都是 group 的同义词。

在机器学习中，分类是监督学习的一种形式，是指对标记数据进行分类。聚类是无监督学习的一种形式，是指对未标记数据进行分类。在分类中，所有训练数据都有一个表示其类别名称的特征。在聚类中，训练数据没有这样明确的标记特征。在分类中，一个新的数据会根据模型在训练中学习到的信息被预测（或分类）为一个已知的类别。（根据学习到的信息做出预测是将普通学习转变为监督学习的关键。）

在聚类中，没有明确的训练和测试阶段。聚类的主要工作是在数据集上运行一个算法，然后获得一个划分形式，同一簇的数据被认为具有相同特性。接下来，为了理解输出，数据科学家和领域专家必须研究每个簇的内容。

让我们看看更复杂的分类算法。

 注意： 虽然机器学习算法通常分为监督和无监督两种，但仅用无监督算法很难解决实际问题。更常见的情况是，先清理数据（例如降维），然后结合使用其他监督算法对数据进行进一步操作。

15.1　监督分类的基本方法

如前所述，分类是指预测一个新样本最相关的（已知）类别。在本章中，我们将研究比决策树、回归或贝叶斯分类法更灵活也更复杂的分类方法。第一个要研究的是 K- 近邻（K-Nearest Neighbors，KNN）算法，具有简单、易于实现、在推荐系统等特定场景下运行良好等优点。

15.1.1　K- 近邻算法

K- 近邻（KNN）算法使用"物以类聚，人以群分"的简单直观的方法对数据进行分类。实际上，该算法假设相似的数据在数据集中彼此非常接近。

K- 近邻算法所要做的就是测量待分类样本与数据集中所有样本之间的距离，取 K 个最近邻，将待分类样本归入这组最近邻点所属最多的类别中。为此，KNN 包含两个核心参数。一个是所选最近邻的数目 K，即 KNN 中的 "K"。另一个是计算两个样本之间距离的函数。

1. 最近邻数

确定一个合适的 K 值绝非易事。最快速有效的规则是"选择能够在实际数据集上提供最佳结果的 K 值"。这里需要做如下考虑。

首先，K 值的意义类似于人的视野范围。K 的最小可能值是 1，但这本质上意味着在毫无目的地运行算法。$K=1$ 阻止算法对数据进行进一步理解，而且无论是在计算能力方面（无法加速计算）还是在应用方面都没有任何意义。此外，$K=1$ 时，由于方差非常高，使得结果不具有任何可靠性。这其实跟随机选择没有太大差别。

其次，一个非常高的 K 值（接近数据集的大小）可以减小方差，但代价是可能会丢失重要的细节，这类似于人用望远镜去看东西。这里用人的视野范围来比喻 K- 近邻算法非常准确和生动：戴上眼罩，就看不到鼻子以外的东西；戴上望远镜，就看不到近距离的东西。

因此，选取合适的 K 值是非常必要的。通常情况下，建议先将 K 值设置为 N 的平方根，其中 N 是数据集的大小，然后根据实际情况进行适当的调整。另一个建议是如果分类数为 2，并且为二值分类问题，则设为一个奇数。

2. 计算数据之间的距离

最近邻指数据集中距离待分类样本最近的 K 个数据项。最常用的一个距离计算函数是欧几里得距离（Euclidean Distance），定义如下：

$$D(X_1, X_2) = \sqrt{\sum_{i=1}^{M}(X_{2,i} - X_{1,i})^2}$$

给定两个样本 X_1 和 X_2，计算两个样本在第 i 个特征的差 $X_{2,i} - X_{1,i}$。式中，M 为特征数，即计算两个样本的接近程度时需要考虑的特征数量。然后对所有差值的平方进行求和，最后定义两个数据项之间的欧几里得距离为差值平方总和的平方根。

另一个略有不同的距离函数为出租车距离或曼哈顿距离（Manhattan Distance）：

$$D(X_1, X_2) = \sum_{i=1}^{M} |X_{2,i} - X_{1,i}|$$

在该情况下，距离是对逐个特征的区块差异进行求和。曼哈顿一词是指城市街道的几何布局。实际上曼哈顿距离对距离的度量类似于使用平行线和垂直线在几何网格中移动。相反，欧几里得距离表示的是利用两个样本点来构建一个三角形，其中斜边为连接两点的直线，如图 15-1 所示。

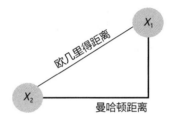

图 15-1　欧几里得距离与曼哈顿距离

要注意的是特征数对欧几里得距离和曼哈顿距离影响很大。特征数可以是连续的或离散的，这不影响距离的计算。

当涉及字符串时，则需要使用汉明距离（Hamming Distance）或莱文施泰因距离（Levenshtein Distance）。这两种方法都需要计算将一个字符串转换为另一个字符串所需的最少编辑次数。汉明距离要求字符串长度相同，而莱文施泰因距离则能处理两个任意长度的字符串。

注意：欧几里得距离和曼哈顿距离是明可夫斯基距离（Minkowski Distance）的两个特例。当明可夫斯基距离的参数为 1 时，表示曼哈顿距离，参数为 2 时，表示欧几里得距离。明可夫斯基距离是 Python 库 scikit-learn 的 KNN 实现中的默认距离参数。

3. 分类数据的处理

如果数据集中混杂着数字和字符会怎么样？例如支付类型、颜色、供应商名称、性别等，这时候需要通过枚举类型来处理这些数据。

对于分类数据，你可能需要应用热编码技术（参见第 4 章），将每个分类特征转换为布尔特征的集合。

重点：选择理想的距离度量并不容易。尽管听起来有点老套，但你确实需要找到一个适合数据本身的距离函数。对此有一个完整的研究领域，叫作近邻成分分析（Neighborhood Components Analysis）。欧几里得距离和曼哈顿距离只是其中两个例子，还有其他更多的距离度量。庆幸的是，现有的函数库提供了大多数常见的距离函数；不过如果提供的距离函数都没办法满足要求，则需要自己来完成 KNN 算法。但幸运的是，实现并没有那么难！

15.1.2 算法步骤

一旦 K 值和距离度量函数确定下来，算法编码就是一个相对容易的任务，至少是一个好的开始。稍后就可以看到该算法的步骤和底层逻辑，都是很容易理解的。

KNN 的最终目标是在给出已分类数据集的情况下，预测给定样本的所属类别（标签）。

1. 蛮力 KNN 算法

这是以最简单、可能也是最直接的形式使用 KNN 方法，计算待分类样本与数据集中所有样本之间的距离。计算复杂度为 $O(DN^2)$，其中 D 是特征数。下面为 C# 伪代码：

```
var itemToClassify = ...;
var K = ...;
var sortedList = new SortedList();

// Build the table of distances
foreach(var item in dataset)
{
    var distance = CalculateDistance(itemToClassify, item);
    sortedList.Add(item, distance);
}

// Pick the neighbors
var neighbors = sortedList.Top(K);

// Get the labels to predict from the neighbors
var labels = ExtractLabelsToPredict(neighbors);

// Take the mode (the most used value)
return ExtractMostFrequentlyUsedLabel(labels)
```

如上所示，算法首先遍历整个数据集，构建出待分类样本与数据集中所有样本之间距离的表。然后从排序后的表中提取与待分类样本距离最近的 K 个样本。接下来是预测样本的所属类别。通过查看所选近邻点的类别并选定数量最多的类别作为待分类样本的类别。（这是最原始的形式。）

注意：如果将 KNN 算法用于回归任务，那么除了返回的是预测特征的平均值外，其他的步骤不变。

2. 更高效的 KNN 实现

对于大型数据集，计算所有样本点的距离不切实际。通过减少必要的距离计算次数，可以使蛮力算法的实现更加高效。

一种方法是使用 K-D 树的数据结构来存储距离列表。K-D 树是一种二叉树，其中叶节点表示样本，所有非叶节点根据一个特定的特征值将空间分成两半。K-D 树是典型的平衡树，这意味着每个叶节点到根的距离大致相同。构建 K-D 树需要的复杂度为 $O(D \cdot N \log N)$，其中 D 是特征数。构建 K-D 树的关键是对所有维度的数据进行排序，因此，D 还需要乘以排序时的复杂度。

基于 K-D 树的 KNN 因其复杂度与 D 相关，所以当 D 无限增长时，其性能会受到影响。除了要考虑构建 K-D 树需要的代价外，还需要考虑搜索近邻点时的性能消耗。当 D 值较大时，访问平衡 K-D 树的查询的对数代价会显著地增长到接近线性成本加上使用树形结构开销的程度。归根结底，基于 K-D 树的 KNN 非常适合于相对较小的 D 值，通常是 20 甚至 30。对于较高的值，则使用另一种数据结构，这也是 KNN 算法的另一种变体。

球树（Ball Tree）是一种二叉树，其中每个节点都是一个包含要搜索的样本子集的 D 维超球（也称为球）。其复杂度与特征数 D 无关，为 $O(N \log N)$。

此外，启发式算法认为，KNN 的复杂度随着球树和 K-D 树中节点数的增加而增长。当近邻数 K 大于 N 时，蛮力算法可能是最佳选择。

3. 训练 KNN

在机器学习领域，KNN 算法是一个特例，因为它的学习途径不同寻常，该算法不需要常规的训练和验证阶段。KNN 只是将实际数据与指定的数据集进行匹配。换言之，训练数据集用于查询，就像它是一些初步训练的结果一样。

因此并没有建立模型，但是如何评估算法的性能呢？对此可以使用交叉验证（通常是 5 或 10 折），并查看度量指标。这样效果比将数据集划分为训练集和测试集要好得多。

数据集越大，结果就越准确；但天下没有免费的午餐！数据集越大，获得预测所需的时间就越长。

15.1.3 应用场景

KNN 最常应用的场景是推荐系统，在该系统中，你需要向对给定数据项感兴趣的客户推荐类似的产品。例如，可以比较对同一信息感兴趣的用户。当发现两类爱好相似的用户对两个不同的信息感兴趣时，可以得出这样的结论：这两个信息本身可能是相似的，可以推荐给这两类客户。

尽管 KNN 不像神经网络或支持向量机（稍后将详细介绍）那样巧妙，但在推荐商品、媒体内容或软件共享建议方面工作性能良好。KNN 的另一个应用领域是搜索相关文档（如电子邮件、合同）。

注意：KNN 的运行速度可能比神经网络或支持向量机慢，但其构建起来相对快且容易得多（因为不需要训练），而且可读性很高。

15.2　支持向量机

支持向量机（Support Vector Machine，SVM）算法从名字看比较难理解，其背后的数学原理理解起来也需要一定功夫。总体来说，SVM 是一种监督算法，可以有效地解决分类和回归问题。它经常用于文本分类、垃圾邮件检测和情感分析。它在图像识别领域也有很好的表现，无论是识别手写字母或数字，还是识别物体或人脸。

即使是在相对较小的数据集上进行训练，只要其中的数据干净且重复较少，SVM 也能表现得很好。对于较大的数据集，由于训练所需的时间很长，因此往往效率低下。事实上，它背后的数学原理是相当复杂的——看起来很直观，但很难消化和应用。

让我们尽可能简单地对其进行描述！

15.2.1　算法概述

从技术上看，SVM 是一种二值分类算法。它将数据的 n 维空间分成两部分，并将任意给定的样本划分进其中一个区域。SVM 又不仅仅是一个二值分类算法。这是该算法一个重要的技术细节，SVM 核心的复杂使其适合于任意多分类任务。

SVM 如何将 n 维空间一分为二呢？从纯数学的角度来看，这一点并不简单。不过如果用图形化的方式来描述，则更为显而易见，如图 15-2 所示。

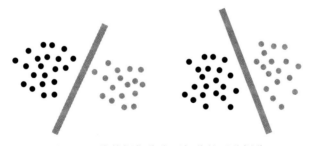

图 15-2　将数据集分成两部分的两种划分

1. 超平面

从图 15-2 可以看出，SVM 找到了一条能将数据空间分割成两个不同部分的线。图中表现了超平面的含义，但将其简化为一条线。在机器学习中，数据集空间由一组具有 n 个特征的数据行组成。因此，数据集空间维度为 R^n，其中 n 是特征数。图 15-2 只表示了 SVM 在简单的 R^2 空间中的形式，只考虑了两个特征。要理解 SVM 在 n 维空间中的表现，首先需要理解超平面的概念。

超平面是一个子空间，其维数小于父节点空间的维数。在 R^n 空间中，超平面是 $n-1$ 维的子空间。超平面在 R^2 空间中是一条直线（如图 15.2 所示），在 R^3 空间中是一个平面。

如前所述，SVM 在 R^n 空间中寻找一个超平面以将数据分成两部分，其中 n 是特征数。

一般来说，会有无数个超平面能将空间一分为二。SVM 寻找的则是能使两个结果子集之间的最小距离最大化的超平面。换言之，SVM 选择超平面时，超平面与两个子空间中最近点的距离都最大。最大化的距离称为边际（margin）。如图 15-3 所示。

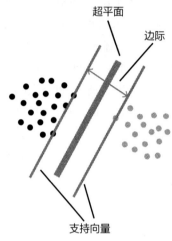

图 15-3   超平面和支持向量

2. 支持向量的概念

支持向量机（SVM）这个名称还来自图 15-3 所示的另一个概念。每个子空间中离超平面最近的点称为支持向量，因为它们维持和支撑着分离空间。

支持向量是每一个子集跨超平面前的最后一个点。SVM 选择使支持向量距离最大的超平面。SVM 的复杂性主要体现在对这些向量的搜索上。

3. 非线性可分数据集

实际上，到目前为止描述的 SVM 场景仍然过于简单，因为它假设了一个关键事实：数据集中的点之间存在线性分离。实则不然，这取决于实际数据集的情况。对于一个二维空间的示例，如图 15-4 所示。给定数据点的分布，如何找到一条直线来分隔空间？你无法找到它。

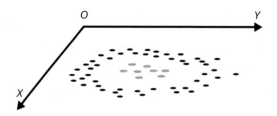

图 15-4   二维空间上的非线性可分数据集

同样，有一个直观的解决方案，但将其付诸实践可能具有挑战性。简单地说，要分割一个非线性可分数据集，需要将其投影到一个存在超平面的更高维的空间中。例如，可以将图 15-4 的 R^2 平面投影到 R^3 空间中，这里为数据点的分布提供一个额外的维度。如何实现呢？例如，获取 R^2 中的样本点 x_1，x_2，通过加入第三个坐标 z 将样本点投影到 R^3 中，如下所示。（平方和只是一个说明性的例子。）

$$z = x_1^2 + x_2^2$$

在新的 R^3 中空间中，当 $z = k$，存在一个分离超平面，如图 15-5 所示。

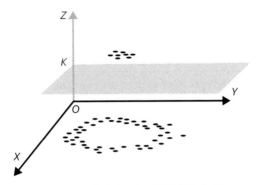

图 15-5　分离超平面的图形化表示

其中超平面的方程为 $x_1^2 + x_2^2 = k$，表示为一个圆周，如图 15-6 所示。

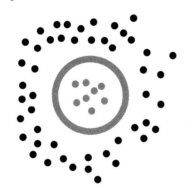

图 15-6　非线性超平面将数据集分成两部分

一般来说，非线性情况下最困难的部分是确定能最优地将数据点投影到更高维空间的实际函数。这非常不简单，需要对数据的深入分析以及高级的数学技巧，特别是在功能分析领域（如 Mercer 定理）。

注意：投影是通过核函数来完成的。核函数接受原始空间的输入向量，并返回目标空间中向量的标量积（点积）。核函数 K 表示为 $K(x,z) = \gamma(\varphi(x) \cdot \varphi(z))$，其中 φ 是映射函数，可以采用多种形式：多项式、指数和 sigmoid 函数。系数 γ 控制支持向量和超平面之间的边界。γ 值越大，结果就越精确，但有可能会导致过拟合。

4. 线性和非线性

对于线性可分和非线性可分数据，有两种不同的 SVM 算法。选择用哪一个呢？

简而言之，线性可分数据集是标准数据集的一个特例。在确定了最佳参数集（核函数和 γ 系数）之后，使用投影技巧（也称为核技巧）就足够快了。所以，建议直接使用非线性 SVM。如果非线性算法的结果足够精确，则可以推断该数据集是非线性可分的！

除此之外，真正的线性可分数据集很少见，并且也很容易辨认，通常只会包含低维度的少量数据。此外，对于线性可分数据集，即使不使用 SVM，只要使用更简单的算法（如逻辑回归），也可能获得好的结果。

> **注意**：即使核技巧可以描述为将数据集投影到更高维空间中，但在实际操作时这种情况很难发生，而且几乎不会在目标空间中复制数据集。从计算的角度来看，这就是最终使投影技巧非常有效的原因。实际上，要使核函数起作用，只需计算源空间和目标空间中每个数据点（加上额外的坐标）的标量积就足够了。

15.2.2 数学回顾

前面已经介绍了两个向量的标量积，接下来，我们将介绍 SVM 中向量间的基本运算。让我们简要回顾下一些重要的原理。（如果对本节内容较为熟悉，可以跳过。）

1. 向量的基本运算

跟数字一样，向量也可以相加或相减。假设 $(X_1, X_2, \cdots, X_n)$ 表示向量，则两个向量 X 与 Y 的和由同一位置的元素的和组成：

$$z_i = x_i + y_i$$

类似地，两个向量的差会产生一个相同维度的新向量，其中相应元素的值相减：

$$z_i = x_i - y_i$$

同样，可以将向量乘以一个标量（即一个数字）。从而得到一个相同维度的新向量，其中原向量的每个组成元素都乘以该标量：

$$z_i = \text{scalar} * x_i$$

2. 向量的标量积

两个向量的标量积不是一个新向量而是一个标量。计算结果如下：

$$X \cdot Y = \sum_{i=1}^{m} X_i * Y_i$$

与两个向量的标量积有关的是范数的概念。向量的范数定义如下：

$$|X| = \sqrt{X_1^2 + \cdots + X_n^2}$$

范数的意义在于将两个向量 X 和 Y 的标量积除以任意一个向量的范数，就可以简化表达式，就好像向量是普通数字一样。

$$\frac{X \cdot Y}{|X|} = Y$$

3. 拉格朗日乘子

拉格朗日乘子是数学优化中一种寻找变量受其他条件限制的函数局部最大值和最小值的策略。

其思想是将函数 f 转化为一个新的函数 L，如下所示：

$$L(x, \lambda) = f(x) - \sum_{i=1}^{m} \lambda_i * g_i(x)$$

添加的部分指的是已知的约束条件，因此要优化的函数是一个最小化的无约束函数。

15.2.3 算法步骤

尽管超平面、支持向量和核函数的逻辑相当复杂，但从训练好的 SVM 中获得想要的预测结果很简单，只需要计算标量积，然后根据阈值进行判断即可。让我们先探讨一下预测机制，然后再看看在训练阶段到底发生了什么。

1. 预测机制

为了在超平面划分出的两个子集之一（左或右）中预测样本点 P，算法通过以下公式得到一个 value 值：

$$value = W \cdot P$$

公式中的 W 是垂直于识别出的超平面的向量，它在训练阶段确定。计算出来的 value 值是 W 和 P 的标量积，如果大于或等于 $1+b$，则预测样本点在右半部分。如果该值小于或等于 $-1+b$，则预测样本点在左半部分。系数 b 的值也在训练阶段确定。

> **注意**：如果待预测的样本点落在 $(-1+b, 1+b)$ 之外怎么办？这意味着算法无法进行预测。有些算法会平滑前面的约束，并根据 value 值与唯一的 $1+b$ 阈值的比较情况选择其中的一个。但是，当 value 值离区间较远时，可能意味着需要重新训练模型。事实上，落在分离超平面附近的数据点是新的支持向量的最佳候选点。最后需要注意的是，如有需要，SVM 的大多数实现还允许设置一个工作变量（称为松弛变量）来限制间隔。

图 15-7 提供了二维空间中预测机制的可视化解释。

图中 X 轴和 Y 轴为数据集特征。向量 W 从原点出发，垂直于分离超平面。这里有三个超平面：中心超平面和穿过左右支持向量点的超平面。对于特征值为 P_1，P_2 的给定数据点 P，根据其在 W 上的正交投影位置，预测其属于左半部分还是右半部分。根据图中 P 的投影位置，预测其为左半部分中的点。而样本点 Q 的投影落在右半部分。

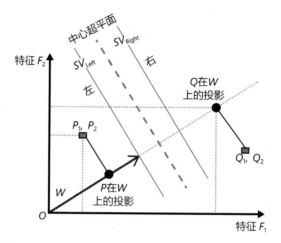

图 15-7 经过训练的 SVM 对样本点 P 和 Q 进行预测

 重点：在图 15-7 中，很明显可以看出 P 属于左半部分，Q 属于右半部分。然而，在实际R″空间中，当涉及更多的特征时，很难直观地看出结果。此外，考虑到超平面和支持向量只是数字，但算法中没有这样的可视化表示！图 15-7 只是图形化地显示了 SVM 的预测机制是如何工作的。

2. 训练机制

如图 15-7 所示，需要利用垂直于超平面的向量 W 来进行预测。向量 W 是根据表 15-1 中的条件得到的。

表 15-1 向量 W 的判断条件

$W \cdot P + b \geq 1$	样本点 P 属于右半部分。如果定义了松弛变量，则此处的和就等于 1。
$W \cdot P + b \leq -1$	样本点 P 属于左半部分。如果定义了松弛变量，则此处的和就等于 -1。

具体来说，当选择 SV_{left} 和 SV_{right} 作为支持向量时，以下方程式成立：

$$W \cdot SV_{left} + b = -1$$
$$W \cdot SV_{right} + b = -1$$

注意，这里使用的值 1 是任意选择的，不会造成任何损失。实际上选择任意值 δ，都可以将其除以相同因子的值来归一化，最终得到值 1。

SVM 是一种监督算法，因此可以应用到二值分类中。根据这一点，需就知道要预测哪个特征，以及该特征在数据集的每个元素上的（二值分类）值。因此，这里需要添加一个新的特征列 Y，将标签映射为 1 和 -1。如果特征 Y 的值为 -1，则属于左半部分，值为 1，则属于右半部分。

现在来定义两个穿过支持向量的超平面之间的距离 $SV_{right} - SV_{left}$。根据前面的公式，可以得到：

$$W \cdot SV_{right} - W \cdot SV_{left} = 1 - b + 1 - b = 2$$

等式两边同时除以向量 W 的范数（表示为 $|W|$），可以得到以下结果：

$$SV_{right} - SV_{left} = \frac{2}{|W|}$$

该距离表示中心超平面周围的边界，也是算法的决策边界。这是在训练期间所希望最大化的值。不过，为了便于数学计算，SVM 并没有选择最大化该距离，而是用范数平方代替原始范数，然后求其倒数的最小化：

$$\frac{1}{2}|W|^2$$

需要注意的是在这种情况下，乘子和平方都不会引入显著的偏差。与此同时，得到的函数是易于求导的凸函数。

3. 发现预测的系数

SVM 训练需要解决的实际问题是最小化距离函数的倒数，这是一个约束优化问题。在数学中，约束优化是针对某些变量对变量上的约束进行优化的过程。在这种情况下，要匹配的约束是 $Y*(W \cdot P) \geqslant 1$，其中 Y 是添加到数据集的附加特征（设置为 1 或 –1 并映射到要预测的标签），P 是数据集中的样本。

约束优化问题通常使用拉格朗日乘子来求解。该方法将原始函数转换为内嵌约束的新函数，并为每个函数分配一个系数 α_i，即乘子。新的函数如下：

$$\frac{1}{2}|W|^2 - \sum_{i=1}^{n}\alpha_i[Y_P(P \cdot W + b) - 1]$$

i 表示数据集的行，P 是数据集中的样本点。Y_P 表示样本点 P 中特征 Y 的值。通过在新的拉格朗日函数中加入约束，将约束优化问题简化为经典优化问题。

为了求出最小值，SVM 计算上式关于 W 和 b 的偏导数，让其结果等于 0，同时确保 α_i 乘子大于或等于 0。求偏导的结果为：

$$W = \sum_{i=1}^{n}\alpha_i Y_{P_i} * P_i$$
$$\sum_{i=1}^{n}\alpha_i Y_{P_i} = 0$$

替换拉格朗日函数中的 W，得到一个新表达式（为简洁起见省略了一些步骤），其中唯一未知的系数是 α_i。然后使用经典的最小化方法（如前一章中介绍的任何一种方法）求得该系数，最常见的方法是在线梯度下降以及其变体如随机双坐标上升（Stochastic Dual Coordinate Ascent，SDCA）。

注意：在第 8 章中，多分类示例的实现中使用了一个名为 `SdcaMaximumEntropy` 的训练器。它是 ML.NET 库本地提供的用于多分类的训练器之一。这到底是一种什么样的算法？`SdcaMaximumEntropy` 是一种特殊的 SVM，它使用 SDCA 查找实际的 α_i 系数。

4. 训练后的模型

现在你已经了解了 SVM 训练过程中发生的一些细节，让我们回顾一下 SVM 的预测机制，以便对其有完整深入的理解。SVM 训练后输出的是以下函数。对于数据点 P，使用函数 f 进行预测：

$$f(P) = \sum_{j \in SV} \alpha_j Y_j * (X_j \cdot P) + b$$

j 表示在数据集中的可选的支持向量。Y_j 是表示支持向量的 Y 列的值，X_j 表示两个支持向量。训练目标是求得支持向量、系数 α_j 和 b。

重点：这里讨论了线性可分数据背景下 SVM 的数学原理及其训练过程。然而，如前所述，线性 SVM 并不常见，非线性可分数据更常见。算法如何处理非线性可分数据集呢？有没有什么东西会以完全不同的方式取代它？有趣的是，我们所说的也适用于非线性场景，只需很小的合理改动。因为预测类别仅仅是计算支持向量和样本点的标量积的问题，所以需要做的只是选择核函数，就可以计算转换空间中的标量积。

5. 从二值分类到多分类

本章介绍了 SVM，并将其应用于二值分类。然而，二进制性质只适用于核心算法及底层数学。在现实世界中，有一些支持多分类的 SVM 变体版本。这些版本使用一种称为一对一（One vs One）的方法。

很简单，一对一的方法将多分类 SVM 简化为多个二值分类 SVM。根据样本点预测所有可能的类，最终投票选择最有可能的类。

SVM 是最常用的分类算法之一，是数学上最优雅的算法之一，也正因为如此，它也是最灵活的算法之一。图 15-8 对 SVM 和决策树进行了快速的可视化比较。决策树只能使用方格分类，这意味着对特征值有严格要求。相反，SVM，尤其是非线性形式的 SVM，几乎可以对任意领域的数据分布进行建模。

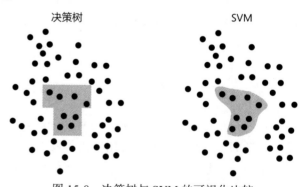

图 15-8　决策树与 SVM 的可视化比较

15.3　无监督聚类

KNN 和 SVM 是两种监督分类算法。这两种算法的一个共同点是，它们都很依赖于训练数据集中的已有的知识来进行类别预测。

然而，在某些情况下，没有现成的分类来学习。还有就是出于某些原因，需要尽可能均匀地对数据进行划分。因此还需要无监督学习算法。

15.3.1　一个应用实例：缩减数据集

在挖掘无监督学习算法之前，先来看看一般情况下需要用到无监督学习的场景。

举个例子，假设有一个非常大的数据集，并计划在其上运行监督算法。然而，数据集规模太大成了阻碍。因为可能没有足够的计算能力，或者训练如此庞大的数据集可能需要很长的时间。

1. 减少特征数量

在这种情况下，一种常见的解决方法是减小数据集的规模。怎么做呢？可以在特征数和数据量上入手。

第一种思路试图减少特征（列）的数量。为此，可以使用第 4 章介绍的主成分分析（Principal Component Analysis，PCA）。主成分分析估算特征的方差，只选择那些与数据集性质更相关的特征。

第二种思路是使用无监督学习。

2. 使用聚类来减少数据量

为了便于进行监督学习，要有选择地删除数据集中的某些行数据。换句话说，希望删除尽可能多的行，但不更改数据集的主要内容。

其思想是首先遍历数据集以创建行簇。这时你无须关注之后要预测的特征。目标（也是无监督学习的最终目标）是返回（可能是）同类数据的一些簇。

在无监督算法返回簇之后，将构建出一个更小的新数据集，只需从每个簇中挑选几个样本点。这种方法可以确保获得一个较小的数据集，但具有与原始数据集相同的性质。

现在让我们来看看几个无监督聚类算法。

15.3.2　K-Means 算法

抽象地说，K-Means 算法将数据集分割成 K 个簇。与其他无监督聚类算法不同，K-Means 要求给定簇数 K。另外，需要注意的是，返回的簇形成了一个数据划分，这意味着整个数据集都被覆盖，每个元素都属于一个簇。

该算法主要基于均值的概念，因此，它只能处理数值特征。

1. 算法步骤

该算法的目标是建立方差尽可能小的 K 个簇，即同一簇中的样本点被认为是相似的。在每个簇中，样本点围绕质心分布。质心是簇的均值点。

首先，K-Means 算法随机选择 K 个样本点（或预先设置质心），这些样本点被设置为初始质心。从数学角度看，作为质心的样本点是包含 M 个元素的向量，其中 M 是数据集中的特征数。开始时，在选定的质心中，特征值在可行值范围内是随机的。

第二步是将数据集中的每一个样本分配给与其最接近的质心。接近度的度量采用欧几里得距离的平方。增加平方是为了确保最小化函数能更快收敛。两个点 P 和 Q 之间的距离如下：

$$\text{Dist}(P,Q)^2 = \sum_{i=1}^{n} P_i - Q_i$$

该算法在与数据集中给定点距离最小的 K 个点中查找质心 C_i。在这个阶段，有 K 个簇和数据集的第一个原始分区。接下来，算法循环运行，直到满足停止条件。在每次迭代中，将重新计算质心，样本点也将按新的质心重新进行分配。

质心被定义为簇的均值点。这意味着，在计算接近度后，按接近度大小将一些样本点添加到对应簇后，需要检查当前质心是否仍然是均值点。该算法计算簇中所有元素的每个特征的平均值，并相应地设置质心。之后，根据新的质心计算数据集的新分区。在这个阶段，某些样本点可能会从一个簇移动到另一个簇。

循环一般会在固定的迭代次数后结束，或者当前划分的簇中没有样本点移动时结束。结束条件通常可设为超参数。

2. 设置理想簇数

显然，K-Means 算法的性能取决于 K 值的选择。同时，K 值的选择如同大海捞针。事实上，不能总是靠猜。这依赖于对数据的了解程度，但同时，当对数据不够了解时，通常会使用无监督学习！

那么，最好的做法是什么？

虽然听起来很奇怪，但使用一个随机值作为 K 是一种常见的操作，最好是一个像 3 这样的小数字，在尝试几次之后再增长。然而，也有一些方法有更可靠的数学基础，可以在一个分区完后，评估可能的簇数。

一种方法是肘部法则（elbow），通过计算每个簇中的点与质心之间的距离之和来实现。K 越大，距离越小，因为通过添加新簇，可以将更接近的元素聚合在一起。但在某个点上新的簇产生的边际增益下降，这意味着到达肘部，表示已经接近了数据集的最佳 K 值。

另一种方法是评估聚类质量的轮廓系数（silhouette）。本质上该方法计算一个度量指标，确定每个样本与簇中的对等点之间的关系。接近 1 的值表示样本点可能位于正确的簇中；

接近 –1 的值表示样本点可能位于错误的簇中。根据错误放置的样本点数，可以决定是否增加 K 的值。

15.3.3　K-Modes 算法

K-Means 算法是一种非常流行和有效的算法，但如前所述，它仅适用于数值特征。当数据集中存在大量的分类值或离散值时，可以使用 K-Modes 算法。

K-Means 和 K-Modes 的主要区别在于后者使用模式而不是均值。另外，两种算法另一个不同的方面是距离的定义。

1. 相异性度量

K-Modes 使用汉明距离的变体（称为相异性）来度量质心和样本点之间的距离。两个样本点 X 和 Y 的相异性度量定义如下：

$$D(X,Y) = \sum_{i=1}^{n} \delta(X_j, Y_j)$$

式中，n 表示特征数，δ 定义如下：

$$\delta(X_j, Y_j) = \begin{cases} 0 & \text{如果 } X_j = Y_j \\ 1 & \text{如果 } X_j \neq Y_j \end{cases}$$

最后，距离指两个样本点中特征值匹配的特征的数量。

> **注意**：相异性度量是上述汉明距离的一种广义形式，在信息论中，汉明距离表示两个等长字符串在对应位置上不同字符的数量。

2. 算法步骤

除了距离函数的定义外，K-Modes 算法与 K-Means 算法基本相同。因此，它被明确定义为将 K-Means 扩展到非数值特性的情况。

根据 K-Means 所讨论的启发式方法选取 K 的值，从数据集中随机选取 K 个质心，确定初始的簇。然后，根据相异性度量，将数据集中的所有样本点都分配到簇中，使簇中样本点和质心之间的距离最小。

然后，算法进行循环，每次迭代时重新计算每个簇的质心，质心的每个特征都以簇中所有元素计算出的特征模式（即最常用的值）作为其值。算法更新质心后，重新扫描数据集，将样本点分配给簇，以最小化与质心的距离。

15.3.4　DBSCAN 算法

目前考虑的两种聚类算法都要求将簇数 K 指定为一个超参数。不过这个超参数往往会是一个问题，特别是当不知道数据集可能（合理地）存在的簇数并且没有简单的方法可以绘制这个数据集（如绘制各种特性）以在某种程度上让簇可视化时。

还有一类聚类算法可以不用预先设置固定的簇数。它被称为密度算法，DBSCAN 是其代表算法。

1. 基于密度的聚类

DBSCAN（Density-Based Spatial Clustering of Applications with Noise）跟 K-Means 算法相比，是一种相对较新的算法。它是在 20 世纪 90 年代末（即 K-Means 被正式提出的 15 年后）提出的，不过 K-Means 算法的雏形可以追溯到 20 世纪 60 年代。换句话说，DBSCAN 和基于密度的聚类领域都源于寻找一种不同的聚类方法，这种方法可以计算出（理想的）簇数量。

基于密度的聚类的核心思想是将位于一个由距离（通常是欧几里得距离）定义的邻域中的样本点聚合在一起。该思想的另一个动机是，每个簇应至少包含一定的点，低密度区域中的数据点随后会被标记为异常值。该类算法包含三个参数：

距离函数。该参数用来确定两个样本点之间的距离。如前所述，欧几里得距离是一种常见的距离度量。

密度。指构成密集区域的最小点数。当区域点数小于该值时，该区域中的点被视为异常值。这是一个非常关键的参数。

接近度。这是两个样本点之间允许的最大距离，当距离小于该值时，可以将它们视为近邻点，属于同一簇。请注意，该值通常称为 eps 或 ε。

让我们看看算法的操作步骤。

2. 算法步骤

简而言之，DBSCAN 是通过遍历整个数据集来实现的；尝试为每个未遍历的（未分配给任何簇的）样本点构建新的簇，如果建立了新的簇，则迭代地尝试对其进行扩展，将簇中包含的每个点的邻近样本点纳入其中。下面是 DBSCAN 的 C# 伪代码：

```
function(dataset, distanceFunction, proximity, density)
{
    var clusterIndex = 0;
    foreach(var point in dataset)
    {
        if (AlreadyAssignedToCluster(point))
            continue;

        // Find the neighborhood of the point given distance and proximity
        var neighbors = SearchNearbyPoints(point, dataset, distanceFunction, proximity);
        if (neighbors.Count() < density)
        {
            // Assign the point to some Outliers cluster (mark as a noisy point)
            AssignToCluster(point, "Outliers");
            continue;
        }
```

```
        // Assign the point to a newly defined cluster
        clusterIndex ++;
        AssignToCluster(point, clusterIndex);

        // Try to expand the cluster: add neighbors of each point in the neighborhood
        foreach(var p in neighbors)
        {
            if (AlreadyAssignedToCluster(p))
                continue;

            // Assign the neighbor to the new cluster and get the related neighborhood
            AssignToCluster(p, clusterIndex);
            var relatedNeighbors = SearchNearbyPoints(p, dataset, distanceFunction, proximity);

            // Add more neighbors to further investigate
            if (relatedNeighbors.Count) >= density)
                neighbors.AddRange(relatedNeighbors);
        }
    }
}
```

DBSCAN 非常擅长检测异常值，名称中的 Noise 一词指的就是这种固有的能力。当没有未分类的点时，算法达到停止条件。不过在真正实现时，如果未分类点很少，也可以忽略它们，停止运行算法。

3. 比较 K-Means 和 DBSCAN

K-Means 和 DBSCAN 有两个主要的区别。首先，在大型数据集上，K-Means 的运算速度更快。其次，DBSCAN 不需要预先知道簇数。

DBSCAN 的流程相当直观，但在用于密度差异很大的数据集时，可能会失败。因为 DBSCAN 是基于数据集来设置接近度和密度参数，当密度差异较大时，这些参数的值可能不适用于数据集的某些区域。此时另一种选择是使用非密度方法，即 K-Means 算法！

另一方面，DBSCAN 可以挖掘任意形状的簇，甚至是被不同簇包围的簇，前提是间隔大于定义的接近度。在 DBSCAN 中，超参数的选择至关重要。如前所述，最常用的距离度量函数是欧几里得距离，但随着特征数的增加，计算这个距离的代价会越来越高，这就是维数灾难问题。就簇密度而言，一个常用的规则是永远不要选取小于 3 的值，通常是选取大于数据集特征数的值。不过数据集越大，密度就会越大。

更要注意的是接近度的选取。一般规则是选择一个较小值，因为当值过大时会使得簇的数量减少。但同时，值太小会导致异常值的数目增加。初始值通常通过绘制 K- 近邻图（K-Nearest Neighbor Graph，K-NNG）来选取。K- 近邻图把每个样本点连到它的 K 个最近邻点上。如图 15-9 所示，为了找到理想的接近度，K 值通常设置为密度 -1。

最后，DBSCAN 对数据集中样本点的顺序不敏感。但是，如果使用不同顺序的数据集运行算法，位于两个不同簇边缘的点可能会产生不一样的簇结果。

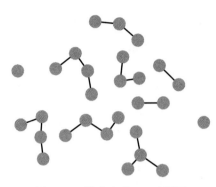

图 15-9   样本点的 K- 近邻图

15.4   本章小结

对数据进行分组对于统计和机器学习来说都是必要的，解决这个问题的方法只有两种：知道如何对它们进行分组，或者不知道如何对它们进行分组。一方面，如果知道数据的内部结构，就能知道如何对数据进行分组，更重要的是，你知道你想获取的分组。这种情况下，面临的是一个分类问题。

分类问题可以用决策树、逻辑回归、朴素贝叶斯分类等多种方法来解决。在本章中，我们介绍了两种方法：K- 近邻和支持向量机。

另一方面，如果不知道数据形式，甚至不知道有哪些类以及分类数。在这种情况下，面临的是一个聚类问题。自 20 世纪 60 年代以来的相当长一段时间里，聚类问题的解决方法一直都是 K-Means 算法及其变体。最近，引入了 DBSCAN 算法，从不同的角度解决了这个问题。

分类是监督学习的一种形式，而聚类是无监督学习的一种形式。然而，大多数情况下，无监督学习只是为某种监督学习进行数据清理和准备的第一步。

本章结束了我们对浅层机器学习技术的探索。下一部分是关于神经网络和深度学习的内容。

第四部分

深度学习基础

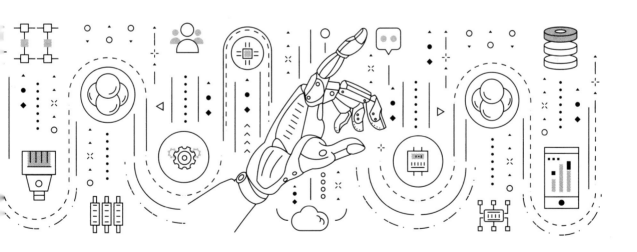

第 16 章

前馈神经网络

尽管人们对人工智能大肆宣传和兴奋不已,但相较于人类智能而言,人工智能目前仍然非常有限。

——Andrew Ng

谷歌大脑前董事,百度前首席科学家

本书介绍并研究了许多算法,有些算法比较复杂,有些算法比较适合分类任务,有些算法则是为回归问题量身定做的。但是,如果在训练的最后阶段你发现没有任何算法能够满足客户的要求,怎么办? 如果输入不是数字而是图像、视频或声音,怎么办? 如果它是由时间序列产生的,而事件的连续性对于获取有价值的信息是至关重要的,怎么办?

在问题和数据源中,一旦内在复杂性超过一定程度,就需要从浅层学习转向更深层次的学习。奇怪的是,作为一种更深层次的学习形式,深度学习却比许多最近的新算法都要古老得多。

欢迎来到令人眼花缭乱的神经网络世界!

16.1 神经网络简史

神经网络的历史比许多人想象的要长,甚至比计算机的历史还要久远。事实上,现代计算机的雏形出现在 20 世纪 50 年代,是围绕冯·诺依曼机器模型设计的,该模型是中央处理器,存储器,存储设备和 I / O 设备的组合。

不管你信不信,神经网络的雏形早在那之前就已经出现了。

16.1.1 麦卡洛克 – 皮茨神经元

早在 1943 年,在二战白热化时期,当艾伦·图灵和他的团队在布莱奇公园努力对抗纳粹的神秘密码时,美国的神经学家沃伦·麦卡洛克(Warren McCulloch)和数学家沃尔特·皮茨(Walter Pitts)设计了一个描述大脑识别高度复杂模式的过程的数学模型。该模型是通过将许多基本细胞连接在一起而设计的，其拓扑结构与人脑中神经元的连接方式相同。因此，这些处理单元被称为人工神经元或 MCP(McCulloch-Pitts，麦卡洛克-皮茨) 神经元。

麦卡洛克和皮茨还在 *Bulletin of Mathematical Biophysics* 上发表的"神经活动内在思想的逻辑演算"一文中，给出了人工神经元的基本功能模型。不过，他们的模型只是一个数学模型，没有具体的物理映射，比如真空管、二极管和电阻器。

之后神经网络进一步发展，Frank Rosenblatt 在 15 年后，即 1958 年提出了感知机这个重要的概念。从本质上讲，感知机是 MCP 神经元的进化，它有一个额外的预处理层来负责模式检测。现在，感知机被认为是最简单的人工神经元形式，在实际应用中被更复杂的形式（例如 sigmoid 神经元）所取代。

人工神经元是神经网络的组成部分。

16.1.2　前馈网络

本章将重点讨论前馈网络，这是最常见的神经网络类型，其中信息只从输入层向前传递到输出层。第 18 章将探索其他更复杂的神经网络类型。

简而言之，神经网络是由计算单元（人工神经元）组成的网络，其整体行为与人脑的行为大致相似。人工神经元被组织在同质层中，每一层都与下一层相连，因此信息总是以实数的形式从上一层流向下一层。层之间的连接都模仿了人脑中突触的行为。（见第 1 章）

如今，神经网络常被用来处理一些特殊的问题，比如认知功能（视觉、语音识别和分析、医学诊断、游戏、复杂的情感分析），以及那些表面上看起来很简单但浅层学习算法却无法很好地处理的问题（主要是预测和分类）。

16.1.3　更复杂的网络

并不是所有的神经网络都是相同的，也不是所有的神经网络都能在相同的问题上取得相同的结果。前馈神经网络有一些局限性，其中最相关的就是它本质上是无状态的，对发生的任何事情都没有记忆。每一个预测都独立于任何之前和之后的预测结果。

此外，前馈神经网络不能处理图像或音频文件，也不能生成新的内容。为了克服这些局限性，提出了其他类型的神经网络，如循环神经网络（用于有状态的网络）、卷积神经网络（用于计算机视觉）和生成对抗神经网络（用于像 FaceApp 那样的内容创建）。

尽管神经网络的结构或多或少有些复杂，但归根结底，神经网络是由人造神经元和层与层之间的联系构成的。让我们了解更多类型的神经网络吧！

16.2　人工神经元的类型

为了理解神经网络的本质，首先让我们来看前馈神经网络和第一种人工神经元——感知机。

16.2.1　感知机神经元

抽象地说，可以将人工神经元看作一个函数，它接受一些输入值并返回一个二进制值，如图 16-1 所示。最初，输入值也被设计成二进制值。现在，它们只要是实数即可。

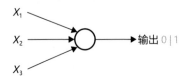

图 16-1　感知机的整体示意图

与感知机一起引入的是激活函数的概念，如今激活函数在任意人工神经元中都很常见。

1. 激活函数

简而言之，感知机做了两件重要的事情：

1）它将输入中接收到的每个值乘以一个被称为权重的系数，并计算所有乘积的和。我们可以将这个操作视为两个向量（输入数据和权重）的标量积。

2）如果计算值等于或超过给定的阈值，则返回 1；否则返回 0。

公式表示如下：

$$输出 = \begin{cases} 1 & 如果\sum_{i=1}^{n} X_i * W_i \geq 阈值 \\ 0 & 否则 \end{cases}$$

为了使函数不失一般性，添加一个任意项，即与输入和权重无关的偏差。然后上式变为以下形式，其中输入向量 **X** 和权重向量 **W** 的标量积采用了紧凑表示。

$$输出 = \begin{cases} 1 & 如果 X \cdot W + b \geq 0 \\ 0 & 如果 X \cdot W + b < 0 \end{cases}$$

这样的函数称为激活函数。这个阈值让我们想到了激活人脑突触所必需的电阈值。图 16-2 提供了 Rosenblatt 为感知机定义的激活函数的示意图。

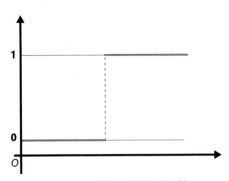

图 16-2　感知机的激活函数

感知机对接收到的所有输入进行加权求和，只有当实际值超过给定的置信度时才会做出决定（即返回 1）。感知机是一个非常简单的神经元；它只是一个二值线性分类器，所做的就是绘制一个超平面。虽然简单，但它有一个非常有趣的特性：可以用来模拟与非门。

2. 与非和功能完整性

在电子技术中，与非门是一种逻辑门，如果它所有的输入都为真，则返回假，否则为真。它的输出与"与"门的输出互补，实际上，与非门是"与"门与"非门"的结合。

与非门在功能上是完整的，这意味着所有其他逻辑门（与门，非门，或门）都可以通过与非门的组合来实现。例如，与门可以作为两个与非门的级联来获得。换句话说，当你有与非门时，你可以实现任何的逻辑表达式。有趣的是，通过选择合适的权重和偏差组合，感知机可以用来模拟与非门。

图 16-3 所示的感知机的偏差为 3，输入参数 X_1、X_2 的权重系数为 −2。假设二进制输入为 00（全部为假），你可以看到，在这种情况下，计算出的值为 3，与阈值相等，因此响应为 1。相反，假设输入为 11（全部为真），计算出的值为 −1，小于阈值，因此响应为 0。对于输入中 0 和 1 的任何其他变体都是如此。因此，感知机就像与非门一样工作。

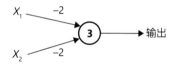

图 16-3　用感知机模拟与非门

从这你能获知什么？

与非门赋予感知机充分的表达能力，通过调整权重和偏差，可以对神经元进行校准，使其计算出特定的结果。换句话说，可以基于感知机建立一个训练过程来寻找理想的权重和偏差值，从而能更准确地计算出想要或期望的值。

3. 前馈层

一般来说，感知机的强大之处在于它能通过简单地添加更多的层、更多的输入和更多的连接来模拟任意函数。其思想是将一个神经元的输出向前转发给感知机下一层中的另一个神经元。通过这种方式，信息只能向前传播，直到到达链的末端。

本质上，这是一个前馈神经网络。第一层神经元是网络的输入，最后一层是网络的输出。既不是网络输入层也不是网络输出层的所有中间层被称为隐层，如图 16-4 所示。

属于下一层的所有神经元接收前一层神经元计算的输出作为输入。神经元的输出是通过激活函数获得的。每一层神经元都有自己的激活函数。

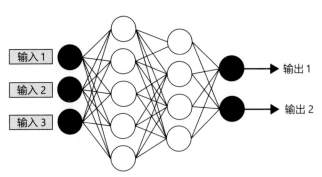

图 16-4   前馈神经网络样本

与简单感知机做基本线性分类器相比，前馈神经网络在功能上更具可扩展性。实际上，由于处理的不再是原始输入数据，而是它们的一些转换数据，因此复杂性和抽象性逐层增加。这也正是深度学习这个术语的由来，主要是指神经网络的深度（或网络的层数）。我们也可以把深度学习定义为在输入层和输出层之间有隐层的神经网络。

最后请注意，图 16-4 中的输出层显示的不仅仅是一个值。这是绝对可行的：神经网络的输入和输出都是向量。

 注意：之前已经提到过这一点，这里再强调一下。前馈神经网络是神经网络的一种特殊类型，它的信息只向前传递而不向后传递。在第 18 章中，我们将讨论信息可以在其中前后传递的神经网络类型。

4. 使网络能够学习

现在你已经有了一个可以执行大量计算的神经网络。不过，这些计算的准确性取决于权重和偏差。虽然你可以预先设置这些值，但如果网络能够自己学习这些值则更好。在实际应用中，考虑到要处理的连接和权重数量巨大，手动设置权重和偏差可能非常不切实际。

但是，要建立有效的学习机制，就需要对输出进行更多的控制。换句话说，如果你对其中一个权重或偏差做了一个微小的改动，那么你希望输出也能够做出轻微且连续的改变。通过这种持续改进的方式，不需要彻底改变所有输入及其与输出层的连接，只要简单地对特定的输入进行操作就可以获得想要的结果。

要实现跨神经网络的学习，还需要另一个更复杂的激活函数。

16.2.2   逻辑神经元

到目前为止，我们所考虑的感知机中采用一个阶跃函数作为激活函数，如图 16-2 所示。在数学中，阶跃函数是一种分段常函数，它的整个输出是通过将常数子函数应用到输入的特定区域来确定的。阶跃函数既不连续也不可微。

不过要使学习成为可能，则需要更多的（数学）连续性。数学连续性是防止输入的小变化引起输出大变化的关键因素。要想能够学习，二进制 0/1 的选择已经无法满足要求；你需要 0 到 1 之间的整个实数空间。

1. sigmoid 激活函数

这是一种新的神经元，取代了感知机。要考虑的新神经元称为 logistic（或 sigmoid），其激活函数在数学上是连续的：

$$\sigma = \text{Output}(Z) = \frac{1}{1 + e^{-z}}$$

式中，Z 由 $X \cdot W + b$ 给出，其中 b 是偏差，X 是输入向量，W 是权重向量。这个函数就是 sigmoid，其曲线如图 16-5 所示。

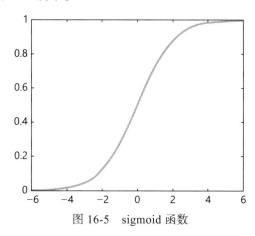

图 16-5　sigmoid 函数

在数学中，sigmoid 函数是定义在所有输入值区间上的一个有界可微函数。它的输出在 0 和 1 之间连续变化（没有达到 0 和 1）。

2. 从阶跃函数到 sigmoid

通过使用 sigmoid，并不会改变前馈神经网络的结构（例如，层和连接的数量），而只是改变了每个神经元转发给下一层连接节点的值。该值不再是二进制值，而是一个 0 ～ 1 范围的连续值。

如图 16-5 所示，对于较大的值，sigmoid 激活函数接近 1，对于非常小的值，它接近 0。因此，在极端情况下，函数的行为与感知机中的阶跃函数相同。

因为内在的学习价值，我们从感知机开始分析前馈神经网络。在现实应用中，很少有人使用感知机。使用连续值进行操作的价值才是最宝贵的，可以在处理神经网络的实际训练时派上用场。

与感知机相比，通过使用逻辑神经元，可以在输出上引入一种概率，它不是简单的 0 或 1，而是介于 0 ～ 1 之间的任意值。如果你仍然只对二元结果感兴趣呢？你怎么能从一个逻辑神经元那里得到一个二元结果呢？在本例中，你只需在对网络的调用上添加一些软件包装器，并根据结果相对于 0.5 的变化将结果映射到 0 或 1。

3. sigmoid 的导数

sigmoid 函数 σ 对每个点都有一个非负的导数。此外，它的导数是有界的，也比较容易计算。稍后在学习神经网络的训练时你会发现 sigmoid 很有趣的另一个方面。这里，我们先来看它的导数：

$$\sigma'(Z) = \frac{e^{-z}}{(1+e^{-z})^2} = \sigma(Z)*(1-\sigma(Z))$$

根据可微性的定义：在一个点的小邻域内，函数值的变化可以用线性变换来表示。因此激活函数可微就保证了输入的微小变化只会使输出的变化也很微小。对这个变化量进行估计：

$$\Delta_{输出} = \frac{\partial_{输出}}{\partial b}\Delta b + \sum_{j=1}^{j}\frac{\partial_{输出}}{\partial W_j}\Delta W_j$$

其中，Δ 表示变化量，是根据激活函数相对于偏差和权重的偏导数与其对应的微小变化量相乘得到的。其中，j 是权重的个数。

16.3   训练神经网络

除了我们将在第 18 章中讨论的一些示例以外，神经网络只用于监督学习，而且其训练与任何其他机器学习监督学习训练没有什么不同。确定网络预测值与期望值间距离的最佳度量的函数仍然是训练的关键步骤。

16.3.1   整体学习策略

一旦有了距离函数（网络的主要代价），训练的最终目标就是找到使其最小化的系数。对于神经网络，需要确定的系数是偏差与权重。

如果所选择的距离函数是凸函数，且可微，则可以使用梯度下降法来寻找其最小值。在这种情况下，训练阶段就是使代价函数的梯度（根据所有权重和偏差计算）降到最小。

1. 梯度下降步骤的形式化

以下两个公式表示说明梯度下降是如何进行的，以及权重和偏差是如何在一次又一次迭代中发生变化的：

$$W_{j,i} \to W_{j,i} - \frac{\alpha}{N}\sum_{k=1}^{N}\frac{\partial E(X_k)}{\partial W_{j,i}}$$

$W_{j,i}$ 表示第 j 个神经元的第 i 个权重，而 B_j 表示与第 j 个神经元相关的偏差。$W_{j,i}$ 的新值由代价函数 E 对 $W_{j,i}$ 变量的偏导数之和给出。式中，代价函数 E 是根据数据集的第 k 个元素计算的。

类似地，迭代后第 j 个偏差迭代的变化为：

$$B_j \rightarrow B_j - \frac{\alpha}{N} \sum_{k=1}^{N} \frac{\partial E(X_k)}{\partial B_j}$$

式中，α 表示学习率，N 表示数据集的大小。说到梯度下降，学习率表示在每次迭代中沿着梯度方向移动了多少。通常，α 的值介于 0 ～ 1 之间，但通常非常小。（我们在第 11 章中讨论了学习率的作用。）最后，请注意，偏导数是在整个数据集上计算的，并取结果的算术平均值。

2. 小批量

在实际应用中，由于性能原因，梯度不是在整个数据集上计算的，而是在有限的样本组上计算的，平均值是根据样本组的大小而不是数据集的大小计算的。这种方法被称为小批量。小批量的常见大小为 32、64 和 128 个样本。当使用 ML.NET 训练 TensorFlow 模型时，要提供的批量大小参数指的就是小批量的概念。

首先确定一个小批量的大小参数，然后随机选择要处理的第一个元素块，更新所选样本的权重和偏差。接着处理下一组样本，直至处理完整个数据集（或满足其他停止条件）。这被称为一次（epoch）。在一 epoch 结束时，要么继续运行下一个 epoch，要么训练就结束了。

确定小批量处理的大小是需要技巧的，过小会使模型面临过拟合的严重风险，而过大则可能会极大地降低准确度。这正是证明 AutoML 框架有用的场景之一。最近的一篇研究论文也建议随着训练的进行而增加批处理的大小，而不是降低学习率。（论文网址是 https://arxiv.org/pdf/1711.00489.pdf。）

注意：一个训练过的神经网络是一种黑盒。权重、偏差和神经元的数量可能极其多，以至于无法找出任何做出决策所依据的原因及理由。神经网络非常灵活，但它缺乏可解释性。在分类问题上，最佳的浅层学习算法（即支持向量机算法）在最佳的情况下（所有的参数都设置得当）可以达到很高的准确度。同样，神经网络只要经过训练也可以达到同样的准确度。不过神经网络是一个黑盒。

注意：请记住，新的研究和方法正在挑战前述的"一个训练过的神经网络是一种黑盒"的说法。通过显著性方法和特征归因等技术，神经网络的可解释性正在逐步提高。（见 https://towardsdatascience.com/interpretability-of-deep-learning-models-9f52e54d72ab。）神经网络的可解释性是金融等严格监管领域的一个关键问题。实际上，在这些情况下，有关部门想确切知道发生了什么，而黑盒模型很难做到！

16.3.2　反向传播算法

到目前为止，我们只是初步了解了神经网络的训练是如何进行的。我们没有得到一个实际的代价函数，因此也没有具体地计算梯度。换句话说，我们还没有概述任何训练算法。

你需要一个训练算法，可以处理一个普通的多层神经网络。训练多层前馈网络最常见的算法是利用误差的反向传播，称为反向传播。

1. 反向传播算法的一般思想

反向传播算法最早是在 20 世纪 60 年代末设计出来的，但直到 20 世纪 80 年代中期才真正应用到机器学习中。目前还没有更好的算法，也没有人急于创建新的算法。

反向传播算法是梯度下降的一种实现。因此，它是一种通过探索最陡下降方向上的值来找到函数的最小值的工具。在反向传播算法中，梯度的计算通过网络向后进行，从最后一层神经元到第一层神经元。首先根据最后一层的权重计算梯度，然后将误差信息向后推到前一层，在前一层再根据本层的权重计算梯度。这个过程一直持续，直至到达初始层，如图 16-6 所示。

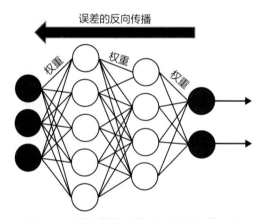

图 16-6　误差信息从最后一层流向第一层

在反向传播中，改变不同权重值的规则是递归的，并且是从输出层向输入层反向推进的。

> **注意**：反向传播是另一种更简单的算法（delta 规则）的一般化，delta 规则只适用于单层神经网络。它利用梯度下降来寻找最小值并为权重设置最优值。任何给定权重的新值都被设置为原有值加上一个 delta，这个 delta 是由一系列参数产生的，包括错误、学习率、权重、输入值和神经元激活函数的输出。反向传播通过加入一些涉及不同层次神经元的递归表达式扩展了 delta 规则。
>
> 举个例子，考虑反向传播算法的代价函数如下：
>
> $$C = \frac{1}{2N} \sum_{i=1}^{N} |Y(X_i) - O(X_i)|^2$$

其中 N 是数据集的大小，而 $Y(X_i)$ 是数据集给定行的预期输出。同时，$O(X_i)$ 是神经网络为 X_i 行返回的最终输出。

代价函数为距离的平方和。注意，在神经网络只有一个输出值的情况下，包裹预测值和期望值之间距离的竖线表示绝对值，而在输出是向量的情况下，则表示向量范数。

 注意：前述的代价函数形式主要是为了便于理解，因为它很直观。在实际应用中，在分类或二进制场景中，最常用的是各种交叉熵函数，而在回归场景中，一般用 MSE 函数。其中交叉熵函数是基于对数的。

2. 反向传播背后的基本原理

在我们深入研究反向传播算法之前，理解其背后的原理是必要的。所以，让我们看看代价函数如何通过某种形式的梯度下降来最小化。

在多层网络中，这意味着计算从输出层到输入层的（偏）导数。它最终是一个应用链式法则计算两个或多个函数的复合函数的导数 D 的问题：

$$D(f(g(x))) = f'(g(x)) * g'(x)$$

一种（也是最基本的）想法可能是使用一种蛮力方法：手工估算代价函数的导数。下式估计了代价函数对 l 层中 j 神经元的 i 个权重的（偏）导数值：

$$\frac{\partial C}{\partial W_{j,i}^l} \approx \frac{C(W + \Delta W_{j,i}^l) - C(W)}{|\Delta W_{j,i}^l|}$$

该式试图估计一个与 l 层中 j 神经元的 i 权重相关联的一个极小变化量 $\Delta W_{j,i}^l$ 的代价函数的差商。理论上，分子是根据两个不同的权重矩阵来计算代价的。而分母表示变化量的范数。因为导数被定义为变化量趋于 0 时表达式的极限，通过取一个非常小的变量值，就可以得到导数的估计值。

如果神经网络有成千上万的连接呢？使用蛮力方法，每一次梯度的下降都需要进行数千次计算，这在实际情况下是绝对无法处理的。反向传播是一种（更）有效的方法，它通过 $l-1$ 层的输出与 l 层误差的乘积，只需一步即可计算出所有必要的导数。换句话说，反向传播的计算成本几乎与计算输出相同：训练和计算是对称的。

3. 算法步骤

反向传播算法由四个关键步骤组成，它们嵌套在三个不同的循环中。最外层的循环是 epoch。如上所述，epoch 涉及整个数据集的训练过程。对于每个 epoch，将训练数据集划分为给定 m 大小的小批量（minibatch），第二层循环是遍历每个 minibatch。最后，最内层的循环遍历当前 minibatch 中的数据行。以下是一些伪代码：

```
foreach(var epoch in epochs)
{
```

```
var batches = SplitDatasetInMiniBatches(sizeOfBatches);
foreach(var batch in batches)
{
    foreach(var row in batch)
    {
        // Step 1: Calculate the output for the given row
        // Step 2: Calculate the final vector of errors
        // Step 3: Calculate the error vector for all intermediate layers
        // Step 4: Apply updated weights proceeding backwards
    }
}
```

第一步是典型的前馈计算，如图16-4所示。神经网络接收给定数据行的特征，并返回输出向量（或者，在更简单的情况下，仅返回一个标量值）。

反向传播的核心是第2步和第3步。首先计算网络最后一层的误差向量，然后再向后计算所有中间层的误差向量，原因在于最后一层的误差是最容易获得的。然后需要沿着整个网络更新权重，并且只能通过从最后一层（输出层）到输入层的反向操作来完成。

当所有层的误差都已知时，算法进行梯度下降计算，找到使代价函数最小的权重。即使是这一步，也是从神经元的最后一层到第一层递归完成的。如图16-7所示。

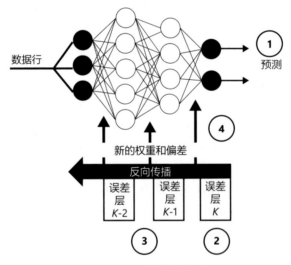

图 16-7　反向传播算法

让我们进一步了解每一步。

4. 计算网络输出

在这个经典的前馈步骤中，处理后的数据行的特征成为神经网络的输入。输入值与指定的权重和偏差相结合，通过该层定义的激活函数进一步转换后移动到下一层。请记住，同一层中的所有神经元都是同质的，具有相同的激活函数。

在步骤的最后，算法知道给定输入的预测值，并且能够与预期值进行比较。给定代价函数的定义，点与点之间的距离就构成误差。

本章的其余部分是关于误差向量的。如果你不感兴趣，直接跳到本章小结！

5. 得到最终误差向量

在非常不现实的单层网络的情况下，获取误差（或误差向量）是一个简单的操作。想要确定权重和偏差更简单，可以用前面提到的 delta 规则方法进行处理。但这种方法不适用于一般的多层神经网络。

这里需要一个表示误差向量的公式。这个公式能够递归地将 L 层的误差与 $L-1$ 层的误差连接起来。根据之前代价函数的定义以及一些复杂的数学运算，最终的误差向量，即在最终的 L 层捕获的误差向量，可以通过下式获得：

$$\delta^L(x) = \nabla_a C_x \circ \sigma'(Z^{x,L})$$

$\delta^L(x)$ 指的是从 x 数据行开始捕获的第 L 层的误差向量。$\nabla_a C_x$ 表示一个向量，其元素是代价函数关于同一 x 数据行的激活函数输出的偏导数。

$\sigma'(Z^{x,L})$ 是指激活函数 σ 的一阶导数，根据 L 层的加权输入计算。

方程式中间那个奇怪的符号。呢？它是指两个矩阵的元素积，称为 Hadamard 积。该操作应用于两个相同大小的矩阵，并返回一个相同大小的新矩阵，其中每个元素都是矩阵中相应元素的乘积。

在前面假设代价函数为二次函数的情况下，方程的成员 $\nabla_a C_x$ 采取了熟悉的向量形式，其元素为网络的一个输出与相应期望值的差。

6. 获取所有层的误差向量

当有了最终的误差向量时，还需要确定中间层上产生了多少误差（或者可以改进多少）。下式将 l 层的误差向量与 $l+1$ 层的误差向量联系起来：

$$\delta'(x) = ((W^{l+1})^{\mathrm{T}} \delta^{l+1}(x)) \circ \sigma'(Z^{x,l})$$

l 层的误差向量由该层激活函数的输出与由下式得到的向量的元素积生成：

$$(W^{l+1})^{\mathrm{T}} \delta^{l+1}(X)$$

该式是一个矩阵与向量的乘积，给出了离开 l 层时的误差估计。$(W^{l+1})^{\mathrm{T}}$ 是一个包含了 $l+1$ 层所有权重的矩阵的转置。矩阵的转置是一个操作，返回一个行和列交换后的新矩阵。一旦它们被转置，权重矩阵的行数与 l 层的神经元数相等，列数与 $l+1$ 层的神经元数相等。列的数量与向量的大小匹配，计算出 $l+1$ 层的误差。因此，其结果是一个具有和 l 层神经元一样多元素的向量。

7. 获取更新的权重和偏差

在这个阶段，你有一个完整的向量列表，其中包含了神经网络每一层计算的误差。剩下要做的就是一些优化，为此，可以使用梯度下降法。

从最后一层开始，对于神经网络的每一层，算法都会重新计算权重和偏差，供神经元下一步使用。对于给定的 l 层，新的权重对于一个小的 delta 发生变化，新的权重值由下式给出：

$$W^l - \frac{\alpha}{m}\sum_{i=1}^{m}\delta^l(x)(O(x^{l-1}))^{\mathrm{T}}$$

变量 m 表示小批量的大小。$\delta^l(x)$ 是指在当前层计算的误差，它乘以前一层输出值向量的转置。

同样，神经元的偏差也会发生变化。新的偏差可由下式给出：

$$b^l - \frac{\alpha}{m}\sum_{i=1}^{m}\delta^l(x)$$

式中，b^l 指的是层 l 上的偏差，而出现的所有其他元素的权重都相同。

注意：在前馈神经网络的训练过程中，需要注意的是，对输入数据进行归一化并不是严格必要的，因为无论如何神经网络都应该能够理解输入。但是，从归一化数据开始可能会加快训练过程。

16.4　本章小结

几个世纪以来，科学家和学者试图建立人类大脑的模型，但很多时候，他们的努力都因为缺乏关于大脑内部结构的知识而付诸东流。20 世纪 40 年代，麦卡洛克和皮茨设计了一个数学模型来解释大脑的行为。15 年后，它就成为人工智能这一新领域研究的起点。

神经网络并不是计算机科学领域的新发现，但由于商业和计算的原因，它们在过去十年里得到了提升。新型神经网络蓬勃发展，扩展了第一种典型网络（前馈神经网络）的能力。在前馈神经网络中，信息只沿一个方向流动，从输入节点到输出节点遍历定义的任何中间层节点。

在本章，我们回顾了前馈神经网络的结构、神经元类型，以及神经网络的训练是如何通过反向传播技术进行的。在下一章中，我们将增加一些关于神经网络设计的注意事项。但请记住，在现实世界中，很少有人会真正从头开始创建深度学习框架，因此这些章节的相关性纯粹是教育性的，可能类似于解释汽车发动机的机械原理，而你可能要做的只是驾驶。按照这个类比，在这里驾驶就是训练现有的模型去做一些事情，就像迁移学习那样。

第 17 章

神经网络的设计

人类大脑有 1000 亿个神经元，每个神经元与 1 万个其他神经元相连。你的肩膀上是已知宇宙中最复杂的物体。

——Michio Kaku，理论物理学教授和科学传播者

一般来说，神经网络结构总是与它期望解决的问题、可用的训练数据、期望的输入和期望的输出相关。然而，能成功构建神经网络的人并不多，而且很有可能他们都不在你的附近。

本章旨在提供一些建议，帮助你找到正确的方向，并帮助你找到诸如"应该使用哪个激活函数"以及"应该使用多少层和多少个神经元"等问题的答案。

我们还将尝试回答一个根本的问题——什么时候应该使用神经网络而不是浅层学习算法，并提供一个用 Python 编写的简单神经网络示例。

17.1　神经网络的各个方面

要找到最合适的神经网络结构，没有什么神奇的规则。很大程度上，这是一次反复试验的过程。当然，必须有一个起点。

一般来说，示例架构是一种糟糕的反模式，当你围绕其他人用于解决类似（或仅明显类似）问题的核心来设计软件系统时，就会出现这种情况。而示例神经网络，更好地考虑到神经网络的性质。因此，如果你不知道从哪里开始，看看其他人是如何解决类似问题的。考虑到问题的相似性是一个相对的主题，相比通用软件项目的用户需求和业务用例中的相似性，神经网络中的相似性更接近于有效亲和性。

寻找灵感的最佳地点是一些主流的神经网络结构的网站，比如 Keras、TensorFlow 或 PyTorch。如果问题有一定程度的匹配，那就是学习的最好起点，因为这些结构可能是经过多次试验和试错选择的。

为了给你更多的背景知识，我们在上一章对神经网络的某些方面进行了较深入的研究。

17.1.1 激活函数

神经网络的一个非常重要的部分是激活函数或传递函数。在前一章中，你看到了两种类型的神经元——基本感知机和更现实的逻辑神经元。还有许多其他类型的神经元，它们在激活函数的功能和特征上是不同的。

回顾一下，激活函数必须是有界的、可微的，并且最好是单调的（增加或减少）。神经网络的每一层都有自己的激活函数。

1. 线性函数

请注意，本节内容只是为了完整性。你永远不会在实际的神经网络中使用线性函数。然而，线性函数满足典型激活函数的要求。线性函数最基本的例子是恒等函数：

$$\sigma(Z) = Z$$

恒等函数是连续可微的，非常容易处理，但它对神经网络的复杂性毫无用处。另外，通常我们会在简单方法都不起作用的时候尝试使用神经网络，因此，需要比恒等函数和任何其他线性函数更复杂的数学工具。实际上隐层中的激活函数只能是非线性函数，在输出层它有时可以是一个线性函数。

2. sigmoid 函数

我们在前一章已经讨论过 sigmoid 函数，这里再增加一些内容。sigmoid 在神经网络中非常流行，它总是返回一个 0 ～ 1 之间的值。此外，它的一阶导数也很方便。公式如下：

$$\sigma(Z) = \frac{1}{1 + e^{-z}}$$

Z 表示激活函数所作用的加权输入数据的向量。然而在前一章中，我们没有提到使用 sigmoid 的缺点。具体来说，sigmoid 的一阶导数是一个在（0,1/4）区间内的函数。（峰值出现在 $x=0$ 时。）

$$\sigma'(Z) = \frac{e^{-z}}{(1 + e^{-z})^2} = \sigma(Z) * (1 - \sigma(Z))$$

导数上的边界导致了一个称为梯度消失的问题。换句话说，在反向传播的过程中，少量的数字激增，只能引起权重和偏差的微小变化。矛盾的是，输入越大，梯度越小。

因此，sigmoid 不适用于多层神经网络（深度学习）。为了成功地学习，必须对输入采取某种归一化策略。

3. softmax 函数

softmax 函数是 sigmoid 函数的推广，适用于多分类问题中神经网络的输出层。它与 sigmoid 的关系是，sigmoid 是一个只能处理两个类的 softmax 函数。如果将考虑的分类数

设置为 K，softmax 函数将返回一个向量，其中第 j 个元素为：

$$\sigma(Z)_j = \frac{e^{Z_j}}{\sum_{i=1}^{K} e^{Z_i}}$$

函数给出了 K 个元素的概率分布，且所有 K 个元素的值的总和总是等于 1。softmax 赋予较大数字更多的相关性，降低了小数字的重要性。

4. tanh 函数

tanh（或双曲正切）也是一条类似于 S 型的曲线，但与 sigmoid 相比有一个关键区别：它的输出值范围是 $-1 \sim 1$，而不是 $0 \sim 1$，如图 17-1 所示。

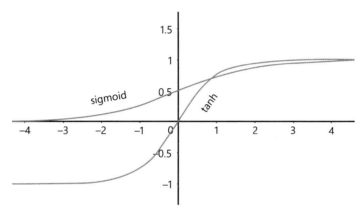

图 17-1　sigmoid 和 tanh 函数

tanh 的解析形式为：

$$\sigma(Z) = \frac{1 - e^{-2Z}}{1 + e^{-2Z}}$$

tanh 相对于 sigmoid 的优点是，负输入值对应的输出为负，正输入值对应的输出为正。此外，输入值接近于零，则输出值也接近于零。与 sigmoid 函数一样，tanh 函数也面临着梯度消失问题。

5. ReLU 函数

ReLU 函数是整流线性单元（Rectified Linear Unit）的缩写，它可能是最常用的激活函数。其形式相当简单和直观：

$$\sigma(Z) = \max(0, Z)$$

该函数是单调的（该函数的一阶导数也是单调的），其输出范围为 0 到无穷。函数在 $x=0$ 之前返回 0，在原点之后，它是一个线性函数，如图 17-2 所示。

该函数的优点是它很容易计算，至少与其他激活函数相比是这样。由于基于 ReLU 函数的神经网络的权重稳定得很快，因此网络收敛的速度也很快。此外，ReLU 函数不受梯度

消失的影响，甚至不受梯度爆炸的影响。实际上，其一阶导数在负输入时为 0，在正输入时
为 1。

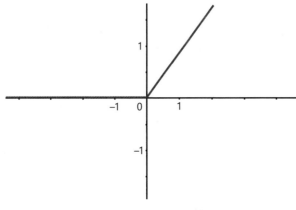

图 17-2   ReLU 函数

缺点是，该函数会随着输入的增长而"爆炸"，而且负的值被映射为 0 这一点在某些情
况下可能并不理想。为了改进上述不足，对函数进行略微修正。修正后的 ReLU 如下：

$$\sigma(Z) = \max(aZ, Z) \quad 当a \ll 1时$$

通常，a 的值非常小，大约是 0.01。图 17-3 比较了 ReLU 函数和修正后的 ReLU 函数。

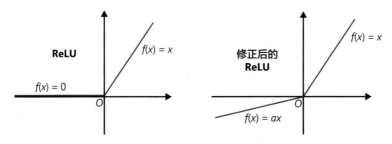

图 17-3   ReLU 函数和修正后的 ReLU 函数比较

我们已经讨论了激活函数，接下来研究隐层，找出它们的数量和其他特征。

17.1.2   隐层

神经网络的心脏是中间隐层的集合。这些层是逻辑（不管是分类逻辑还是回归逻辑）的
实际存储库。因此任何重要的神经网络都会有一些隐层。这里有两点值得注意：

☐ 有多少层？

☐ 每层有多少个神经元？

不同层的神经元数量可能不同，神经元的类型也可能不同（如不同的激活函数）。唯一
的限制是隐层中的所有神经元必须是同质的。

1. 可视化神经元的作用

在讨论机器学习解决方案时，第一步通常是试图在二维空间中对交互部分进行可视化。2D 渲染对于解决现实世界的问题并没有太大帮助，却有助于理解在非常复杂的 N 维空间中所发生的事情。

为了可视化神经元所做的实际工作以及神经元隐层所扮演的角色，想象一个散布在 2D 平面上的数据集，并假设想训练一个神经网络来对数据点进行分类。图 17-4 给出了一个简单的练习。

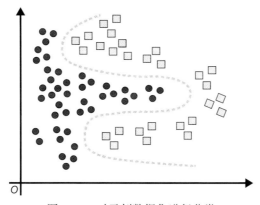

图 17-4　对示例数据集进行分类

图 17-4 中，圆形和正方形表示已知属于不同类别的数据点。你所要做的就是找到一条能有效地把圆形和正方形分开的曲线。有了神经网络，可以把神经元想象成每个特征的线性分类器。（更准确地说，神经元的实际线性度取决于其激活函数的实际线性度。）

将图 17-4 中的虚线近似为一系列相交线，作为分类器。每条线表示第一个隐层中的一个神经元。正如你在图 17-5 中看到的，线之间存在三个交叉点。交叉点的出现表示需要一些额外的层。因此，从视觉上看，左边的两个交叉点连接着前一层的两个神经元。

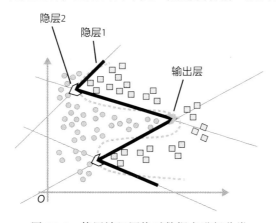

图 17-5　使用神经网络对数据点进行分类

最后，两个连接的层与最后的输出层相连，如图 17-6 所示。

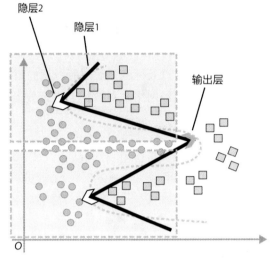

图 17-6   连接各层到输出层

图 17-5 和图 17-6 确定了对三层神经网络的需求，图 17-7 给出了它的模式。第一个隐层有 4 个神经元（每段 1 个），第二个隐层有 2 个神经元（每交叉点 1 个），第三层即输出层将前一层的神经元连接起来生成最终结果。

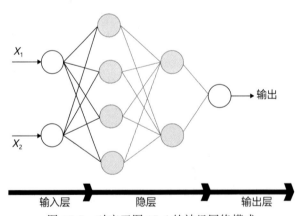

图 17-7   对应于图 17-6 的神经网络模式

请记住，以上只是一个不错的学习练习，但这种画图方法不适用于实际应用，因为如果通过画图就能做到，那就不需要神经网络来分类了。一般的规则是，事先并没有可以估计理想的隐层层数的规则。通常，从一些启发式结构开始构建网络，通过交叉验证对其进行测试，根据测试结果进行更改。

一条经验法则是建议至少包含两个隐层，但是可以根据对问题的认识、以往可作为参考的经验以及对必要的抽象的直觉选择不同的隐层层数。

2. 理想神经元数

尽管有些学术论文中研究过这个问题，实际上目前还没有针对这个问题的特定规则。这的确是一个令人着迷的研究领域。实用的规则是确定一个可接受的初始数，训练网络，然后看看如果添加或删除神经元会发生什么。重复测试是唯一的方法。要进行测试，通常需要进行 k 折交叉验证，k 的值通常是 5 或 10。

不过，每个隐层的神经元数得有一个文本形式记录的上限公式，为了避免过拟合的严重风险，不应该超过这个上限。

$$上限 = \frac{数据集中的行数}{\gamma * (\#输入神经元数 + \#输出神经元数)}$$

式中，比例因子 γ 的范围通常为 2 ～ 10，有些专家甚至建议将其范围限制为 5 ～ 10。

另一个技巧是确保每个隐层中的中间神经元的数量介于输入的大小和输出的大小之间（至少在初始阶段）。有些专家还建议选择输入层的两倍大小作为初始值。

3. 增加神经元还是增加层

为了使神经网络更具表达性，应该在一层上添加更多的神经元还是应该添加一个新的层？网络的层数越多，网络越深，它识别和处理数据特定方面的能力就越强。在某种程度上，一个额外的层进一步细化了网络，增加了一些缺失的功能。

从纯数学的角度来看，新的一层通过某种（非线性）激活函数为计算带来了更多的非线性，且允许从一个层传递到下一层。如果停留在同一层，则只能接收线性组合的输入值。因此，在一层中添加更多的神经元可以提高局部准确度，但网络的整体能力保持不变。

添加新层可以将更多的函数组合在一起，因此其功能更强大。另外，如果问题是线性可分的，你可能只需要在现有的每一层中提高准确度，所以增加神经元个数是一个很好的选择。

17.1.3　输出层

神经网络的输出层不一定是由单个神经元构成的，尽管只有一个神经元是很常见的场景。实际上，当前问题的性质将为你提供最佳的建议。例如，对于一个多分类问题，为每个可能的类别设置一个输出神经元是非常有意义的。

在分类场景中，以所有输出的总和为 1 的方式处理响应，极大地简化了网络的训练。实际上，每个输出值都表示给定元素属于神经元所代表的类别的概率，如图 17-8 所示。

这个网络的训练比只有一个输出神经元的网络要简单得多。对于多输出，你需要做的就是让网络预测一个值，该值是对应于预期类的神

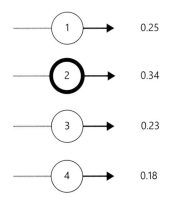

图 17-8　响应总和为 1 的多个输出神经元

经元的所有响应中的最高值。对于单个输出,你需要对网络进行微调,以准确地生成标识类别索引的值。换句话说,误差函数总是返回 0 或 1(对或错),而对于多个输出,则有连续的值和更可控的误差。

但是,正如前面提到的,选择什么方法取决于问题。多个输出神经元适用于分类问题,但并不适用于回归问题。回顾第 7 章中描述的出租车车费预测示例,通过使用两个线性回归模型解决了这个问题,其中一个用于预测乘坐时间,另一个基于时间来预测费用。如果要使用神经网络来解决这个问题,那么将需要一个输出神经元来计算支付费用以及一个计算乘坐时间的隐层(作为输出层的必要输入)。

但话又说回来,回归只对单个输出神经元起作用这一事实也不是普遍规律。在其他回归场景中,多个输出可能更受欢迎。例如,假设你想得到一个价格和一个理想的日期来购买一些股票。

17.2 搭建神经网络

显然,如果对浅层学习算法或神经网络的机制没有粗略的了解,那么就无法更进一步。同时,除非你是一位数据科学家(或学术研究者、数学家),否则很难完全从头开始设计和实现一个神经网络。(在任何这样的情况下,你都不可能阅读本书!)

所以,无论你是机器学习开发人员还是数据科学家,在实际应用中你只需调用一些机器学习或深度学习框架。现成的神经网络框架有很多。

17.2.1 现成的框架

第 6 章简要描述了一些用于深度学习的除了 Python 以外的流行框架。我们回顾一下流行的深度学习框架的要点。目前有很多博客或个人文章都试图对深度学习框架进行排名,每个排名的侧重点不同,但我们有充分的理由相信表 17-1 中的框架肯定是最受欢迎的。

表 17-1 流行的深度学习框架

框架	URL
TensorFlow	www.tensorflow.org
Keras	https://keras.io
PyTorch	https://pytorch.org
Caffe	https://caffe.berkeleyvision.org

表中的顺序不是按字母顺序,也不是随机排列的,而是试图反映人们对其能力以及受欢迎程度的看法。

1. TensorFlow

TensorFlow 是目前为止最完整、最强大的编写神经网络的平台。它可能没有最舒适的学习曲线，但它是可靠的，经过了实际测试，并被大公司广泛采用。如果你看一下使用指标，就会发现 TensorFlow 在 Github 上的活跃度是第二个框架的三倍，关于这个主题的书籍至少是第二个框架的两倍，招聘职位上也是第二个框架的三倍。它唯一没有优势的指标是文章的数量，当然这是有原因的。

TensorFlow 为 Python、C++ 和 R 提供了本地绑定，可以轻松地在 Java 和 Go 中使用它。TensorFlow 与谷歌相关联，并且仍然依赖于谷歌文档的原始核心。然而，它依赖于一个非常活跃的开发人员社区以及不断提供支持和更新的热情人士。

注意：通过 TensorFlow.NET（https://github.com/SciSharp/TensorFlow.NET），你可以使用 C# 训练一个 TensorFlow 模型。有趣的是，有了 ML.NET，你可以加载和再训练模型（正如我们在第 8 章中演示的那样）。从版本 1.4 开始，你还可以直接从 ML.NET 中训练 TensorFlow 中模型。

2. Keras

当然，在这个层次上讨论 Keras 可能并不合适。Keras 是在 TensorFlow 之上的高级 API，因此无法与 TensorFlow、PyTorch 或 Caffe 相比。在 TensorFlow 训练方面，Keras 和 ML.NET 1.4 处于同一水平。

然而，Keras 是为了尽可能地简化复杂和低抽象的 TensorFlow API 而编写的，由于其快速原型化的特性和对初学者的友好性，受到了越来越多的欢迎。

对于喜欢使用 Python 的初学者来说，Keras 是非常自然的选择，它也是原型设计或快速开发的首选环境。Keras 运行在 Python 上，可以直接用于构建前馈神经网络以及循环和卷积网络。如前所述，Keras 运行在 TensorFlow 之上。

从使用指标来看，Keras 在招聘职位、相关书籍和 Github 活动度方面仅次于 TensorFlow。此外，与它有关的文章数量超过了 TensorFlow，这并不奇怪——如果你考虑到搜索"神经网络"时遇到的大多数文章都是入门级的，声称能在半小时内让读者从 0 变成精通。

注意：对于 .NET 开发人员来说，只要 ML.NET 库的功能扩展到涵盖所有场景，使用 ML.NET 就会容易得多。如果你是 .NET 开发人员，可以使用 TensorFlow.NET 作为 TensorFlow 的低级 API 绑定。

3. PyTorch

PyTorch 是基于 Facebook 的 Torch 库建立起来的，它迅速流行的几个重要原因是：首先，它是一个稳定的深度学习框架，在许多方面比 TensorFlow 和 Caffe 更现代；其次，它易于使用，而且它被专门用来解决多年来在 TensorFlow 中发现的一些问题。

然而，就流行程度而言，目前 PyTorch 比 TensorFlow 和使用 TensorFlow 助推器的 Keras

要落后一步。

4. Caffe

Caffe 是一个非常专业的图像识别框架，不需要强大且昂贵的硬件，它就可以提供惊人的图像识别能力。Caffe 使用 C、C++、Python 和 MATLAB，还提供了一个命令行界面。它由加州大学伯克利分校创建，具有务实的学术视角，具有表现力且易于编码，具有高度而简单的可扩展性，以鼓励测试和实验。

Caffe 框架还依靠一些预先训练好的网络来处理图像识别之外的任务，包括回归、大规模视觉分类和语音。不过在这些领域之外，它的表现似乎并不太好，而且它不能建立循环网络。

> **注意**：值得一提的框架还有来自 Apache 的 MXNet（用于 Amazon），以及 Microsoft Cognitive toolkit，后者是一个开源的综合框架，支持卷积神经网络和循环神经网络，并提供了可观的性能。此外，还有一个重要的框架是 Theano。Theano 是第一个与深度学习有关的框架。它擅长执行数值计算，特别是那些典型的神经网络训练的计算。但是，要构建神经网络，不要直接使用 Theano，而是要通过 Python 库，其中一个是 Lasagne，另一个是 Keras，这些库可以隐藏大部分细节。

17.2.2   你的第一个 Keras 神经网络

本书并不是一本关于如何在某些编程环境中编写可重复执行的代码的指南。不过在某些情况下，我们必须展示和讨论一些代码。下面我们看看使用 Keras 库在 Python 中构建神经网络需要什么。示例神经网络有 4 个输入神经元和 4 个输出神经元，并依赖一个由 8 个神经元组成的中间隐层（是输入大小的两倍）。

1. 环境准备

对于这个基本示例，我们使用 JetBrains PyCharm Community Edition 作为编辑器。只要在 Visual Studio 2019 中安装了 Python 支持，你就可以这样做。

首先在项目目录中创建一个新的 `neural.py` 文件，然后导入所有必要的包，具体来说，导入 NumPy 用于文本操作的包以及与层、前馈网络和度量相关的 Keras 部分：

```
# Import external packages
from numpy import loadtxt
from keras.models import Sequential
from keras.layers import Dense
from keras import metrics
```

下一步是从磁盘上的某个 CSV 文件加载数据。NumPy 的 `loadtxt` 方法将只返回数据在内存中的副本。注意，你需要指示 NumPy 使用逗号作为所选文本的行分隔符：

```
# Load the dataset
dataset = loadtxt('some_dataset.csv', delimiter=',')
```

数据集必须垂直分割为两部分，一部分作为输入（称为 X），一部分作为输出（称为 Y）。如前所述，这是一个监督学习，因此，Y 为得分特征，X 为训练数据集。

```
# Separate feature columns (X) to be treated as input and
# score column(s) to be treated as output (Y)
X = dataset[:, 0:4]
Y = dataset[:, 4:1]
```

冒号（:）指的是 NumPy 的切片操作符。第一行代码的最终效果是将数据集的垂直切片（从第一列开始的四列）分配给 X 变量，Y 变量取数据集第 5 列这个垂直切片（注意：为清楚起见，此处包括 :1，可以省略）。

2. 神经网络建模

在 Keras 中，可以通过两种方式创建神经网络模型：使用顺序 API 或函数 API。顺序 API 是前馈网络的选择，因为它只允许你以向前的方式一个接一个地添加层，而没有任何机会以不同的方式连接层。而函数 API 可以有更多的自由度，它只关心层之间的连接，因此你可以创建更多的前馈神经网络：

```
# Create the model of our feed-forward neural network
model = Sequential()
```

此时，你还没有指定任何重要的东西。接下来的步骤是添加第一个隐层并将其与输入相连。层是通过 Dense（稠密）类的一个实例定义的。传递给类构造函数的第一个参数是该层中的神经元数量。另外两个参数也非常重要，其中一个是激活函数。在本例中，使用 ReLU 函数。

在向模型添加第一个层时，还需要指定输入层的大小。这可以通过使用标量或形状来实现。形状是表示大小的一种更常用的方式，因为它可以表示多维对象的大小。在这种情况下，你只需要告诉模型输入层有四个神经元。因此，以下两个表达式是等价的：

```
sizeOfInput = 4
shapeOfInput = (4,)  # Note that the comma is necessary when it's only one dimension
```

要将输入的大小指示为标量，可以使用 input_dim 参数；否则，使用 input_shape 参数。添加到 Python 文件中的代码如下：

```
# Add the first hidden layer to the model:
# The hidden layer has 8 neurons, ReLU activation and is connected to 4-neuron input layer
layer = Dense(8, input_shape=(4,), activation='relu')
model.add(layer)
```

要进一步添加一个层，只需创建一个新的 Dense 对象并将其添加到模型中。但是请注意，在第一个对象之后添加的 Dense 对象不必指定输入的大小。换句话说，在添加第一层时就隐含了输入层的定义。因此，在对 **add** 方法的第一次调用之后，模型有两个层，第一个是输入层。如果不增加层，第二层将被视为输出层，否则将被认为是网络的第一个隐层。

因为最初的想法是创建一个有隐层的神经网络，所以需要再添加一层作为输出层：

```
# Adding the output layer and making it use a sigmoid as the activation function
model.add(Dense(4, activation='sigmoid'))
```

输出层有 4 个神经元，采用 sigmoid 函数作为激活函数。此时你已经完成网络建模！下一步是训练网络。

3. 训练网络

为了训练这个网络，需要完成配置，以指示最小化的代价函数、优化算法（之前我们通常称之为梯度下降的具体实现），以及度量指标。你可以通过调用 **compile** 方法来设置所有这些参数：

```
# Final configuration of the model
model.compile(loss='mean_squared_error',
              optimizer='sgd',
              metrics=[metrics.categorical_accuracy])
```

在本例中，选取 MSE 函数作为代价，随机梯度下降（Stochastic Gradient Descent，SGD）作为优化算法。最后，你需要指定一个返回的指标——准确度。现在模型已经准备好进行训练了：

```
# Train the model, evaluate the result and show accuracy metrics
model.fit(X, Y, epochs=150, batch_size=10)
accuracy = model.evaluate(X, Y)
print('Accuracy: %.2f' % (accuracy*100))
```

fit 方法启动了训练过程，并触发了你在前一章看到的反向传播算法。**fit** 方法接收输入列和得分列、要经过的 epoch 数和批的大小。测试过程由一个 **evaluate** 调用触发。

 注意：考虑一下神经网络的输入是图像时会发生什么。输入数据是像素和相关颜色的矩阵。假设要处理的图像是 300×300 的，使用 RGB 颜色，那么神经网络的输入层将是 $(300, 300, 3)$ 形状。

 注意：这里的例子使用了 SGD 梯度算法。目前还有一种梯度算法（ADAM）得到了越来越多的关注和使用。ADAM 是自适应矩估计的简称，ADAM 估计梯度的一阶矩和二阶矩，以找出神经网络的每个权重的理想学习率。随机变量的 n 阶矩是该变量的 n 次幂的期望值。

17.2.3 神经网络与其他算法

神经网络可以将任意线性和非线性函数逼近到任意精度水平。你所要做的就是添加并配置神经元和层。这种魔术或技巧（任何魔术背后都有技巧）是通过权重和偏差实现的。此外，神经网络的输出可以是一个阶跃函数，借助阶跃函数，它几乎可以逼近任何函数。

1. 二值分类比较

从图 17-9 中可以找到一些神经网络和浅层学习算法如何在数据集上工作的可视化证据，该图展示了各种算法在非线性二值分类问题中所做的工作。具体来说，不同灰度的区域代表算法所使用的决策边界，可以解读为输出的置信度。纯色表示这两个类都具有很强的确定性。你看到的数字衡量的是准确性。

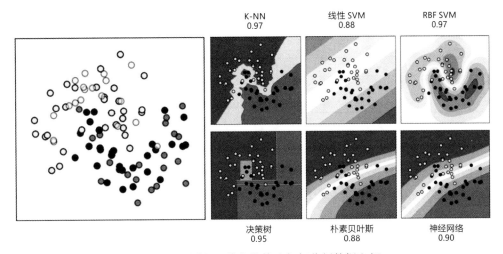

图 17-9 不同的二值分类算法如何分割数据空间

2. 方法和注意事项

表 17-2 根据图 17-9 总结了一些要点，该表不考虑神经网络算法。

表 17-2 图 17-9 中算法的要点

算法	要点
K-NN	聚类算法达到了显著的准确性，说明该算法适用于这个数据集。决策边界取决于设置的距离
线性 SVM	由决策边界（线）可以看出，该算法准确性不高。该算法只是不适合这个数据集，在这个数据集上使用这个算法只比随机猜测好一点点，随机猜测的准确性最差为 0.50
RBF SVM	该算法是 SVM 的非线性版本，使用径向基核（Radial Basis Kernel，RBF）函数。该算法具有决策边界平滑、精确、准确性高的特点
决策树	图表几乎全是纯色，这意味着算法的决策是二元的。决策边界相当清晰，验证了该算法非此即彼的特性。它确实提供了很好的准确性
朴素贝叶斯	这个算法显示了平滑的决策边界，且对该数据集的处理也相当简单。不过，它的结果似乎是可信的。尽管得分很低

图 17-9 是使用 `scikit-learn` 库的分类器比较页面提供的 Python 代码得到的。你可以在如下网址下载代码：https://scikit-learn.org/stable/auto_examples/classification/plot_classifier_comparison.html。

因此，所有的图都是使用 `scikit-learn` 库中的算法生成的，如表 17-3 所示。所有算法工作在一个自动生成的数据集上，该数据集是使用以下代码创建的：

```
make_moons(noise=0.3, random_state=0)
```

在 `scikit-learn` 库中，`make_moons` 函数是专门为二值分类而设计的，并使用漩涡图案生成数据点，类似于嵌套两个月亮形状的数据点。

表 17-3　用于实现二值分类算法的 `scikit-learn` 代码片段

算法	对应代码
K-NN	`KNeighborsClassifier(3)`
线性 SVM	`SVC(kernel="linear", C=0.025),`
RBF SVM	`SVC(gamma=2, C=1)`
决策树	`DecisionTreeClassifier(max_depth=5)`
朴素贝叶斯	`GaussianNB()`
神经网络	`MLPClassifier(alpha=1, max_iter=1000)`

具体地说，该神经网络图是通过运行一个 `MLPClassifier` 的实例得到的。在 `scikit-learn` 库中，这个类实现了一个多层感知机（MultiLayer Perceptron，MLP）网络，该网络具有默认的激活函数（ReLU）及隐层配置。也就是说，神经网络的不那么令人兴奋的分数是因为我们使用了内置的神经网络。这就引出了一个更一般的考虑。

3. 浅层学习胜过深度学习

对于二维的简单问题，传统的机器学习比神经网络更简单、更有效。同样的情况也会发生在许多基于表格数据的用例中。这仍然是一个一般的考虑，而不是一个严格的规则，但经验告诉我们，在这些情况下浅层算法不仅更有效，而且在训练时间和计算能力方面消耗的资源更少。考虑到这一点，要训练一个大型神经网络，你可能需要云资源，而这将增加一大笔开销。

另外，请注意，对于许多其他场景，特别是图像和声音分析、语音分析以及视频处理，神经网络不仅更有效，而且通常是获得结果的唯一可行方法。

17.3　本章小结

上一章介绍了前馈神经网络的结构、神经元的作用和能力，以及（反向传播）训练算法。本章主要讨论了前馈神经网络的实际设计与构建。

首先，概述了神经网络中要考虑的一些方面，例如激活函数和隐层，讨论了不同的激活函数和通用规则，以帮助决定如何初步设计网络。实际上并没有固定的规则来规定理想的隐层的数量，或者每一层需要拥有的更好的神经元数量。神经网络一直处于不断的试错中，除了"尝试并使其适合"之外，没有其他法则。

其次，我们使用了一个非常流行的 Python 框架，即 Keras，构建了一个 hello-world 风格的神经网络演示。演示的重点不是构建一些具体的功能，而是展示如何具体使用前两章中介绍的理论概念。

我们已经完成了最常见的神经网络（前馈神经网络）的搭建。在现实世界中，神经网络被称为制造真正神奇的东西，因此在经典的浅层学习和深度学习之间划分了一个清晰的界限。在下一章中，我们将研究其他连接更密、更复杂的神经网络类型，比如卷积神经网络和循环神经网络。

第 18 章

其他类型的神经网络

要么，数学对我们来说太难了，要么，我们的意识不仅仅是一台机器。

——Kurt Godel，不完全性定理的作者

在前两章中，我们提出神经网络是一种极其复杂但很精确的工具，适用于其他一切浅层学习方法都无法处理的分类和回归任务。然而，也有一些问题是同样的神经网络无法以所需的精度水平很好地解决的。前馈神经网络在什么情况下表现不佳呢？当一个典型的前馈神经网络不能正常工作时，还能采用什么别的方法呢？

这些都是我们在本章中试图回答的问题，我们将着眼于更新的甚至更复杂的神经网络类型，如循环神经网络（Recurrent Neural Network，RNN）、卷积神经网络（Convolutional Neural Network，CNN）和生成对抗神经网络（Generative Adversarial Neural Network，GAN）。

首先，我们简要回顾几个具体场景，在这些场景中前馈神经网络不是最合适的解决方案。

18.1 前馈神经网络的常见问题

前馈神经网络，顾名思义，是向前一层一层地执行计算，也就是说，从输入层到输出层进行端到端的处理。这导致了这类神经网络的第一个重大缺陷。

前馈神经网络中没有状态或记忆的概念。其工作方式与 HTTP 服务器非常相似。两个连续的请求在 HTTP 上被视为两个完全独立的请求，而两个连续的预测在训练过的网络上也会被视为两个完全独立的预测。状态的概念既适用于训练，也适用于预测。

关键是，在一些现实生活场景中，如果不仔细考虑过去发生的事情，就无法做出预测。假如你想可靠地预测某只股票的价格，那么仅有该股票的历史记录是不够的，可能还需要查看该股票的最新报价，但最新的报价数据不一定包含在已经训练好的模型中。另一个例子涉及时间序列数据。假如你想对某个硬件设备的故障进行预测或分类，那么仅有给定时间内的观测信号是不够的，可能还需要将这些信号与在前一时间段内的观测信号相关联。本质上，前馈神经网络是做不到这一点的。因此，为了解决这些问题，需要一种既支持状态概念，又能持续跟踪网络做出的所有预测的神经网络。通过引入循环神经网络，这一特殊缺陷得到了缓解。

对图像或音频文件进行分类与对数据进行分类完全是两回事。如果你想使用大量与实际内容相关的预定义标签自动地对海量图像进行标记，那么，这又是一个前馈神经网络无法处理的复杂任务。相反，卷积神经网络在这方面做得很好。

同样，前馈神经网络还不适合根据获得的模式生成新的内容（例如文本或图像）。这个任务是另一种新型神经网络（生成对抗神经网络）的工作。

18.2　循环神经网络

人们每天都在不断地做出预测。当我们听别人说话时，有时我们能正确地猜出他接下来要说的几个词。当我们做决定的时候，我们不会简单地从现有输入数据中评估利弊，而是将这些数据与经验和对类似或相关事实的记忆结合起来。

循环神经网络的目的是将状态的概念整合到神经网络中，使其能够根据过去的预测结果和相关的输入进行预测。

 注意： 解决这个问题的一个基本方法可以是增加输入的大小。例如，在预测股票报价时，可以在输入中添加新特征来合并过去 5 天的开盘价和收盘价。不过显然，添加特征并不是一种可扩展的方法。当你意识到 5 天前的数据还不够的时候，就需要修改输入，再次训练网络。前馈神经网络具有固定大小的输入层和输出层。

18.2.1　有状态神经网络的结构

为了使神经网络有状态，必须在网络内部建立状态的概念。循环神经网络是一个信息从输入层向前流动到输出层的神经网络，不过每一个预测都会留下一条轨迹。换句话说，每个预测都是基于直接输入和之前预测可能已经确定的状态的组合所产生的输入而做出的。

然后必须引入神经网络的一个新的逻辑组件——管理（隐藏的）状态向量 H 的记忆层 A。

1. 记忆上下文结构

图 18-1 展示了记忆上下文组件的高级视图。如前所述，它是神经网络结构中的一个逻辑组件，但并不一定是软件的独立部分。事实上，在一些 RNN 的实现中，它被当作前馈神经网络（Feed-Forward Neural Network，FFNN）的一个附加的隐层放在输入层之后。

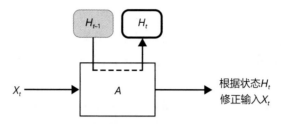

图 18-1   循环神经网络中记忆上下文的模式

在时刻 t 进行预测，组件从客户端应用程序接收一个值为 X 的向量，则输入向量为 X，结合上次 $t-1$ 时刻预测所确定的当前状态 H_{t-1}，生成新的当前状态，将其更新为 H_t。组件的输出是根据状态以某种方式转换的原始输入的修改版本。（稍后我们将看到细节。）

该组件的输出通常用作常规前馈神经网络的输入。

2. 循环网络的结构

图 18-2 展示了循环神经网络最常见（和最基本）的组件结构。正如你所看到的，至少在它的最简形式中，循环神经网络是记忆上下文和经典前馈神经网络的连接。

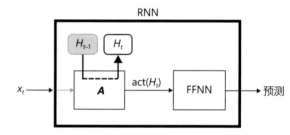

图 18-2   RNN 的组件结构

总体来说，循环神经网络是一个前馈神经网络加上一个处理网络状态的附加组件。图 18-2 中的模式可以根据需要变得非常复杂，并且可以连接多个记忆上下文。同一个 FFNN 可以被分割成更小的片段，并且可以在其中添加记忆上下文。

状态是记忆上下文的一个属性，因此有时状态也被称为隐藏状态向量。记忆上下文的累积特性是保证该方法可扩展性的关键，至少与仅增加经典前馈神经网络的特征列表以合并已知事实的基本方法相比是这样的。

图 18-3 显示了状态对循环神经网络预测序列的影响。

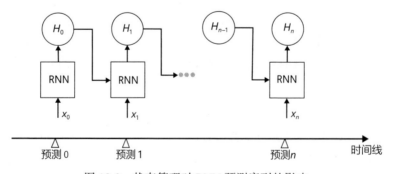

图 18-3   状态管理对 RNN 预测序列的影响

3. 状态管理机制

现在让我们回顾一下在使用循环网络处理输入向量时要经过的步骤。假设输入是在时刻 t 进入网络的。这意味着记忆上下文组件存储着一直到 $t-1$ 时刻的信息。

记忆上下文组件接收客户端应用程序提供的输入，这是用于预测的未过滤的直接输入数据。首先，记忆上下文 A 更新自己的状态向量 H，它是历史信息的存储库。H 的变化是由函数 f 确定的，典型的 f 为 tanh（双曲正切）。状态从时刻 $t-1$ 到时刻 t 的更新公式如下：

$$H \to f(W_{hh} * H + W_{xh} * X_t)$$

式中，$W_{hh} * H$ 表示 $t-1$ 时刻历史权重矩阵与状态向量 H 的乘积。相反，$W_{xh} * X_t$ 表示适用于任何输入数据的权重矩阵与输入向量之间的乘积。

记忆上下文生成的输出 O_A 是由某个激活函数 g 计算得到的，激活函数被指定为网络的超参数，通常使用 ReLU：

$$O_A = g(W_A * H)$$

式中，W_A 是权重矩阵，正如你在第 16 章看到的前馈网络中的权重矩阵。如图 18-2 所示，这个输出被输入到一个经典的前馈神经网络中，或者在网络的上下文中使用。

循环神经网络的训练阶段会产生三个权重矩阵，而不是像普通前馈网络那样只产生一个权重矩阵。如前所述，其中一个是 W_A，代表了所有神经网络的经典权重矩阵。另一个是 W_{hh}，它表示当前状态与预测的相关性。第三个是 $W_x h$，表示当前输入与预测的相关性。

4. 从 RNN 到 Deep RNN

图 18-2 所示的为循环神经网络所能采取的最简形式。你可以以各种方式扩展模式，只要它能满足你的需要。例如，你可以在输入和记忆上下文之间添加一个或多个隐层。或者你可以有多个不同配置的记忆上下文。如图 18-4 所示。语音识别是一个需要更复杂的 RNN 结构的实际应用场景。实际上，在这种情况下，网络根据到目前为止的发音来预测下一个单词是可行的。

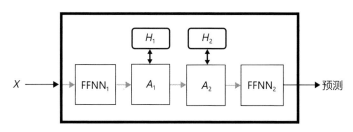

图 18-4　Deep RNN 的可能模式

从算法的角度来看，训练一个 RNN 和训练一个经典的前馈神经网络是非常相似的，其中反向传播仍然是关键。特别是，如图 18-3 所示，RNN 可以被同化为在数据集中增加内部状态（可能是多个隐藏状态）的前馈神经网络链。这里使用的反向传播算法的变体被称为"随时间反向传播"。

 重点：对于循环神经网络，归一化的输入数据是至关重要的，这一点甚至比在前馈神经网络中更重要。这样不仅能够观察到训练过程的快速收敛，而且还可以极大地减少梯度消失现象的不确定性，梯度消失现象在一个简单的 RNN 中会因循环访问记忆状态而被放大。（在我们接下来要介绍的长短期记忆（Long Short-Term Memory，LSTM）循环网络中，梯度消失不会发生。）

18.2.2　LSTM 神经网络

到目前为止所讨论的 RNN 结构有一个明显的缺点：间隔很大的输入可能不会像希望的那样互相影响。换句话说，记忆上下文组件持有的隐藏状态的生命周期太短。这带来了一个新的研究分支，并最终被定义为 LSTM 神经网络。

总体来说，LSTM 神经网络与普通 RNN 的不同之处在于，它实现了更复杂的记忆上下文。

1. LSTM 记忆上下文的结构

为了延长隐藏状态的生命周期，神经网络结构增加了二级记忆。这种长期记忆称为单元状态。通常将时刻 t 的单元状态表示为 C_t。单元状态与短期的隐藏状态 H_t 并行工作，类似于普通 RNN 的记忆。

LSTM 记忆上下文结构如图 18-5 所示。

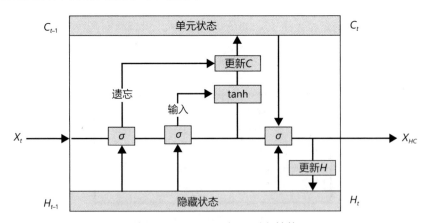

图 18-5　LSTM 记忆上下文结构

输入 X_t 在记忆上下文中执行几个步骤。上下文将发送原始输入 X_{HC} 的过滤版本，以考虑短期和长期记忆。当记忆组件发送它的输出时，两种类型的状态被更新到当前时刻 t。

接下来，让我们挖掘出基于当前状态 C_{t-1} 和 H_{t-1} 对输入进行变换的各个步骤的细节。

2. LSTM 记忆上下文的内部机制

第一步是清除长期记忆的当前状态。通过应用 sigmoid 函数，对当前状态 C_{t-1} 的部分元素进行标记，以便后续去除。由所谓的记忆上下文的遗忘门层 f 实现：

$$f_t = \sigma(W_f * [H_{t-1}, X_t] + b_f)$$

式中的 W_f 是在训练过程中专门计算的权重矩阵，用来决定某条信息是否仍然与记忆相关。注意，sigmoid（logistic 函数）σ 的输出在 0~1 之间，因此每个输出值表示的是长期状态的每个元素的相关性。b_f 是在训练时确定的偏差系数。需要注意的有趣的事是，遗忘门层对输入数据和短期记忆中的数据进行处理，以确定长期记忆中的某些信息现在是否可以被认为是过时的和可移除的。作为示例，考虑一个文本分析场景。假设在长期记忆中有关于句子当前主语的信息，新信息的结合可能会改变这一点，因此，长期记忆中的主语元素被标记为移除。

第二步是标识单元状态中需要更新的现有信息。第二步由输入层 i 负责，除了权重和偏差矩阵不同之外，使用的公式与 f 相同：

$$i_t = \sigma(W_i * [H_{t-1}, X_t] + b_i)$$

第三步是确定在时刻 t 存储在长期记忆中的新的候选值：

$$a_t = \tanh(W_c * [H_{t-1}, X_t] + b_c)$$

式中，W_c 是训练期间专门计算的另一个权重矩阵，用于确定放置在单元状态的数据候选者。

此时，你已经拥有了单元状态更改的完整列表：要移除的项、要更新的项和要存储的新值。

第四步，上下文对状态进行物理更新，使其从 C_{t-1} 更新为 C_t。操作如下：

$$C_t = f_t * C_{t-1} + i_t * a_t$$

$f_t * C_{t-1}$ 表示要从单元状态中移除的信息，$i_t * a_t$ 表示要添加或更新的信息。由于已经处理了单元状态，现在可以处理短期隐藏状态。这种新的隐藏状态 H_t 将作为短期记忆存储在记忆上下文中。有趣的是，新的 H_t 与图 18-5 中称为 X_{HC} 的组件的外部可用输出一致。计算时，首先通过短期记忆对原始输入进行过滤：

$$O_t = \sigma(W_o * [h_{t-1}, X_t] + b_o)$$

同样，在训练时计算偏差和权重矩阵。然后将 O_t 值与刚刚更新的单元状态结合起来：

$$H_t = O_t * \tanh(C_t)$$

3. 从 LSTM 到 Deep LSTM

前面对 LSTM 的描述并不是唯一可能的实现，但它却以一种足够通用的方式在预测的上下文中封装了过去数据的结构。文本分析和语音识别是具有 LSTM 记忆上下文的 RNN 的很好示例。

　　然后，图 18-4 就可以被更新为具有 LSTM 记忆的情况，说明神经网络的实际拓扑结构取决于你自己（和手头的问题），因此你必须决定是否需要记忆、记忆的类型以及在什么地方记忆，如图 18-6 所示。

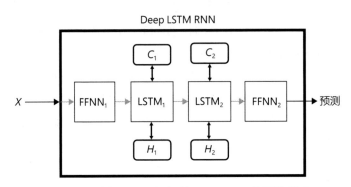

图 18-6　具有 LSTM 记忆的 Deep RNN 的可能模式

18.3　卷积神经网络

　　前馈神经网络是第一类神经网络，用于解决相对简单的回归和分类问题。正如你在第 17 章结尾看到的那样，对于只有几个维度的简单数据，神经网络可能过于复杂，但随着数据的复杂性和维数的增长，这样的网络会变得越来越精确。它们通常随着问题的复杂性而增长。

　　然后你会发现，对于那些属于自然语言处理（NLP）范畴的任务，基于记忆的神经网络是必要的。如果你需要处理图像，那么推荐使用另一种方法，因为它比其他已知的方法更有效。

18.3.1　图像分类与识别

　　一幅图像实际上就是一个像素矩阵，因此，你可以考虑将其分解为小向量（比如，10×10），并通过深度神经网络对其进行处理。你能成功地预测图像包含什么吗？对于基本的、人工构建的图像（比如简单的图表），成功预测是有可能的，但对于真实世界的图像，肯定无法成功预测。在大图像上使用经典的（循环）前馈方法会导致丢失像素配置信息，并因此失去了告诉网络图像中真正包含了什么的机会。

　　因此需要一种新的方法，即卷积神经网络（CNN）。CNN 是用于图像分类和识别的主要工具，它的使用已经扩展到视频和音频处理，并进一步扩展到自然语言处理。CNN 的训练超出了本书的范围，所以我们就不讲了。不过，我们可以这样说，CNN 的训练方法与反向传播和梯度下降是一样的。

18.3.2 卷积层

与 RNN 很像，CNN 是由普通前馈神经网络与多个专用组件组合而成的。CNN 包含一个称为卷积层的特殊层。它的目的是在不丢失可能对做出良好预测至关重要的相关信息的情况下，将较大的图像减少到更易于管理的形式。

图像的问题在于它们处理起来很麻烦。以现代高端智能手机拍摄的 4K 分辨率的图像为例。假定它是 1600 万像素，它就有 1600 万个数据点，对应 RGB 通道每个像素点至少需要 3 个字节来表示。所以应该有一种方法来缩减如此大的数据。这个问题可以通过数学上的卷积运算来解决。

1. 卷积运算

在数学中，卷积是两个函数之间的运算，产生的第三个函数总体上表明了一个函数的形状是如何被另一个函数改变的。在现实生活中，卷积是用来计算两个信号之间的相关性，以进行模式匹配，或者，就像这里的例子，对输入的数据进行滤波处理。在这种情况下，滤波器可以从输入数据中删除一些不需要的信息。

对于连续函数，卷积的计算方法是将其中一个函数旋转 180 度后对两个函数的乘积进行积分。如果所涉及的函数不是连续的，相反，它们的乘积可以简单地相加。这就是涉及图像时的情况。

这个过程听起来过于复杂，但事实并非如此，继续考虑图像可以证明这一点。

2. 图像卷积

假设有一个表示图像的矩阵 I。现在，先假定它是一个颜色深度为 1 的灰度图像。（矩阵的每个值表示对应像素的灰度级。）

让我们取另一个（任意小的）矩阵 K 称为核矩阵。在本例中，卷积就是从位置 0,0 开始在原始图像的整个表面上移动核矩阵。核矩阵将首先沿着宽度移动一个单元格，并在到达右边缘后向下移动一个单元格。图 18-7 总结了该操作。

每一步，核矩阵与原始图像的对应部分逐个元素相乘（Hadamard 积）。请注意，核矩阵的颜色深度必须与原始图像的颜色深度相同。所得到的中间矩阵与核矩阵大小相同。然后对得到的矩阵中的所有元素求和，并将其值写入一个新的矩阵——卷积矩阵。

卷积矩阵的大小取决于图像的大小和核矩阵的大小。公式为：

$$(W_{\text{Image}} - W_{\text{Kernel}} + 1) * (H_{\text{Image}} - H_{\text{Kernel}} + 1)$$

核矩阵的维数是 CNN 的超参数，而它的值是在训练的时候计算出来的。

对于多色阶的颜色（如 RGB 或 CMYK），对每个颜色分量重复卷积，生成多个中间矩阵，然后将它们相加为一个值。所得到的卷积矩阵总是具有前面的维数，而与颜色深度无关。如图 18-8 所示。

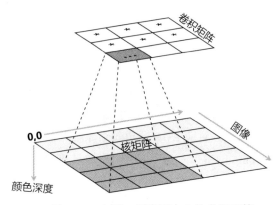
图 18-7 在同一深度层次上的卷积运算

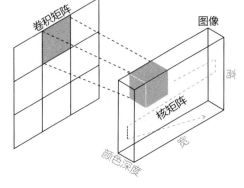
图 18-8 具有真实颜色深度的卷积运算

最后，卷积矩阵将整个图像的信息压缩到其大小的一小部分，同时希望保留相同的信息内容。

3. 卷积层的特性

CNN 不一定是由单一卷积层组成的。通常情况下，首先是一个卷积层，用于捕捉图像的低级特征（角、颜色、曲线、背景），然后是一个或多个附加层，用于识别较高级的元素（如物体、面孔、人、树等）。额外的层最终负责将像素抽象为真实的对象。

卷积有两种主要类型。一种是有效填充，旨在减少图像的维数。另一种称为相同填充（Same Padding，SP）。SP 的作用是确保卷积矩阵的大小与被卷积的图像相同。事实上，如果图像和核矩阵的维数不匹配，卷积矩阵可能会小于原始图像。为了避免这种情况，在进行卷积之前，对原始图像进行零填充。因此，核矩阵可能会滑出原始的输入映射，并在四周添加零值。如图 18-9 所示，在边界四周对称地添加 0。

0	0	0	0	0	0
0	12	20	30	0	0
0	8	12	2	0	0
0	34	70	37	4	0
0	112	100	25	12	0
0	0	0	0	0	0

图 18-9 将一个 4×4 的图像零填充为一个 6×6 的图像

注意：有趣的是，图像处理工具中常用的一些滤波器（如高斯模糊）是通过固定矩阵与原始图像之间的简单卷积得到的。

18.3.3 池化层

卷积层只是 CNN 执行的第一步,第二步是池化。池化的目的是进一步减小卷积矩阵的大小,从而消除所有的噪声,只保留相关且主要的特征。

1. 最大池化和平均池化

池化包括在卷积矩阵的表面上移动另一个较小的矩阵。在这种情况下,我们不会称它为核矩阵,因为重要的是大小而不是内容。移动的矩阵是一个显示下面内容的窗口,可以采用两个简单的数学滤波器之一。

一个是最大池化,它返回在卷积矩阵中找到的最大值。另一个是平均池化,它返回观察值的算术平均值。图 18-10 显示了如何使用大小为 2×2 的窗口从一个 4×4 卷积矩阵中提取池化矩阵。

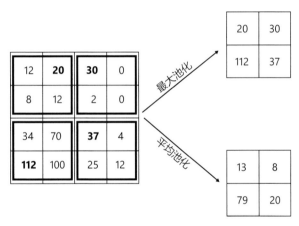

图 18-10 最大池化和平均池化

尽管卷积层和池化层在概念上是不同的,但它们经常被组合在一个综合层中。如前所述,在一个 CNN 中,可能有多个卷积层和池化层。层数越多,网络的功能就越强大,反过来,它需要的计算能力也就越多。

2. ReLU 激活函数

CNN 层通常以 ReLU 激活函数为特征。你可能还记得在第 17 章中,ReLU 是一个返回最大值的函数。ReLU 层的最终目的是从卷积矩阵中移除所有的负值。(如果核矩阵中有负值,那么卷积矩阵中也有可能有负值。)

使用像 ReLU 这样的非线性函数进行传递会增加输出流的非线性。对卷积图像的影响是生成的图像相邻像素间颜色变化很小。

如第 17 章所述,ReLU 函数比 sigmoid 函数更好,因为它更容易计算,且能减轻梯度消失问题。

注意：增加流经神经网络的数据的非线性是至关重要的，因为最终网络试图学习的图像分类函数是非线性的。因此，如果不加以强化，变换的非线性只会训练出一个庞大而复杂的线性分类器，完全忽略了对真实世界图像进行图像分类或对人类口语交流进行文本预测的意图。

18.3.4 全连接层

与我们前面讨论的循环神经网络非常相似，真实的 CNN 具有复杂的结构，并且最终由多个卷积层和池化层组成。这些层的组合负责特征映射，即提取图像内容相关信息的学习步骤。每个 CNN 层都专门用于某种特征检测。

从 CNN 层获得的结果被传递到全连接（Fully Connected，FC）层，由全连接层结束整个过程，如图 18-11 所示。

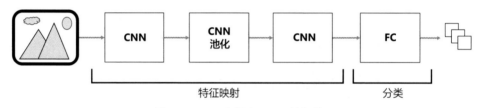

图 18-11　一个深度 CNN 的架构

FC 层接收来自各个 CNN 层的输出，并对其进行处理以创建某种模型。它之所以被称为"全连接"，是因为它由多个层（看起来是必要的）组成，这些层连接所有入站特征映射以建立一个分类模型，如图 18-12 所示。

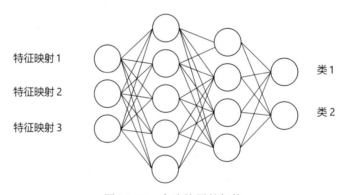

图 18-12　全连接层的架构

FC 层的目的是将发现的特征组合在一起，并将它们关联起来以便对图像进行分类。FC 层以 ReLU 作为激活函数，通常还包含一个使用 softmax 激活函数的最终的多分类层。

请注意，理论上全连接层可以连接到其他神经网络，从而配置深度卷积神经网络。

18.4 神经网络的进一步发展

神经网络已经被研究了几十年，但直到最近几年，我们才看到显著的发展，这主要是因为计算能力的极大提高使得解决那些用其他方法难以解决的问题成为可能。

在这些研究中，最有趣的领域之一是生成神经网络，它能够生成创造性的内容。

18.4.1 生成对抗神经网络

让一款智能软件从数字中提取信息和让该软件"创造"一些在现实世界中自然产生的东西完全是两回事。主要有两种方法。

一种方法是在特定的输入（例如，叙述性文本）上训练一个 LSTM，然后让它预测接下来会发生什么。这个网络主要工作在文本上，尽管简单，但它取得了惊人的效果。另一种方法被称为生成对抗神经网络（GAN）。

1. 整体的观点

GAN 是基于一个简单而聪明的想法。两个神经网络被训练成协同工作：一个作为生成器，另一个作为鉴别器。

训练鉴别器去理解给定输入是否真实。换句话说，鉴别器的目的是衡量所提交文本或图像的真实性。"真实"的概念是鉴别器和训练的定义的一部分。

相反，生成器负责创建鉴别器将判断的内容。生成器将其工作提交给鉴别器，并使用反馈进行更改。为了开始互动，生成器首先提交随机生成的内容。鉴别器评估提交的创建内容来自训练数据集的概率。当鉴别器无法区分训练数据集中的内容与新创建的内容时，训练结束。此时，鉴别器接受输入，创建的内容就被确定为真实的。训练结束后，当 GAN 模型发布并在实际应用中运行时，它只接受输入并基于输入创建内容。

现在让我们看看生成对抗网络的几个有趣的应用。

2. GAN 的应用

2017 年，一组学术研究人员创建了 PassGAN，这是一款基于 GAN 的密码猜测工具。他们利用从一个游戏网站泄露的数千万密码的公开数据库，训练对抗网络生成新的密码。完成后，他们要求模型生成几百万个新密码。

与 LinkedIn 泄露的真实密码已知数据库进行比对，结果发现 27% 的密码是真实的 LinkedIn 用户使用的！更多关于 PassGAN 的信息，请参考 https://arxiv.org/abs/1709.00440。惊人的效果，但非常可怕！

另一个真实生活中使用 GAN 的很好的示例是 FaceApp，这是一个流行的手机照片编辑程序（https://www.faceapp.com）。显然，与其他类似的应用和网站相比，FaceApp 并没有做什么特别有趣的事情。它只是对包含人脸的图片应用了多个图形过滤器。从概念上讲，这与锐化照片的轮廓、模糊或平滑图像没有什么区别。

有趣的是，FaceApp 在后台应用的过滤器是由训练有素的 GAN 生成的。合理地说，FaceApp GAN 的训练使用了大量的特定类型的图片，比如胡子、小胡子、男性、女性、老年人、年轻人、不同的发型等。因此，GAN 学会了如何转换输入的照片，让鉴别器（在训练期间）认为是可接受的。

18.4.2　自动编码器

另一个将神经网络引入无监督学习领域的有趣想法是自动编码器。自动编码器是由两个连接的神经网络组成的系统，其中第一个的输出成为第二个的输入。

1. 自动编码器的结构

可以将自动编码器看作是两个相互作用的网络：一个编码器和一个解码器。图 18-13 展示了一个自动编码器神经网络。

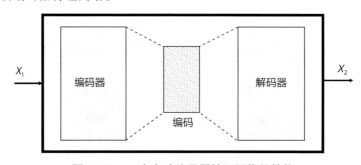

图 18-13　一个自动编码器神经网络的结构

自动编码器接收输入 X_1 并将其传递给第一层（编码器）。编码器编码输入，创建一个更紧凑的表示（称为编码）。通常，编码创建的是一维数据，而输入的是 n 维数据。然后将编码传递给第二层（解码器），该层尝试将原始输入重新创建为 X_2。如果 X_1 和 X_2 足够接近，那么中间表示（编码）就是原始输入的更紧凑的表示。

请注意，图 18-13 展示的是训练时的网络结构。一旦网络训练好，被部署到实际应用中，它根据输入 X_1 输出 X_1 的紧凑表示（编码）。因此，自动编码器的重点是减少特征尺寸。

注意：自动编码器网络的编码器是一个特殊层，如果在任何其他神经网络的上下文中使用，它也被称为嵌入层，而不是专门的自动编码器。嵌入层接受输入向量并返回一个更密集、更紧凑的版本。当应用于特定问题的神经网络时，该层的训练依赖于整个周围网络的训练。

2. 自动编码器的训练

从理论的角度来看，自动编码器一个有趣的方面是，它们最终解决了无监督学习场景，只是将每个场景转换为监督学习场景。我们说过，一个自动编码器是由两个神经网络组成的，所以第一个想法可能是分别训练每个网络。但是，如果这样做，就会遇到一个无法解决的问题：如何为编码器和解码器的训练数据集选择标签？

这意味着编码器和解码器是两个专用的宏观层，根据手头的问题可以将其内部扩展成卷积层或前馈层。但是，从训练的角度来看，这两个宏观层应该作为一个整体来处理。如果这样做，则输入数据既是编码器的输入，也是解码器的目标标签。事实上，这将无监督学习简化为监督学习。

假设你想找到一个大型音频文件的简洁表示。原始文件是整个自动编码器的输入，在内部也是编码器的输入。编码器生成一个紧凑的表示，该表示立即成为解码器的输入。但是，解码器使用原始音频文件作为目标来匹配预期的结果。编码器的预测值与原始文件之间的距离就是要最小化的误差函数。

3. 自动编码器的应用

自动编码器的主要业务应用是降维，这是一个典型的无监督问题，目标是在不损失信息的情况下将较大的数据压缩为较少的特征。其他应用包括异常检测、信息检索和图像处理。

训练一个用于异常检测的自动编码器只需要使用标准数据点，这样在标准元素上性能是最佳的，而在不可见和异常数据上性能很差。因此，用于异常检测的自动编码器会根据原始输入值与编码后重构的值之间的距离返回一个布尔值。

信息检索，特别是涉及大型对象（例如图像）时，需要通过检索编码而不是检索整个对象来简化。这就引出了第三个应用程序：图像处理，特别是图像压缩。其他方案包括图像去噪和提高分辨率。图像压缩最终是降维的一种形式，有趣的是，已经使用自动编码器进行了图像压缩的实验，生成的压缩图像与 JPEG 标准压缩的相比也是具有竞争力的。

> **注意**：如果你回顾一下 JPEG 压缩的整个工作流程（设计于 20 世纪 90 年代早期），它看起来就像神经网络的各个层。第一步执行某种卷积，在图像的表面上取像素的小块，并应用离散余弦变换函数。接下来，输出经历一个量化过程，其中接近零的元素被转换为零（类似于 ReLU）。最后，对数据进行编码。

18.5　本章小结

虽然听起来很神奇，但人类神经元确实是一种极其复杂的机器，到今天为止我们也仅完全了解其中的一小部分。相反，神经网络中的软件神经元总体上是一个简单的数学函数，能够模拟人类神经元复杂度的一小部分。有趣的是，尽管业界和学术界努力提供神经网络的复杂结构（循环、LSTM、卷积、对抗），但离我们真正的大脑仍然很遥远。

本章概述了当前最先进的神经网络类型，比如那些能够将过去的经验与当前输入连接起来的神经网络（基于记忆的循环网络）、那些能够模拟视觉并从图像中提取内容和上下文的神经网络，以及那些能够创建新内容的神经网络。

本章完成了我们对深度学习的概述。在下一章中，我们将尝试通过展示一个用于情感分析的神经网络来总结所有内容。在此过程中，我们将再次经历学习管道的各个步骤，从数据加载到准备，从训练到实际预测。

CHAPTER 19

第 **19** 章

情感分析：端到端的解决方案

任何问题都不能从创造它的同一层次的意识中得到解决。

——阿尔伯特·爱因斯坦，1921 年诺贝尔奖获得者

情感分析的目的是系统地提取和量化给定文本的极性（所表达的情感是积极的、消极的还是中性的），无论原始文本是口语、文献还是普通文章。它是关于理解组成自然语言（口语或书面语）的单词和句子的组合的。在一个日益数字化的世界里，情感分析是衡量人们对事件反应的强大工具，最常见的是通过公众评论、调查回应和社交媒体活动进行的。

在市场营销、客户服务、电子商务和医疗保健等商业领域，情感分析是至关重要的，而且得到了广泛应用。能够自动地对任何形式的反馈进行分类，并直接形成其自然的表达形式，这提供了一种令人难以置信的能力，但更重要的是，给软件增加了一个更高层次的智能。

确定文本的极性并不是一件容易的事。自然语言有许多细微差别和变化，包括幽默和讽刺，所以它并不能总是与字典可能静态分配给单词和句子的已知语气一一对应。同一句话，在所感知的语境下，可能会传达完全不同的意思。

以可靠的方式捕获文本及其成分的隐含意义是情感分析的最终目的。情感分析显然是一个学习问题。从一堆已知极性的句子开始，然后找到最有效的方法来教导软件对实际应用中可能遇到的新句子进行分类。

在本章中，我们将基于一个影评公共数据库，构建一个神经网络来分析其中的情感。

 注意： 情感分析是一个很好的能够说明机器学习有时也是一门精致的艺术的示例。预测的准确性不仅取决于输入数据的质量和数量，还取决于预期的结果。如果你只是在寻找一个"是"或"不是"的答案，那么就可以使用一个二值分类算法，如第 8 章中的 ML.NET 示例所演示的那样。如果你的目标是更详细的输出（例如，好、不太坏、中性、不太好、坏），你可能需要一个神经网络来获得更精确的分析。

19.1　为训练准备数据

机器学习，更广泛地说，人工智能的整个领域，是解决一个形式化的现实问题的软件方式。事实上，机器学习为软件可以解决的问题空间增加了一个新的维度：智能。在某种程度上，智能是推动解决方案从现实世界到现实生活的杠杆。在现实世界中，只有解决问题才能有效地运营业务。在现实生活中，业务问题有了更人性化的解决方案，用一个词来形容，那就是智能。

问题是任何事情的根源。对于情感分析这个问题，我们认为机器学习解决方案是值得的。因此，在我们开始构建一个经典的机器学习管道（数据准备、训练、评估和客户端应用）之前，首先花点时间把这个问题的术语进行形式化。

19.1.1　问题表述

一个热门网站的业务建立在用户公开分享的评论和总体反馈的可靠性之上，该网站雇用了 Acme Corp 来仔细审查整个评论库，并提出一种快速、自动地对评论进行排名的方法。该网站鼓励用户留下评论，进行 1～10 的投票，1 表示非常不喜欢，10 表示非常喜欢。

在一次随机检查中，网站所有者注意到（人类）对词语的感知与所给的投票之间偶尔存在差异。有时候，投票结果高于人们对词语的感知，有时投票结果又低于评论中热情的话语。因此，为了验证，他们要求 Acme Corp 构建一个并行的、完全独立的评估引擎，该引擎在审查的原始数据库上运行以比较评估结果，并且可能导致不同的业务策略。

Acme Corp 的专家建议构建一个情感分析系统作为分类器，并决定跳过其他更简单的分类器算法，直接使用双向长短期记忆（LSTM）神经网络。他们的观点是，有 10 个选项可供选择，随后需要捕捉文本中的任何细微之处，普通的分类算法对于高期望集来说可能太大，所以并不适合。

19.1.2　数据获取

一个机器学习项目的成功很大程度上受到项目数据成熟度的影响。数据成熟的机构非常清楚自己拥有的数据，知道数据的含义，并且能确保这些数据可以被任何需要该数据的人访问。

以上对于节省机器学习项目的时间和预算都是至关重要的。即使是在一个小样本的项目中，以适当的格式对数据进行筛选和处理也占用了项目大部分的时间和精力，占比远远超过 70%。对于一个愿意最大限度地利用机器学习的机构来说，了解存储的内容，并且以允许你将其重塑为任何请求形式对其进行存储，是至关重要的。数据湖是在数据出现时收集数据的强大工具，无论是数据仓库、关系数据库还是类似的形式，都必须有整洁干净的结构。

　　任何机器学习项目都是建立在数据基础上的，其成功与否取决于获取、清理、策划和分析的能力。在本章设置的场景中，需要一个用于情感分类的数据集，可以选择 http://ai.stanford.edu/~amaas/data/sentiment 上的数据集。该数据集包含 50 000 个影评，一半用于训练，另一半用于测试。

　　数据集是不同文本文件（每个评论一个）的集合，标题表示情感，取值范围是 1 ～ 10。

> **注意：** 该数据集来自第 49 届计算语言学协会年会汇刊：人类语言技术。该文于 2011 年 6 月由 Andrew Maas、Raymond Daly、Peter Pham、Dan Huang、Andrew Ng 和 Christopher Potts 撰写。全文" Leaning Word Vectors for Sentiment Analysis "可以在 www.aclweb.org/anthology/P11-1015 找到。

19.1.3　数据操作

　　5 万个原始的小文本文件确实不容易处理。在某种程度上，这个项目是一个从非结构化数据湖中获取可用数据的隐喻。第一步，示例项目将数据集的内容聚集到一个更易处理的位置。注意，内容假设的新表单可能是特定于应用程序的，而不能在其他项目中重用。由于它的最终目的是使数据可以用来训练所选算法，因此这是一种中间格式。

　　中间格式可以是关系数据库，对于通过 ML.NET 运行的机器学习项目来说，关系数据库是一个很好的资源，但对于 Python 训练算法来说，就不一定了。总之，数据操作有一种通用模式：从非结构化存储库转换为结构化存储库，然后再转换为机器学习工作准备的格式。图 19-1 显示了示例项目中的一般流程及其实例。

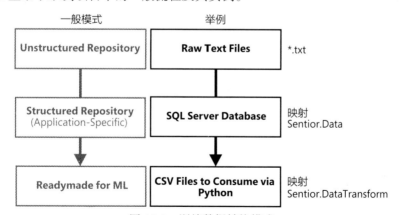

图 19-1　训练数据转换模式

　　数据转换的一般模式的实现是从下载的数据集收集原始文本文件，并创建一个带有两个表的 SQL Server 数据库。其中一个表中包含评论。负责创建表的项目只循环遍历文本文件，读取内容，并添加一条记录。布尔列 **Test** 表明评论是为了训练（false）还是为了测试（true）。

```
public class Review
{
    [Key, DatabaseGenerated(DatabaseGeneratedOption.Identity)]
    public int Id { get; set; }
    public string RawText { get; set; }
    public bool Test { get; set; }
}
```

第二个表包含与评论相关联的情感。下面的类显示了数据结构。影评的 ID 映射到一个
1 ~ 10 的值，该值表示报告的（或预期的）情感。如前所述，情感被嵌入文件名中。所有
原始输入文件都命名为 [number]_[sentiment].txt，其中 number 是一个递进索引。

```
public class Label
{
    public int ReviewId { get; set; }
    public int Sentiment { get; set; }
}
```

项目 Sentior.Data 完成了所有这些工作。该项目是一个 .NET 核心控制台应用程
序。在内部，它可能使用 ML.NET 进行数据操作，也可能不使用 ML.NET。在这个阶段，
实际上没有什么严格地与机器学习相关，所以 .NET 核心框架的全部功能可以被利用。综上
所述，这一步是纯文件和数据库工作，可以用任何合适的工具完成。

> **注意：** 使用 Test 列来分割训练和测试数据是有争议的。如果你没有关系型数据库管
> 理系统的背景，或者你发现使用关系型数据库管理系统非常昂贵，那么就不要这样做。
> Python 库和 ML.NET 都提供了有效的内存方法来分割训练和测试数据。此外，这些方
> 法可以保证返回平衡的数据集，如果你手动选取测试行，那就不一定能保证返回平衡的
> 数据集。

19.1.4 关于中间格式的注意事项

到目前为止，我们已经将下载的数据集的内容锁定在一个关系数据库中。使用（或不
使用）数据库的决定取决于进一步处理数据可用的技能。

数据库的格式大多沿用原始的数据结构，但还没有通过 Python、ML.NET 或 SQL 工具
进行特征工程。此外，在训练阶段，可能需要以某种方式返回列并且能对列进行添加、删
除、压缩的操作。

简而言之，强烈建议创建一个灵活的中间数据结构。Acme Corp 的专家鉴于自身的技
能，选择了关系数据库。

中间格式可以是你直接用于训练的格式，也可以是生成文本文件的源文件。这个选择
取决于训练阶段所使用的技术。如果使用的是 Python，那么你可以在没有关系数据库的情
况下完成大部分数据准备工作。同时，在关系数据库中保存数据（作为中间格式）有助于快

速生成不同的文本文件。另一方面，如果数据准备是通过关系数据库完成的，那么你可以使用 ML.NET 的数据库服务直接从关系数据库进行训练。

在关系数据库中保存数据可以简化许多数据清理场景，例如删除异常的、空的或明显不一致的数据行，对值进行归一化处理或生成新的列。

你可以使用 Python 和 ML.NET 中的文本文件有效地进行数据准备，也可以使用关系数据库进行数据准备，总之使用任何你觉得舒服的数据库。在训练方面，你可以使用 ML.NET 直接从数据库进行训练。这是企业场景中的常见情况。

19.2 训练模型

下一步要做的决定是关于训练生态系统和算法的。这两种决定都会对数据的格式产生影响，因此除了进一步的特征工程之外，可能还需要进一步的操作。

19.2.1 选择生态系统

尽管到目前为止，Python 是机器学习项目中最常用的生态系统，但请记住，它主要是为了方便以及一种天生的重复成功做法的态度。正如我们在第 6 章中讨论的那样，Python 机器学习的生态系统非常棒，但这并不意味着你不能使用其他语言和平台。这其实就是选择（和使用）合适的工具舒服地完成工作。因此不仅要选择正确的工具，而且要知道如何使用。表 19-1 显示了机器学习中使用的除 Python 外的库。

表 19-1 主要语言的主要机器学习库

语言	库
Java、Scala、Kotlin、Clojure	Deep Learning4j
C++	MLPack
Go	GoML
C#、F#、Visual Basic	ML.NET

帮助你选择目标生态系统的一个主要参数是你打算使用的实际学习形式。如果你认为你的项目需要深入学习，那么 TensorFlow 可能是你的最佳选择，因为 ML.NET 平台只允许你包装一些现有的 TensorFlow 库，但不能创建神经网络。还有 C# 库（Accord.NET）确实提供了创建简单神经网络的能力，但现在已经不支持了。

如果你想尝试使用神经网络，那么最好的训练选择是 Python 生态系统，无论是直接使用 TensorFlow 还是通过 Keras。Acme Corp 的专家选择了 Keras。

使用基于 Python 的基础架构就必须将训练和测试数据加载到与 Python 兼容的数据结构中。所以还是建议你从关系数据库提取数据，并保存为 CSV 文件的形式。`Sentior.DataTransform` 这个项目只是从先前创建的数据库中查询数据，并创建两个文件：`training.`

csv 和 `test.csv`。这两个文件将是基于 Python 的训练阶段的输入。

 注意： 说机器学习只能在 Python 中完成就像说数据库访问只能在 .NET（或者 Java、Visual Basic 或其他语言）中完成一样，听起来就很有说服力。

19.2.2　建立单词字典

我们要解决的问题是分析文本，但文本是由单词组成的。复制到数据库中的源文件仍然是句子的形式。下一步是将句子分解成单词字典并创建输出 CSV 文件。

要构建字典，需要将评论表中的所有句子连接在一起，然后去掉标点符号，并将文本转换为小写。接着将其标记为单词并构建一个独特元素的集合。每个单词都有一个唯一的 ID，用于表示其在字典中的位置。

因此，CSV 训练和测试文件对每个句子都有一个条目，但是句子由标识字典中对应单词的索引的串联序列表示。如下所示：

```
68|4|3|135|37|46|7091|1351|15|3|5386|512|45|16|3|602|131|11|6|3|1306|467|4|1854|217|3|0|6386|308
|6|659|82|34|1941|1109|2810|33|1|946|0|4|29|5473|477|9|2766|1854|1|212|60|16|56|809|1339|828|251
|9|40|100|125|1491|55|143|36|1|1070|140|26|659|125|1|0|405|58|94|2184|299|768|5|3|881|0|20|3|180
4|690|29|124|71|22|226|103|16|47|50|625|33|739|81|0
```

算法将被调用以预测 10 个类（取值范围为 1 ~ 10）中的一个。随后，score 类采用值为 0/1 的整数数组的形式。例如，sentiment 4 的输出为：

```
0,0,0,1,0,0,0,0,0,0
```

因为机器学习算法只能处理数字，所以需要一个单词字典。借助于字典将句子转换为整数数组。具体来说，示例代码构建了一个包含 10 000 个最常用单词的字典。

19.2.3　选择训练器

一个分类问题可以用很多不同的方法来解决，但浅层和深度算法的学习能力存在差异。与其他算法相比，神经网络有潜力学会预测更准确的响应，不过情感分析是一件很微妙的事情，有时过于尖锐的响应是毫无意义的。

 重点： 一般来说，你对算法做的任何决定都应该有强有力的证据支持，而不是靠猜测，但也确实需要从某种方式和某个坚定的观点出发。不管你的意图和承诺是什么，有时候你也只是在猜测和已知示例的引导下开始学习，然后在学习过程改变策略。自动机器学习（AutoML）是缓解这一问题的关键，但很难解决这一问题。

1. AutoML 的作用

一般来说，AutoML 是一个工具，它使具有有限机器学习专业知识的开发人员能够训练高质量的模型来满足他们的业务需求。任何自动工具都依赖于一些底层的学习框架，并为一个特定的数据集和问题提出理想的算法（及其配置）。

所选择的 AutoML 框架应该能够明确地理解业务领域，并在浅层和深度学习场景之间架起一座桥梁。Google Cloud AutoML 平台有一个用于自然语言处理的特定服务，可以用于情感分析。它给你一个经过训练的模型，该模型是通过转移学习从一个（内部的）预先训练的模型中得到的，可能是基于浅层学习算法也可能是基于深度学习算法。Microsoft AutoML.NET 是由 ML.NET 中支持的 ML 任务集驱动的，并且仅限于浅层算法。

2. 双向 LSTM

Acme Corp 的专家选择使用 Keras 构建一个相当复杂的神经网络。最终网络中最相关的一层是双向 LSTM。网络的完整模式如图 19-2 所示。

图 19-2　神经网络的组成

在第 18 章中，我们了解到 LSTM 网络有双记忆层（隐藏和单元状态），但是网络内的信息流是向前传递的。这意味着生成输出的状态信息只基于以前的输入。相反，双向 LSTM 从开始到结束接收一次输入，从结束到开始接收一次输入，顺序相反。数据处理的两次传递都有更新记忆上下文的作用。图 19-3 显示了双向 LSTM 的一般模式。

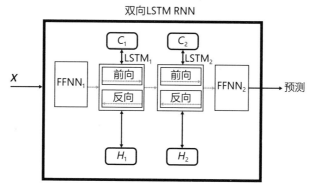

图 19-3　双向 LSTM 网络的架构

由于状态信息包含同一数据的两种视图，因此双通道可以让这些网络更快地学习并更准确地理解上下文。在文本处理中，这意味着网络有机会首先从开始到结束，然后从结束到开始，查看单词的长度，从而更容易找到单词之间的联系。

3. Keras 中的神经网络

下面是 Python 中用于创建网络的 Keras 代码。这个示例接受三个参数：字典的大小、句子中单词的最大数量和单词嵌入层的大小。

```
def create_model_rnn(dictionary_size, max_words, EMBEDDING_DIM):

    # Create the neural network model
    model = Sequential()
    model.add(Embedding(dictionary_size, EMBEDDING_DIM, input_length=max_words))
    model.add(Bidirectional(LSTM(128, dropout=0.2, recurrent_dropout=0.2)))
    model.add(Dense(512, activation='relu'))
    model.add(Dropout(0.50))
    model.add(Dense(10, activation='softmax'))  # output layer
    model.compile(loss='categorical_crossentropy',optimizer='adam', metrics=['accuracy'])
    return model
```

如图 19-2 所示，第一层是一个嵌入层，用于将任意整数的输入向量转换为由实数构成的更紧凑（更密集）的表示。这一层的目标是减少输入的大小以便能进一步在网络中流动。然后是具有 128 个神经元的双向 LSTM，接着是具有 relu 激活函数的一般隐层以及一个具有 512 个神经元的较大的层。然后，一个 dropout 层和另一个较小的对应 10 个预期神经元输出的隐层。激活函数是 softmax。

该网络使用 adam（一种自适应学习率方法）作为梯度下降算法，categorical_crossentropy 作为误差函数，而不是流行的 MSE。请注意，在只有一个结果是正确的但要求输出节点的激活函数是 softmax 的分类问题中，使用 categorical_crossentropy 是最理想的。

4. 为训练神经网络做准备

如前所述，训练项目是一个 Python 项目（Acme Corp 为此使用了 Visual Studio 2019 Python 扩展），其中，从数据库转换而来的训练和测试数据首先从 CSV 文件加载，然后混合起来生成新的随机的训练集和测试集。下面是为训练前面的模型准备数据的 Python 代码：

```
def load_data(path):
    # Import data from CSV files

    train_data = pd.read_csv(path + '/training.csv', sep='|')
    test_data = pd.read_csv(path + '/test.csv', sep='|')

    # Load labels as vectors
    train_labels = pd.read_csv(path + '/training_labels.csv', sep=',')
    test_labels = pd.read_csv(path + '/test_labels.csv', sep=',')

    # Concatenate training and test data
    features = pd.DataFrame(np.concatenate((train_data.values, test_data.values)))

    # Concatenate training and test output labels
    labels = pd.DataFrame(np.concatenate((train_labels.values, test_labels.values)))
    # 80/20 split of features and labels to get training and remaining dataset
    # Note that [:index] means up to index and [index:] means from index
    numberOfTrainingFeatures = int(0.8*len(features))
    train_x = features[:numberOfTrainingFeatures]
    train_y = labels[:numberOfTrainingFeatures]
```

```
remaining_x = features[numberOfTrainingFeatures:]
remaining_y = labels[numberOfTrainingFeatures:]

# 50/50 split of remaining features and labels between validation and test datasets
val_x = remaining_x[:int(len(remaining_x)*0.5)]
val_y = remaining_y[:int(len(remaining_y)*0.5)]
test_x = remaining_x[int(len(remaining_x)*0.5):]
test_y = remaining_y[int(len(remaining_y)*0.5):]
```

```
# Return training features/labels, test features/labels and validation features/labels
return train_x, train_y, test_x, test_y, val_x, val_y
```

要想有一个可靠的模型，你可能需要将数据集随机分成三个数据集：训练、验证和测试数据集。在前面的代码中，整个的数据（包括下载并存储在数据库中的训练和测试数据集）以 80/20 的比例进行了分割，因此 80% 用于训练，其余 20% 以 50/50 的比例分割成测试集和验证集。训练模型基于验证集计算指定的度量。基于这些度量，可以对模型进行微调，当一切准备就绪时，就可以通过在测试数据集上运行模型来获得最终的评估：

```
# Fit the model over 200 epochs (using validation data)
model.fit(train_x, train_y, batch_size=200, epochs=20, validation_data=(val_x, val_y))
```

```
# Final evaluation of the model (using test data)
score, accuracy = model.evaluate(test_x, test_y, batch_size=batch_size)
```

注意，在前面的代码中，epoch 指的是对整个数据集进行的一次训练。相反，批大小是指在一个 epoch 中预先考虑覆盖整个数据集的数据点的数量。（我们稍后会进一步讨论这个问题。）多次尝试确保你可以获得一个无偏模型，它从训练数据中学习，并能够处理新的数据。

5. 保存模型

经过训练后，模型必须以某种方式长时间托管和代理。如果在磁盘上没有模型，那么在实际应用程序中重用该模型时就会出现问题。因为如果没有保存的话它就仍然是内存中的资源。

```
# Train the model
model = train_model(model,train_x, train_y, test_x, test_y, val_x, val_y, batch_size, path)
```

```
# Serialize the model
model.save (path + "/model.pb")
```

.pb 文件甚至可以跨平台共享，例如，可以作为外部文件加载到基于 ML.NET 的 C# 项目中。

19.2.4 网络的其他方面

我们在前几章简要提到的神经网络样本的一些方面，值得在具体的例子中再看一看。

1. 嵌入层

我们关注的第一个方面是嵌入层的存在。我们在第 18 章中介绍了自动编码神经网络的嵌入层。从概念上讲，嵌入层在自动编码神经网络中扮演编码器的角色：它将数值的输入向量压缩为更紧凑的实数表示。在任何类型的神经网络中，嵌入层都可以作为独立的组件使用。

Keras 提供了用于添加嵌入层的专用组件。当你想要将高维数据嵌入低维空间中时，建议添加嵌入层。具体来说，Keras 嵌入层将正整数（通常是字典中单词的索引）转化为一定大小的稠密向量：

```
model.add(Embedding(10001, 50, 100))
```

这里的第一个参数是输入的大小，在本例中，就是字典的大小再加上 1，即 10001。第二个参数是每个输入整数要接受的密集嵌入的维数（50）。第三个参数（100）是输入序列（即数据集中的单词）的最大长度。

请注意，嵌入层只能是神经网络的第一层。

2. dropout 参数和 dropout 层

dropout 是神经网络层的一个特性，即在训练阶段忽略一定数量随机选择的输入，无论是来自输入数据点的变量还是来自前一层的激活。dropout 的大小用百分比表示。例如，0.2 的 dropout 实际上就是指可以忽略 20% 的输入。

为什么需要忽略神经网络的某些输入呢？ dropout 是一种有助于防止过拟合的技术。在一个全连接的场景中，每一个神经元都与后面一层的所有神经元相连，在训练过程中，神经元之间建立了某种相互依赖的学习机制。dropout 是一种惩罚自动建立这种相互依赖关系的正则化形式。

通过在训练中忽略部分随机神经元，dropout 迫使神经网络学习更多的基础且稳健的连接，这些稳健连接在神经元偶尔关闭的情况下依然存在。这一事实在其他神经元的许多不同的随机子集中也得到了验证。

在 Keras 中，你可以添加 dropout 正则化作为一个单独的层，（dropout 层），或者可以作为 LSTM 层中的一个参数。dropout 层通常位于两个密集层之间，限制前一层给定百分比的输出不能作为下一层的输入。在本例中，只有 50% 的 ReLU 层输出进入后面的输出层：

```
model.add(Dense(512, activation='relu'))
model.add(Dropout(0.50))
model.add(Dense(10, activation='softmax'))  # output layer
```

一个 LSTM 神经网络也可以在它的输入和循环输入（隐藏状态）内部应用一个 dropout 掩模：

```
model.add(Bidirectional(LSTM(128, dropout=0.2, recurrent_dropout=0.2)))
```

在 Keras 中，你可以通过 LSTM 方法的 **dropout** 和 **recurrent_dropout** 参数来控制这些方面。

3. 训练的 epoch

在深度学习中，一个 epoch 指的是对整个数据集进行的一次训练。epoch 把训练分成不同的步骤，就像在一个循环中一样，这样才能提供机会对进度和评估进行反馈。如果还指定了批处理的大小（同时考虑的数据点数量），则数据集大小与批处理大小之间的比率将决定在 epoch 中模型更新的频率。

通常，训练一个模型所必需的 epoch 数很大，在数百或更大的数量级上。大的 epoch 数使学习算法就可以一次又一次地运行来逐步减少误差。

由于 epoch 是学习过程的迭代，因此绘制时间与误差水平的 2D 图表有助于诊断模型的学习曲线。同时也给出了模型对训练数据集拟合水平的视觉证据，如图 19-4 所示。

```
embedding_1 (Embedding)      (None, 200, 100)      1000100

bidirectional_1 (Bidirection (None, 256)           234496

dense_1 (Dense)              (None, 512)           131584

dropout_1 (Dropout)          (None, 512)           0

dense_2 (Dense)              (None, 10)            5130
=================================================================
Total params: 1,371,310
Trainable params: 1,371,310
Non-trainable params: 0
_____
None
W0810 20:49:44.873805 10764 deprecation.py:323] From C:\Program Files (x86)\Microsoft Visual Studio\Shared\Python36_64\lib\site-packages\tensorflow\python\ops\math_grad.py:1250: add_dispatch_support.<locals>.wra
pper (from tensorflow.python.ops.array_ops) is deprecated and will be removed in a future version.
Instructions for updating:
Use tf.where in 2.0, which has the same broadcast rule as np.where
Train on 39123 samples, validate on 4890 samples
2019-08-10 20:49:48.123513: I tensorflow/core/platform/cpu_feature_guard.cc:142] Your CPU supports instructions that this Tensorflow binary was not compiled to use: AVX2
39123/39123 [==============================] - 913s 23ms/step - loss: 1.9214 - acc: 0.2751 - val_loss: 1.7642 - val_acc: 0.3548

Epoch 00001: val_acc improved from -inf to 0.35481, saving model to C:/Data/Projects/Youbiquitous/Book/Sentior/Sentior.Builder/Output/model.hdf5
Epoch 2/20
 9750/39123 [======>.......................] - ETA: 12:37 - loss: 1.6812 - acc: 0.3666
```

图 19-4　示例模型的训练过程

示例神经网络计算了超过 100 万个训练参数（例如，权重系数），并且已经训练了超过 39 000 条记录，验证了 5 000 条记录。20 个 epoch 平均需要 2 小时的训练。

19.3　客户端应用

为了方便 Acme Corp，整个解决方案使用 Visual Studio 2019，但更重要的是，该解决方案由四个不同的项目组成，如表 19-2 所示。（不可否认，如果你想编写 Python 代码，那么 Jupyter 或 Azure 笔记本也是有效且流行的选择。）

表 19-2　示例解决方案中的项目

项目	平台	描述
Sentior	.NET Core	控制台应用程序。客户端代码通过 ML.NET 使用经过训练的模型
Sentior.Data	.NET Core	从下载的数据集处理原始文件并导入关系数据库的实用程序。采用实体框架核心对数据库进行处理。它还使用 ML.NET 进行一些数据转换。不过在这个阶段使用 ML.NET 并不是严格必要的
Sentior.DataTransform	.NET Core	控制台应用程序。它从数据库中读取数据并创建 CSV 训练和测试文件。它使用 ML.NET，但是它的使用并不是严格必要的

（续）

项目	平台	描述
Sentior.Builder	Python/Keras	Python 应用程序。它使用 Keras 来建立和训练一个神经网络。然后，神经网络被保存为一个 ProtoBuf（*.pb）文件，通过 ML.NET 导入客户端应用程序中

　　需要注意的是，任何实际应用中的机器学习解决方案都是不同项目的混合体，其中一些项目会生成控制台、命令行应用程序。至少，你需要一个用于训练模型的项目和一个用于客户端应用程序的项目。很多文章和帖子提供的模式只适合演示和会议讨论，因为这个模式提供的是一个加载 / 清理数据、训练 / 测试和使用模型这样一个单一过程，实际上这个模式在实际应用中并不适用。

　　第一步是将数据加载到一个可管理的存储库（无论可管理对你意味着什么）。你可以将这个存储库看作一种永久性缓存，以便为不同的训练尝试快速创建数据的新视图。第二步是训练和测试，你可以选择最适合你的平台——Python、.NET、Java，甚至其他平台。在缓存和训练之间，可能还有其他辅助工具，如本例中使用的 CSV 创建器。

　　最后，让我们看看客户端应用程序。

19.3.1　获取模型的输入

　　客户端应用程序会像使用一个外部库或微服务那样直接使用一个训练好的模型。这个训练好的模型有它自己的调用协议，而且该协议可以通过使用包装器库来实现。如果你有一个 .NET 应用程序，ML.NET 会封装大部分工作，并发布一个对开发人员友好的 API。还有其他的方法，但是使用模型本质上意味着通过 REST 接口或代理调用主机。

　　在本例中，客户端应用程序是一个普通的控制台，它捕获一串文本并通过模型进一步处理它：

```
var textToAnalyze = Console.ReadLine();
```

　　但是，由于真实的客户端应用程序可以收集的用户信息是纯文本的，因此这对只能处理实数的神经网络来说并不适用。在模型开始工作之前，必须将文本转换为数字。客户端应用程序或嵌入式应用服务负责处理这项额外的工作：

```
public IDataView TransformInputData(MLContext context,
        IDictionary dictionary,
        int maxLengthOfWords,
        string textToAnalyze)
{
    // Removes punctuation, blanks and lower text
    var data = new[] { new TextToPredict() {
                Text = Regex.Replace(toAnalyze, @"[^\w\s]", string.Empty)
                    .ToLower()
                    .Trim()
            }
```

```
        };

    // Map the provided string to the provided dictionary
    var dataView = context.Data.LoadFromEnumerable(data);
    return MapToDictionary(dataView, dictionary, maxLengthOfWords);
}
```

从这个辅助方法返回的 **DataView** 对象稍后将在调用模型进行预测之前使用。

19.3.2　从模型中预测

将通过 Keras 创建并保存为 **.pb** 文件的 TensorFlow 模型加载到新创建的 ML.NET 上下文，然后在数据视图上调整模型以进行单词索引映射：

```
var dataView = TransformInputData(mlContext, dictionary, 100, textToAnalyze);
var model = mlContext.Model.LoadTensorFlowModel(modelLocation);
model.Fit(dataView);
```

接下来，创建一个预测引擎 **CreatePredictionEngine** 来处理模型。该引擎接受模型接收的输入类型 **TextToPredict**，返回响应类型 **SentimentPrediction**。

```
var engine = mlContext.Model.CreatePredictionEngine<TextToPredict, SentimentPrediction>(model);
```

用于使用模型的辅助类如下所示：

```
public class TextToPredict
{
    public string Text { get; set; }
}

public class SentimentPrediction
{
    // 10-elements array of 0/1 integers
    public int[] Sentiment { get; set; }
}
```

调用引擎进行预测的代码如下：

```
var response = engine.Predict(new TextToPredict { Text = textToAnalyze });
```

原始响应是一个整数数组，对最终用户来说不太好。

19.3.3　将响应转化为可用信息

客户端应用程序的最后一步是使最终用户可以理解输入。更通俗地说，客户端应用程序负责两个数据转换：从高级用户输入到原始模型输入，从原始模型输出到高级用户输出。

如何将输出转换为可用信息取决于应用程序、预期用户和数据。在本例中，你将收到一个由 10 个整数组成的数组，你所要做的就是选取最大值，并根据特定于应用程序的比例以某个方式对其进行分类。最简单的规则就是大于 0.5 的值为正反馈，小于 0.5 的值为负反馈。

ONNX 格式

　　最后，任何机器学习模型都包含计算图的分析定义，当模型在实际环境中被调用时，将在主机环境中执行计算图。用于表示图的语法因用于训练模型的软件框架而异。所以 TensorFlow、Pythorch、scikit-learn、ML.NET 都有自己的格式。

　　ONNX 公司（https://onnx.ai）定义了一个通用的可扩展的计算图模型，内置运算符和标准数据类型，旨在使各种模型互操作。这项计划始于 2017 年，在 Facebook 和微软的努力下，随后活跃在机器学习领域的其他大公司（如亚马逊、IBM、华为和英特尔等）也宣布加入该计划。

　　ML.NET 完全支持通过 ONNX 格式导入和导出。

19.4　本章小结

　　随着人们对机器学习越来越感兴趣，情感分析已经成为最为关注的问题之一。这个问题之所以被认为重要，是因为它有望将自然语言转换为机器可以轻松解释的正式代码。这正是人工智能的转折点，即增加了人们对软件作为智能软件的认识。

　　除此之外，情感分析是一个典型的带有附加问题的分类问题。一是任何客户端应用程序都可以提供文本，任何机器学习组件都必须能处理数字。因此，单词索引映射是第一个要面对的附加问题。与之相关的是收集数据并以真正有用的方式构造数据集的问题。这里存在的附加问题是，尽管数据具有相同的性质，但它并不是结构化的，因此必须用适当的情感的形式化将情感数据组织成清晰的结构，然后转化为简单、难以理解的数字。

　　分类是一个棘手的问题，可以应用 SVM 和其他浅层学习算法处理，不过神经网络可能是一个更好的选择，尽管只有实验数据可以证明这一点。准确度在情感分析中至关重要。那么使用哪个神经网络呢？一个简单的前馈神经网络还是更复杂、更深入的神经网络？

　　在本章中，我们首先使用两个 .NET 核心控制台将下载的数据集复制到一种由关系数据库表示的永久缓存中，然后创建 CSV 文件供 Python 脚本使用。我们使用 Keras 建立了一个双向 LSTM 神经网络，在门上有一个 dropout 层和一个嵌入层。最后，我们用 ML.NET 将序列化模型导入 .NET 核心应用程序。

　　本章结束了我们对深度学习和实用机器学习的探索。本书的最后一部分是关于业界如何应对人工智能和云服务的总体考虑的。

第五部分

思　　考

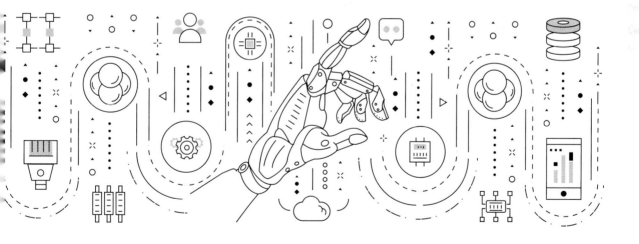

第 20 章

面向现实世界的 AI 云服务

> 计算机的不人道之处在于，一旦它被恰当地编程并顺利地工作，它就是完全诚实的。
>
> ——Isaac Asimov，*I，Robot*，1950 年

如今，云平台为相当高级的场景（如计算机视觉和语音分析）提供了许多令人惊叹的面向人工智能的服务。然而，这些单独使用的服务只是用于构建端到端解决方案的（相当复杂的）工具。端到端解决方案的成本是在服务之上的，尽管服务可以构建非常超前和富有想象力的场景。

机器学习支持两个主要的端到端解决方案。一种是从头开始开发机器学习解决方案。另一种是使用预先封装好的机器学习服务，就像大多数云平台发布的那样。在这两种情况下，都必须收集数据，只是如果使用预先封装的服务，学习管道的所有其他步骤（数据处理、特征工程、训练、评估）的方式略有不同。

预先封装的机器学习服务本质上是集成在端到端解决方案中的软件即服务（Software as a Service，SaaS）产品。它们提供已经在隐（但可靠的）数据上经过训练和测试的构建模块。作为开发人员，你只需将这些服务视为一个 API 使用，你所需要做的就是调整一些设置（也称为超参数）以便获得你想要的内容。预封装服务的一个很好的例子是 Azure Cognitive Services，它提供开箱即用的高级服务，如图像和语音识别、自然语言处理和语义搜索。

本章将探索在微软 Azure 平台上可用的机器学习服务和产品。

20.1 Azure 认知服务

Azure 认知服务是一组预先封装的服务，开发人员可以通过 API 将这些服务集成到桌面、Web、移动和 bot 应用程序中。认知服务确实在内部使用了机器学习，但使用的是一个基于微软提供的数据预先训练好的隐藏模型。你不需要了解这些服务的内部结构，你只需要了解如何使用它们以及如何将它们集成到应用程序中。

Azure 认知服务中的服务使应用程序能够通过自然的通信方法（包括语音、公共语言和视觉）与最终用户进行交互。表 20-1 提供了可用服务列表。

表 20-1 Azure 认知服务目录

类别	服务	实际能力
视觉	图像分类	使用 OCR 功能识别图像中的场景、活动、名人和地标。还支持自定义图像识别
	人脸识别	检测图像中的人脸和情绪，能够识别个人、群体和相似的人脸
	视频索引	识别视频中的人脸、场景、对象和活动。还可以提取音频元数据和关键帧
	内容分析器	检测图像和视频中的露骨或攻击性内容。也能够阻止或过滤外部调节内容
语音	笔录和发音	使用可定制的模型处理重音或特殊词汇以执行语音到文本和文本到语音的转换
	说话人识别	从样本中识别给定的说话人
	翻译	提供实时、自动化和大量可定制的翻译服务
语言	语境理解	理解非结构化文本的含义并识别发音词背后的意图
	文本分析	提取关键短语和命名实体并进行情感分析
	拼写检查	执行基于 Bing 的多语言词汇拼写检查
知识	问答	从非结构化文本中提取问答
	搜索	在 Web 上搜索文本、新闻、图像、视频和自动完成短语

这些服务不是免费的，只能在连接 Azure 时使用。平均每批 1000 笔交易的成本约为 4 美元。例如，人脸检测大约 1 美元，Bing 搜索和语音识别大约 7 美元。有关费用的详细信息，请访问 https://azure.microsoft.com/en-us/pricing/details/cognitive-services。

请注意，收费适用于每个交易而不是每个 API 调用。交易的定义根据服务类别而变化。例如，一个交易可以是计算机视觉的 POST 请求（不是它在后台生成的所有 API 调用），或者可以是一个 15 s 的语音识别语句。

 重点：这些服务也可以作为 Docker 容器提供，安装在你自己的环境中。必须将 Docker 配置成允许容器连接并向 Azure 发送账单数据。文本和图像在本地容器中处理，从不发送到云。只有在计费时才需要连接到 Azure。

Azure Custom Vision 认知服务稍有不同，因为它允许你构建和部署自己的图像分类程序。换句话说，它允许你使用你自己的标签在 Azure 上训练模型。作为一个开发人员，你需要提交一组图像，并根据你认为合适的方式对它们进行标记。然后算法会尽其所能对这些数据进行训练。有趣的是，在算法经过训练、测试和接受之后，你还可以导出模型本身以供脱机使用。换言之，你为训练付费，但不需要为使用经过训练的模型付费。支持各种导出格式，如 ONNX、Android 设备的 TensorFlow 和 iOS 的 CoreML。

20.2 Azure Machine Learning Studio

Azure Machine Learning Studio（ML Studio）是一个交互式的可视工作区，用于构建和

评估预测分析的模型。它不需要严格的编程技巧，对数据科学家来说非常强大。它驱动用户完成如图 20-1 所示的经典学习管道中的步骤。

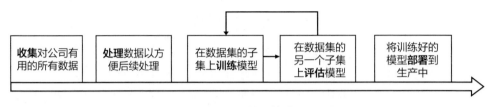

图 20-1 学习管道

ML Studio 实际上允许用户通过连接数据集和分析模块来构造实验以选择一个特定的数据子集，并执行一些常见的清理任务，例如删除数据不全的行。所有这些操作都可以通过拖放和编辑属性窗格直观地完成，如图 20-2 所示。

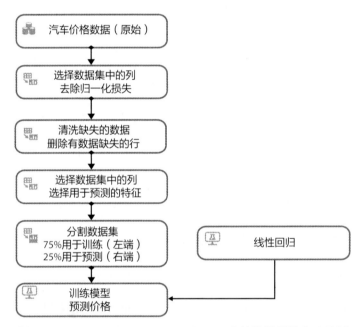

图 20-2 Azure Machine Learning Studio 中的数据科学实验示例

在图 20-2 中，样本数据是汽车价格数据，这个样本数据集被连接到一组数据分析模块，用来选择列子集、删除有数据缺失的行、选择输出列（特征）以及分割数据集（75/25，训练数据 / 测试数据）。最后，在训练模型之前，添加一个线性回归算法模块。图 20-3 所示为训练阶段之后发生的事情。

实际应用时允许你选择一些机器学习算法，用于异常检测、分类、聚类、各种形式的回归、文本分析和计算机视觉。你可以使用内置的模块，也可以导入基于 Python 或基于 R 的模块。最终，就像设计一个工作流并且运行和评估它，其间可以自由地从网页侧边栏更改超参数，如图 20-4 所示。

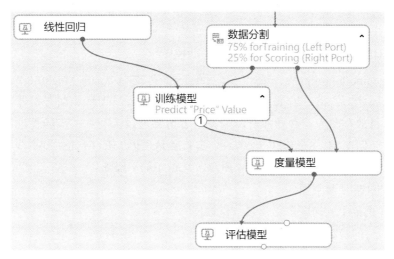

图 20-3 Azure Machine Learning Studio 中的数据科学实验示例

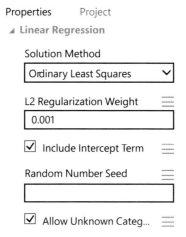

图 20-4 线性回归模块的参数属性窗

训练完成后，就可以将其转换为预测模型，并作为 Web 服务发布。可以将模型作为 Web 服务发布的一键功能是非常有用的，这个功能非常强大，它可以允许其他应用程序（包括商业智能和办公应用程序）访问这个训练好的模型。

最后，请注意，ML Studio 不需要编码，而且允许你可视化地构建和发布模型。当然与 Python 或 ML.NET 相比，它也有一些缺点。一个是需要订阅 Azure，然后按运行的模型付费。另外，该模型在 Azure 中是作为 HTTP 服务部署的，因此只能在连接 Azure 时工作（而且还需要按次付费）。由于它不允许离线导出模型（至少现在还不允许），所以你不能像 ML.NET 允许的那样使用迁移学习在它之上继续构建。

此外，可以训练的数据集的大小也是受限的，而且需要将数据集上传到云上。用户类型不同，上传数据集的挑战也因公司政策或数据集大小而不同。

20.2.1 Azure Machine Learning Service

Azure Machine Learning Service（ML Service）是支持 Azure Machine Learning Studio 的底层机制。因此，它是一组基于云的服务，可用于准备、训练和部署机器学习模型。它还可以作为项目的存储库，这样你所做的任何事情都可以得到进一步的管理以及适当的自动化。实际上，你在 ML Studio 中创建一个实验就是告诉 ML Service 实验步骤，使其根据实验步骤创建一个内部脚本。如图 20-4 所示，它做了如下操作：

- 从外部文件加载数据。
- 过滤数据集中的问题数据，归一化数据。
- 定义返回的特征。
- 应用线性回归算法。
- 训练模型。

多个算法可以连接使用，其间穿插进一步数据处理的模块以及一些外部加载的 Python 或 R 脚本。反过来，Python 脚本也可以导入库中，比如 TensorFlow。

如果选择直接使用 ML Service，工作顺序为：

- 使用 Python 以及任意一种流行的软件包（如 TensorFlow、PyTorch、scikit-learn、Keras 等）开发机器学习训练脚本。
- 创建并配置一个计算终端，比如本地计算机、ML 服务、Azure 中的 Linux 虚拟机，或者可能是 Azure Databricks。
- 训练脚本。
- 将脚本提交给计算终端来运行。

在训练期间，脚本可以读取或写入配置好的后端存储，通常为一个 Azure blob 容器。同时为了跟踪实验的所有步骤，会保存活动记录。如果运行没有得到令人满意的结果，则会更改脚本并重复运行，直至得到满意的结果。

如果经过训练的模型能够按预期工作，ML Service 会要求你将其加载到模型注册表中，并开发一个评分脚本。评分脚本只是调用训练过的模型进行预测的代码。模型、评分脚本，以及所有依赖项形成一个映像，最终作为 Web 服务部署在 Azure 中。通常，针对特定环境，Python 依赖项以 Conda 文件的形式收集。

注意：Conda 是一个流行的 Python 包管理系统，在某种程度上类似于 .NET Nuget 或 NodeJS NPM。此外，还可以使用它来管理和配置运行时环境。

Azure ML Service 最重要的特性可能就是拥有结构化的 ML 模型生命周期、模型注册表以及版本管理。Azure ML 团队和 ML.NET 之间正在进行更紧密的合作，因此可以预见在未来某个时候，ML.NET 代码可以集成到脚本中，ML.NET 模型也可以存储在注册表中。尽管 .NET 开发人员更愿意对实际应用（例如，避免延迟问题）的模型进行完全控制，但结构化的 ML 模型生命周期、模型注册表和版本管理也是非常有帮助的。

ML 可以为模型创建两种类型的图像：一种是针对 Azure FPAG（Field-Programming Gate Array，现场可编程门阵列），另一种针对指向 Azure 容器实例或 Kubernetes 的 Docker 文件。注意，FPGA 是一个计算密集型的硬件平台，在深度学习应用程序以及降低功耗方面都优于 GPU。

ML Service 可以通过 Azure 门户以及其他环境加以利用。一个是用于 Visual Studio Code 的 ML，另一个是 Azure Notebooks，这是一种用于 Jupyter Notebooks 的主机环境。

> **注意：** 在这种情况下，notebook 是由 JupyterNotebooks 应用程序（https://jupyter.org）生成的文件，该文件是由计算机程序（Python、C++、R、Julia）以及丰富的文本元素（markdown、表格、方程、图表、链接）组成。由于 notebook 中可能包含机器学习实验的描述，因此它是一个可读文件。同时，它又是一个可执行文件，可以运行它来执行数据分析。

> **注意：** Python 中的机器学习开发完全可以通过过 Azure 门户和 Visual Studio Code 的 ML Service 扩展来实现。还有一些其他选择，包括 Anaconda（www.anaconda.com）、PyCharm（www.jetbrains.com/pycharm）、PyDev（www.pydev.org）、Sublime Text 3（www.sublimetext.com/3）和 Vim（www.vim.org）等。

20.2.2 数据科学虚拟机

在 Azure 平台上进行机器学习的另一个选择是获取数据科学虚拟机（Data Science Virtual Machine，DSVM）。DSVM 是一个预先配置好的虚拟机，该虚拟机中配置了用于数据科学建模、开发和部署的软件。DVSM 可以在 Windows Server 和 Linux 上使用，特别是 Windows Server 2016、Windows Server 2012、Ubuntu 和 CentOS。DSVM 的主要目的是节省时间，不需要过多准备工作，你可以立即进行机器学习实验。

DSVM 可以确保团队中的所有数据科学家以及班上的所有学生能够在相同的环境中使用共享的设置来协作工作。虚拟机也是评估机器学习工具（如 SQL Server ML Service、Visual Studio 工具、Jupyter 和各种学习工具包）的最快方法。

在一个 DSVM 中，你还会发现一些预先安装的工具，如 Anaconda、ML Server、R Studio、PyCharm、Vim、Power BI Desktop、Azure CLI，以及一些学习和深度学习框架（参见 https://docs.microsoft.com/en-us/azure/machine-learning/data-science-virtual-machine。）

20.3 本地服务

一些机器学习选项也可在内部使用。特别是，你可以有一个特殊的 SQL Server 机器学习插件和一个 Windows 服务器。请注意，本地产品也可以在云中托管的虚拟机中运行。

20.3.1 SQL Server Machine Learning Services

SQL Server Machine Learning Services（SSMLS）是一个机器学习引擎，它对 SQL Server 2016 和 SQL Server 2017 的相关功能进行了扩展。它允许你在存储在 SQL Server 数据库中的关系数据之上，在 R 和 Python 中构建、训练和运行模型。这个软件包中还包括有助于构建 Python 解决方案的 Anaconda 和有助于构建 R 解决方案的 R Client。

有趣的是，你可以在查询中混合使用 T-SQL、R 和 Python。你编写的脚本（无论是用 R 还是用 Python 编写的）都可以注入存储过程中，而构建的模型可以存储在 SQL Server 表中。脚本的执行在标准数据安全模型的边界内进行。换句话说，运行脚本的用户需要有访问所选的关系数据库的权限。用户不仅具有读写权限，而且还需要额外的权限来运行外部脚本。数据库内机器学习最常见的方法是使用 sp_execute_external_script 命令，将 R 或 Python 脚本作为输入参数传递。

使用 SSMLS 的另一种方法是利用运行 Microsoft R Client 或 Python IDE 的客户端工作站进行操作。在那里，你可以编写执行远程调用的代码，其方式与 Windows 应用程序推送 SQL 命令的方式大致相同。

20.3.2 Machine Learning Server

Machine Learning Server（ML Server）是一个运行在某些操作系统之上的服务器平台，其中操作系统包括 Windows、Linux（Ubuntu、CentOS、Suse）和 Hadoop Spark。当需要在服务器上构建和操作使用 R 和 Python 构建的模型时，就可以安装 ML Server。另一种需要安装的情况是需要在 Hadoop 或 Spark 集群上大规模地分发 R 和 Python 模型时。

该服务器提供了一系列针对 R 和 Python 的开发工具，以及大量预先训练好的模型。

20.4 微软数据处理服务

通常，企业是在从自己的大数据中获得有价值的分析之后，才会启用机器学习进行处理。这里有一些在微软 Azure 上可用的选项。

20.4.1 Azure 数据湖

数据湖这个术语通常指的是一个相当大的、可增长的存储库，其中数据（大数据）以原始的、未经过滤的格式（如时间、电子邮件、社交网络消息、任意类型的普通文件、数据库）保存。在某种程度上，数据湖就像是一个存储罐：作为用户，你只是把数据扔进去，但没有明确的直接目的，也没有明确的持续时间。

由于并没有定义数据的用途，因此数据湖内的数据是非常通用的，没有被分类。实际上，当（某些）数据的目的变得清晰时，通常会以更结构化的格式提取和复制数据。数据湖中的项有一个最小的索引层。每个数据项都会分配一个唯一的标识符，并使用一组标记进行标记，仅此而已，没有层次结构，也没有页面。在内部，仅根据声明的访问频率对数据进行适度分类：热数据、半热数据和冷数据。当然，冷数据更便宜，但返回速度更慢。在 Azure 上，数据湖的单个实例使用一个存储 blob 账户，可以存储数万亿的文件，甚至是大于 1 PB 的单个文件。

数据湖有时可以与术语数据仓库互换使用。两者之间有一个明显的区别。数据仓库实际上是一个存储库，用于存储已经为特定目标处理过的结构化、过滤好的数据。在 Azure 中，你也可以为某个特定目标使用 Azure SQL 数据仓库服务。

Azure 数据湖实例中的任何内容都可以通过 Azure Databricks 或 Azure HDInsight 使用。

20.4.2　Azure Databricks

Databricks（https://databricks.com）是由 Apache Spark 的原始创建者创建的，作为 Map-Reduce 范例的替代方案。其目的是通过集群的节点来分配工作，简化从准备数据到模型部署的机器学习流程。

目前，Databricks 是作为集成的 Azure 服务提供，而且在查询数据方面它被认为比开源的 Apache Spark 要快很多。Azure Databricks 的使用步骤如下：

- ❑ 创建一个工作区来保存所有需要的东西。
- ❑ 基于包含 Spark 和 Java 虚拟机的运行时环境配置集群。
- ❑ 创建一个用于在 Spark 集群上运行计算的单元集合。单元集合也被称为 notebook。在此过程中，还需要设置计算的主要语言（例如 SQL、R、Python）。
- ❑ 连接数据源。

支持的数据源类型非常多，包括任何通过 JDBC 驱动程序、微软 SQL Server、Azure SQL Database 与 Spark 连接器、Azure blob 存储、Azure 数据湖、Cosmos DB、Cassandra、ElasticSearch、MongoDB、Neo4j、Redis、稀疏的 JSON CSV 和 ZIP 文件连接的数据源。

Azure Databricks 还为机器学习提供了一个运行时，其中包括了目前最主流的库，如 TensorFlow、PyTorch、Keras 和 XGBoost。运行时还支持使用 Horovod 进行分布式训练。Azure Databricks 和其他机器学习环境的主要区别在于前者是随时可以使用的，你不必在集群上安装和配置这些库。机器学习运行时允许你使用 Python、R 甚至 Scala 来定义模型，并将它们导出到外部系统中。

端到端的机器学习生命周期是通过 MLflow（www.mlflow.org）管理的，这是一个处理机器学习工作流的开源平台。

20.4.3 Azure HDInsight

Azure HDInsight 为企业提供全方位的分析服务。可以使用 Hadoop、Apache Spark、Apache Hive、LLAP、Apache Kafka、Apache Storm、R 等框架来丰富它。总之，这些框架支持很多与跨计算机集群的大型数据集的分布式处理相关的场景。

Azure HDInsight 旨在从单个服务器扩展到数千台机器，以支持诸如物联网、数据仓库、提取－转换－加载（Extract-Transform-Load，ETL），还有最重要的机器学习等应用场景。

20.4.4 用于 Apache Spark 的 .NET

Apache Spark 是一个通用的分布式引擎，用于对大型数据集进行分析，通常是 TB 甚至 PB 级的数据集，无论是在批处理模式还是实时模式，主要用于统计和机器学习目的。Apache Spark 的强大之处在于它的分布式特性，它包括一个节点集群以及大量的内存以减少计算时间。

用于 Apache Spark 的 .NET 提供了一个专用的 API，用于从 C# 和 F# 应用程序中使用 Apache Spark，这对于专注于微软的开发团队来说非常理想。.NET API 几乎允许你访问 Apache Spark 的所有方面，包括用于处理结构化数据的 Spark SQL 和用于流处理的 Spark Streaming。

Spark 的 .NET 绑定是在 Spark 互操作层上编写的，在性能上与 Scala 和 Python 绑定差不多。它可以作为一个 .NET 标准库，可用于在各种平台上运行的应用程序。

用于 Apache Spark 的 .NET 默认是在 Azure HDInsight 中可用的，但也可以安装在 Azure Databricks 和其他服务中，如 Azure Kubernetes Service 和 AWS Databricks（参见 https://dotnet.microsoft.com/apps/data/spark）。

20.4.5 Azure 数据分享

微软 Azure 家族的最新成员是数据共享。该服务解决了许多公司面临的传输或共享大量数据的问题。PB 级的数据不论上传还是下载都是既昂贵又费时的。另外，它可能会有潜在的安全问题。

Azure 数据共享为在客户间共享大量数据提供了一个简单而安全的解决方案。使用该服务的公司可以利用 Azure 安全的所有层（身份验证、加密、即时访问撤销），而且可以从各种 Azure 源组成数据集。可以邀请许多客户和合作伙伴以不同级别的访问和权限来访问数据。

20.4.6　Azure 数据工厂

Azure 数据工厂其实是一种服务，通常用于解决如何将来自多个筒仓的数据集成和处理到一个共享的、更结构化的环境（比如数据仓库）中的问题。这是一个可视化的环境，不需要编码，就可以定义和运行提取 – 加载 – 转换（Extract-Load-Transform，ELT）和提取 – 转换 – 加载（ETL）管道。不用说，同样的进程也可以用 Python 或 .NET 中的代码来定义和运行。

Azure 数据工厂为流行的数据源提供了 80 多种不同的内置连接器，并为一些常见任务提供了不断增长的模板库，这些任务包括构建管道、定义触发器、从数据库中复制数据以及在 Azure 中执行 SQL Server 集成服务包。

20.5　本章小结

简而言之，机器学习解决方案是一种软件解决方案，它在业务层中托管某种特定形式的人工智能。有时，智能是围绕一些框架和语言（ML.NET、scikit-learn）的核心服务通过人工编码来实现任务，有时是通过合并和连接云服务来实现相同的任务。值得注意的是，ML.NET 将会越来越多地集成到 Azure 中，同时提供离线支持，这样你就能够以你想要的方式在任何地方运行它。

本章简要描述了微软 Azure 平台上主要的面向 AI 的服务。注意，其他云平台也可以提供类似的服务，如 Amazon Web Services 和 Google Cloud。不过最终，我们的设想是，不要把机器学习（通常还有人工智能）作为一个对某个问题进行逆向工程的解决方案。为了解决问题，我们进行头脑风暴的思路应该是"在 XXX 我们可以用计算机视觉做什么？"或者"我们可以向 YYY 提出什么建议，让他们使用语音分析？"

你应该使用机器学习（一般来说，人工智能）以一种可能更智能的方式来解决问题。在此过程中，大多数时候你需要预想、计划和构建一个端到端解决方案，包含一些算法和学习步骤。在这种情况下，云服务只是一个值得使用的有价值的工具。不过在我们看来，从云服务获得的最有价值的是数据处理能力和计算能力。

第 21 章

人工智能的商业认知

> 有很多涉及相对结构化任务的常规、中等技能的工作，而这些工作被淘汰得最快。
> ——Erik Brynjolfsson，麻省理工学院（MIT）数字经济项目主任

这个行业的每个人都在使用人工智能作为扩音器，去接触和感染尽可能多的听众。每个人都在强调人工智能是一个强大的工具，它可以解决任何 IT 问题，简化任何复杂的流程。但从本质上讲，人工智能并不是魔术，它只是数据处理、处理问题的技巧以及软件开发。

除了宣传和承诺，公司需要为具体的业务问题寻求端到端的解决方案，而且要为此寻求可衡量的结果。机器学习和人工智能展现的各种形式是我们今天拥有的相当强大和可靠的工具，可以以合理的成本提供新一代的端到端、定制解决方案。

就是这样，人工智能可能只是比过去更智能的软件。

21.1 业界对 AI 的看法

很多时候，我们听到销售总监对复杂的业务场景轻描淡写，只是承诺他们的团队训练的算法会产生神奇的效果。似乎算法（以及相关的计算和云服务）是一种新的很强大的工具，能够将模糊的梦想变成清晰的现实。

大多数战略会议关注的往往是推荐给大客户的撒手锏应用程序的形式和内容，以及最终发布的产品中的流行语（产品卖点）。就好像是业界的一部分人期待人工智能在公众面前展现它的魔力（像比萨的魔力一样），而另一部分人则愿意为任何他们能想到的可交付的好东西做广告。

21.1.1 挖掘潜能

毫无疑问，实现人工智能形式的能力对一个组织的效率会有很大的影响，同时可以使任意一个软件产品更加丰富，更贴近用户。话虽如此，不过还需要考虑到，所有这些都不

是免费的，也没有什么是不会出问题的。

最困难的部分是挖掘潜能。

根据 Gartner 2019 年的一项调查，只有不到 10% 的公司部署了一些基于 AI 的解决方案，而其他的公司都处于规划阶段。另一方面，通过人工智能激发一个公司的潜力并不是一项简单的任务。原因很简单，激发人工智能的潜力是数字转型过程的顶峰。

如果你的组织正稳步地面对市场的挑战，那么在某种程度上，你已经在使用智能工具做出决策了。智能已经存在于你所使用的软件中，尽管不是以更有效的方式（比如机器学习、深度学习或一般意义上的人工智能）出现。

为你的公司激发人工智能潜力的关键步骤不是听别人在做什么，或者供应商建议你做什么。关键的是你自己了解人工智能到底是什么，它是如何工作的，以及在一个数字化程度较高的空间中事情是如何运转的。

学习人工智能，然后不偏不倚地、公正地看待你的业务。设计目标及策略，并制定计划。人工智能只是一个你可以一直使用的（相当强大的）工具。然而，关键在于激发其潜力，而不是部署人工智能。

21.1.2　AI 可以为你做什么

一般来说，一个更智能的系统可以自动化完成大量的工作，从而降低人为错误的风险，加快进程。不过请注意，任务自动化正是普通软件几十年来一直在做的事情。人工智能（尤其是机器学习）在此基础上增加了一种独特的能力，就是可以通过训练变得聪明。

训练一个算法很像培训一个新员工。不要指望一个新员工有什么神奇之处，但你可以期望他已经学到了足够多的知识，能够在当前的情况下提供良好的服务。机器学习算法也是如此。最终你都会得到一个更好的结果，但实际上只要员工具备角色所需的技能和态度，受过良好的训练，而且在工作中被分配了适当的任务，那么就肯定能得到一个更好的结果。

总之，人工智能（主要以机器学习的形式出现）主要为以下五个领域带来了革命性的变化，它们是：预测、认知、分类、模仿人类和创造。

1. 预测

预测建模利用统计的强大力量在许多领域进行预测。通常预测建模与气象学非常相关，实际上，预测建模在商业中也有很多应用。比如，可以用于在线广告和市场营销，数据科学家利用历史网络数据来确定用户可能会点击哪些产品。

预测建模对于产能规划、工业维护、活动安排和客户关系管理（寻找最有可能购买产品的目标客户）都非常有用。在经济领域和能源领域中预测也是至关重要的，它不仅可以用来预测商品的未来价格，也可以预测可再生能源发电厂的产能。

最后很重要的一点是，预测模型非常善于通过发现大型业务交易数据集中的异常值和离群值来检测欺诈行为。

2. 认知

认知建模能够使软件具备模拟人类心理过程的能力，可以用于完成对传统计算机来说很难但对人脑来说很容易的任务。最常见的认知例子是计算机视觉（识别物体和运动）和语音识别，它们为真正的对话奠定了基础。

聊天机器人是应用计算机认知能力的一个非常好的范例，此外在汽车行业中通过摄像头检测障碍物也是一个很好的例子。不过，最酷的计算机认知应用程序（目前还仅是一个原型）是一个基于计算机的医生助手的演示，它会记录医生与病人的对话，并提取和选择相关的信息供稍后分析。

3. 分类

分类是一种常见的技术，它允许基于观察到的（或报告的）特征对事物进行分组。分类与趋势检测、模式检测以及关联检测相关，也就是说，它是一个发现观察到的行为间的关系的技术。分类能够判断出某些数据与某些已知特征间的匹配程度。这种通用模式在商业中有很多具体的应用。例如，它可以根据历史客户行为来帮助确定哪些销售渠道会有最高的回报，这样你就可以优化营销预算。

4. 模仿人类

让计算机像人一样工作，是一个古老的梦想，同时这也可能是计算机科学领域最具潜力的（没有明说的）领域。人工智能可以使软件应用程序通过自然语言来维持对话并理解对话，自主做出商业决策，并以自动的方式执行任务。

模仿人类需要实现一组与理解严格相关的能力，包括情感分析、从文本中提取单词和概念，以及规划完整的推荐系统。

5. 创造

内容创建是人工智能的一个新兴领域，主要与分类有关。不过，机器学习可以做得更多，甚至可以达到创造全新内容（无论是叙述性文本还是自定义图像，甚至是代码）的程度。

21.1.3   面临的挑战

可以用人工智能实际实现的结果列表要比迄今为止有效（可靠）实现了的结果列表还要长。

一个非常好的炒作人工智能的例子是围绕制造业中设备的智能维护这个主题的。人们最关心的问题是：计算机能否预测设备和机器的剩余使用寿命？

几乎所有人都预见到了这个问题潜在的商业价值。因此，投资正在进行，甚至已经有了一些解决方案，但普遍的感觉是，还没有找到普遍有效的解决方案。

实际上最大的挑战是：在现实世界中开发人工智能比大多数人想象的要难得多。

1. 问题和算法

"一个问题一个算法"方程只适用于销售和营销噱头。业界希望用机器学习解决的一类问题（在某些情况下，行业借助机器学习发现的一类问题）既包含解决方案已知的问题，也包含解决方案未知的问题。

前者意味着你了解业务、了解重要的变量及其动态。相反，后者意味着你并不确定业务是如何工作的，但你仍然需要找到一种方法来复现它，并尽可能地自动化它。

你会如何解决一个你不知道如何解决的问题呢？

机器学习借鉴统计学和计算机科学的技术，设计算法来处理数据，做出预测，进而做出决策。与纯粹的统计学不同，机器学习更关心可靠的预测和分类，所以不论是用经典模型还是在管道中应用各种算法的组合，只要能充分发挥作用并得到想要的结果就可以。

如果要解决一个你不太了解的问题，那么就只能使用复杂的神经网络，比如卷积神经网络或循环神经网络。在某种程度上，难点在于找到最佳的参数组合来驱动网络生成一个可接受的解决方案。

2. 试错

不管你是确实知道怎样去解决某个问题，寻找某些软件快速而可靠地去为完成它，还是说你并不知道如何解决这个问题，只是在黑暗中摸索学习算法，要想成功地解决业务问题，你需要耐心和热情。

要成功地使用人工智能，你必须准备好接受响应中一定程度的不准确性。如果你什么都想要，而且马上就想获得，那么人工智能是无法令你满意的。

此外应牢记，人工智能并不能解决通用的问题，它只能解决在特定情况下的问题。你希望使用人工智能来减轻重复的任务，并加快已知任务的速度。比如，你可以让软件查看生成图表的数字并发出警报，而不是绘制复杂的图表，让人类去猜测哪里出错了。另一个例子是让软件查看图像（比如医学图像）并快速有效地做出诊断。

与人一样，算法也要经过大量的训练，但绝不是一步到位的训练，而是持续的训练。

3. 坐在河边够久了

总体来说，与人工智能相关的商业领域所犯的一个致命错误是：是坐在河边，等待敌人的尸体漂过。在这里，我们引用的是孙子的名言：昔之善战者，先为不可胜，以待敌之可胜。孙子是生活在公元前 6 世纪的中国将军和哲学家。

由于缺乏可靠的答案，大多数管理者发现，只有那些正在工作或者已经经过实测的产品才更容易获得投资，大多数投资者都是抱着"给我看看产品，我就花钱"的态度。问题是，从商业角度来看，这并不是研究人工智能的理想方式。

人工智能不是一种你可以以全价或折扣价购买的产品。

人工智能只是有待构建的软件。

因此，人工智能不仅需要一个计划，还需要一个项目，以及大量的数据、人员和资金方面的资源支持。但更糟糕的是，它需要强有力的承诺。我们能给管理者和执行者的最好建议就是理解人工智能背后的理念，学习机器学习的机制。

21.2 端到端的解决方案

不管现在你对人工智能有什么看法，要将其变成现实首先需要一个训练好的模型，但这肯定是不够的。

你需要一个端到端的解决方案。你精心设计和训练的模型需要集成到一个软件产品中，该产品需要具备良好的用户界面、用户体验、业务逻辑模块、数据库以及网络。从架构上看，机器学习模型只是一个域服务。

 注意：你不一定需要机器学习才能拥有某些智能软件。网页中的一行 JavaScript 代码，如果能够提供跨不同字段复制内容或完成部分输入的日期，那么毫无疑问会被用户认为是"智能的"，更不用说对成为建议的数据自主进行的任何分析的结果了。这不需要超级计算机，却能诱发人们积极地寻求解决方案。良好的用户体验与也是一种人工智能。

21.2.1 我们就叫它咨询吧

虽然人工智能似乎是现代社会的一大进步，但归根结底，这几乎是每个人都在以某种形式做或者经历的事情，只不过人们称之为优化，或者更笼统地称之为咨询。

人工智能真的与众不同吗？

如今廉价的计算力使以前无法计算的东西变得可计算。此外，在过去十年中积累了大量的可处理数据，在那些见证了社交网络成功的年代，这并非巧合。不过只有这两个因素还是不够的，第三个必要的因素为：云。

云使构建和销售任意计算复杂度的服务都变得简单且实惠。云允许一些大型 IT 公司（如微软、谷歌和亚马逊）构建和封装一些认知和智能服务供公众使用。因此建立一个能够通过摄像头实时识别所有路过的行人的网络前端，一下子就变得可行了，即使是在很短的黑客马拉松的时间内也可以完成。

然而，使用认知服务是一回事，将机器学习模型集成到现实世界的端到端解决方案中则完全是另外一回事，比如预测当日和盘中市场的能源价格，监测金融交易中的欺诈行为，根据用户使用的设备类型对电子商务网站的访问者进行分类，等等。

 注意：在第 7 章中，我们使用了一个简单的模型来预测出租车费。这个模型的构建与训练都非常简单，不过它只适用于低精度的场景。如果不把它放在更广泛、更有针对性的解决方案（例如，在线出租车平台）中，那么它就是一个毫无意义的组件。

21.2.2　软件和数据科学之间的界线

当今普遍的看法是，机器学习主要是一项数据科学工作，因此需要数据科学和高级统计学技能，而软件开发是另一项活动。

1. 数据科学团队

大多数公司都有一个很好的数据科学团队，针对某个比较模糊的问题，这个团队可以自由地浏览各种可用的历史数据存储库（如 OSIsoft PI、不同厂家的历史数据、RDBMS）来捕获数据，然后用 Spark 和 Azure 来存储和操作这个捕获的数据，最终使得问题清晰化。

数据科学团队在某个时候交付一个训练好的模型，签署项目，然后会去寻找其他更酷的挑战。而交付的模型就留给某个开发团队负责，后者确定如何将其集成到某个客户端应用程序中，如图 21-1 所示。也就是说，算法最重要，算法之外的任何问题都必然与软件有关。

即使是数据科学领域中最常见的工具选择，也表明了远离纯软件开发的意愿。事实上，Python 被认为是非程序员的编程语言。

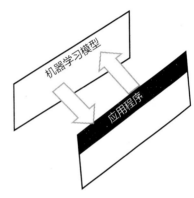

图 21-1　机器学习模型与应用程序相互协作

我们想知道，将数据科学和软件开发融合进一个新的专业领域，或是项目的实际执行及团队的组成中，有没有意义？我们并不相信数据科学团队和软件开发团队之间有一个清晰的界限。我们相信的是，在一个由数据科学家、领域专家和软件开发人员组成的团队中，他们都能贡献自己最好的专业知识，对其他领域的知识也很了解，并不仅局限于基础知识。

换句话说，我们认为机器学习可能是软件开发人员另一个高度专业化的领域。

 重点：在融合数据科学和软件开发的过程中，ML.NET 是核心，因为 .NET 是运行面向用户的应用程序的关键平台。ML.NET 使本地机器学习成为可能，不过它也允许（重新）训练 TensorFlow 模型，甚至能够满足那些只使用 Python 工作的数据科学家所在公司的需求。实际上，NimbusML 是一个针对 Python 的 ML.NET 绑定，它的设计与 scikit-learn 非常相似，因此数据科学家可以生成本地 ML.NET 模型，这些模型可以在任何 .NET 应用程序中直接使用和评估。欲了解更多信息，请参见 https://docs.microsoft.com/en-us/nimbusml/overview。

2. 数据科学与软件

数据科学家编写代码是实现商业目的的必要手段。而软件开发人员为构建业务线应用程序而编写代码。数据科学和软件开发在本质上是不同的。例如，数据科学是一个分析过程，而软件开发在很大程度上却不是这样。数据科学家处理的是商业问题，比如检测可能存在的信用卡欺诈交易，或者预测给定时间范围内的商品价格。

问题是，我们是否应该将数据科学的输出视为商业解决方案？显然不能。

训练有素的模型是解决方案的必要组成部分，但是如果没有可靠的、用户友好的软件界面，它几乎没有可用性。数据科学家能构建这样的软件界面吗？有可能，但又不太可能。那么某些聪明的软件开发人员可以扮演数据科学家的角色吗？对于相对简单和常见的一些问题，答案是肯定的。

那我们能预见的趋势是什么呢？

相比之下，软件开发人员入侵数据科学领域比数据科学家入侵软件开发领域要多得多。我们更相信那些理解机器学习和算法内部原理的软件开发人员。在人工智能项目的背景下，软件开发和机器学习之间的界线将会越来越模糊。

这只是当前我们的看法，但这并不是一个一成不变的看法（和我们对很多事情的看法一样，易变）。然而，实际上，微软正在投资一个像 ML.NET 这样使用 .NET 语言训练模型的框架。在某些情况下，它可能不可行，但它允许（某些高度专业的）软件开发人员在 .NET 中完成数据科学工作。

21.2.3　敏捷 AI

正如你从图 21-1 看到的那样，数据科学团队和软件开发团队通常被视为瀑布式流程中的两个不同阶段，如图 21-2 所示。

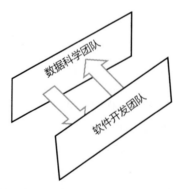

图 21-2　数据科学团队和软件开发团队之间的瀑布式分离

1. 从自然瀑布式方法演变而来

根据项目开发的瀑布式方法，在客户端应用程序中，模型训练、模型部署和集成是同一项目的不同阶段，数据科学工作在集成开始之前就已经完成。在模型训练和模型部署之间的某些阶段也是可以想象的，比如，给出一些关于算法的得分，获得客户的认可。

一般来说，在机器学习项目最初还需要考虑第三个阶段——数据准备，这个阶段也可以看作瀑布式流程的一个阶段，如图 21-3 所示。

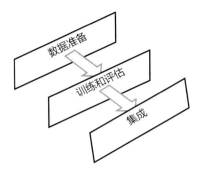

图 21-3　机器学习项目的三个瀑布式阶段

　　数据准备对模型训练非常重要，而评估又与训练密切相关。在第 7 章讨论的完整例子中，每个步骤都用一个不同的项目来说明。

2. 刚性的影响

　　机器学习项目中报道最多的问题也是瀑布式解决方案的主要问题。瀑布模型存在的问题就是投资者可能要到最后才能看到将要交付的东西，而到那个时候变更会很困难，实现的成本也很高。在机器学习中，这个问题可能更严重。模型的实际效果只有在实际应用中才能评估，而且评估一般需要相对较长的试验周期。此外，一旦有问题，也没有太多可以即时修复的内容。

　　对于一个性能不理想的算法，你可以通过多种方式进行修复。首先，可以对某些超参数进行微调。采用这种方式需要对模型重新进行训练，但不需要做别的工作。如果这种方式不起作用，可以考虑更改算法。不过这是一项更深入的工作，因为应该使用哪种算法并不是显而易见的。如果这种情况发生在神经网络上，那么情况就会更糟。因为如果神经网络在实际应用过程中出现错误，单纯改变它的某些参数并对其进行再训练就好比是在黑暗中冒险一样。最后，算法可能并没有错，而是数据存在问题。

　　在以上任何一种情况下，数据科学团队都必须重组，并从头开始创建新的模型。而这的确会提高成本。

3. 增加敏捷性

　　为了缓解项目管理中的这些问题，我们建议将敏捷性添加到整个机器学习管道中。数据科学团队和开发团队应该并行工作，然后应该几乎同时开发出主机环境和模型，以确保对产品有清晰的认知，从而有助于确定是否所有必要的数据都已准备就绪，以及如何优化这些数据以获得预期的结果。

　　这种时间上不分离的工作模式可以防止管理问题，比如替换失踪人员，以及常规的人员流失。图 21-4 重现了经典机器学习场景的敏捷 Dev DataOps 信息图。

图 21-4 Dev DataOps 敏捷周期

为了让数据科学团队和开发团队协同工作（以及与领域专家一起），有必要将技能融合在一起：数据科学家学习编程和用户体验方面的知识，而开发人员需要学习机器学习的复杂性及其内部机制。

这是本书想要传达的最终信息。

> **注意**：在 Azure ML 中，使用 MLOps 和 MLFlow 进行模型注册和模型版本控制是整个模型生命周期的关键特性。具体参见：https://docs.microsoft.com/en-us/azure/machine-learning/service/how-to-use-mlflow。

以上是我们希望在 Azure ML 中支持 ML.NET 的主要原因。

21.3 本章小结

任何一种人工智能形式的基础都是更及时、更可靠地做出程序性决策。不过这并不是人们普遍认同的人工智能。无论你喜欢与否，如今人工智能被认为是可以超越现实的东西。媒体提供的人工智能视角不过是局外人的视角，无论它们唤起了世界末日的图景（计算机将席卷人类），还是预示了天堂般的场景（计算机将让人类生活变得美好）。

因此，IT 经理面临着压力：一方面，他们听到很多基于云计算的 AI 服务的奇迹；另一方面，在着手一些具体项目时，他们又面临着惊人的账单。人工智能绝对有超乎预期的力量，但有时企业和消费者的期望（以及需求）远远低于复杂的人工智能算法所能解决的问题。当从商业角度思考人工智能时，我们看到了很多夸张的宣传，当然也有很多真诚的需求。总体来说，围绕人工智能的商业宣传的一个重要驱动力是目前大多数商业软件提供的有限智能，而如今的人工智能是解决常见商业问题的一种更强大、更现代的方式。

我们不期望人工智能能在短期内克隆人类，也不期望人工智能成为人类梦想的执行者。相反，我们期望人工智能能够通过新一代的软件应用程序帮助人类，这些新一代的软件应用程序仍然由可执行文件组成，但结合一些训练好的模型可以提供已知问题的"神奇"答案。尽管目前机器学习的重点都集中在数据科学上，但实际上任何经过训练的模型也有很多软件开发的技巧。